高职高专国家示范性院校课改教材

PLC 应用技术
（欧姆龙 CP1E 型）

主　编　赵瑞林

副主编　王聪慧　张顺星

参　编　孟娇娇　侯　伟　师亚娟

　　　　殷忠玲　蒋　超

西安电子科技大学出版社

内 容 简 介

本书以欧姆龙 CP1E 型 PLC 为例，按照项目引导、任务驱动的教学方法编写而成，内容包括 6 个项目：PLC 基础知识，电动机 PLC 控制系统的设计、安装与调试，灯光系统 PLC 控制的设计、安装与调试，机电一体化设备的 PLC 控制系统设计、安装与调试，恒压供水的 PLC 控制系统设计、安装与调试，PLC 的通信及网络设计、安装与调试。本书把 PLC 应用技术的基础知识及 PLC 控制系统设计、安装与调试的基本技能项目化和任务化，将知识点和技能点分解到 6 个项目 21 个工作任务中，通过一系列任务的学习与训练，使学生逐步掌握欧姆龙 CP1E 型 PLC 控制系统的设计、安装与调试。

本书可作为高职高专电气自动化技术、生产过程自动化技术、机电一体化技术等相关专业的 PLC 理实一体化教材，也可供从事 PLC 应用系统设计、调试与维护的工程技术人员自学或培训使用。

本书有完全匹配的在线开放课程，网址为 http://www.xuetangx.com/course/course-V1:SPI＋40281x＋sp，读者可在"学堂在线"网站上注册，免费学习。

图书在版编目(CIP)数据

PLC 应用技术：欧姆龙 CP1E 型/赵瑞林主编. —西安：西安电子科技大学出版社，2019.5(2022.8 重印)

ISBN 978 - 7 - 5606 - 5301 - 3

Ⅰ. ① P… Ⅱ. ① 赵… Ⅲ. ① PLC 技术 Ⅳ. ① TM571.61

中国版本图书馆 CIP 数据核字(2019)第 068688 号

策　　划	秦志峰
责任编辑	秦志峰
出版发行	西安电子科技大学出版社(西安市太白南路 2 号)
电　　话	(029)88202421　88201467　　邮　编　710071
网　　址	www.xduph.com　　　　电子邮箱　xdupfxb001@163.com
经　　销	新华书店
印刷单位	咸阳华盛印务有限责任公司
版　　次	2019 年 5 月第 1 版　2022 年 8 月第 2 次印刷
开　　本	787 毫米×1092 毫米　1/16　印张　16.5
字　　数	392 千字
印　　数	3001～5000 册
定　　价	42.00 元

ISBN 978 - 7 - 5606 - 5301 - 3/TM

XDUP 5603001 - 2

前　言

可编程控制器简称 PLC，是以微处理器为核心，综合微机技术、电子应用技术、自动控制技术以及通信技术而发展起来的工业自动化控制装置。PLC 自问世以来，经过多年的发展，在工业自动化、生产过程控制、机电一体化、机械制造业等方面得到了非常广泛的应用，已成为当代工业自动化控制的三大支柱之一。

根据高职教材应以培养综合型、实用型人才为目标的特点，本书在注重基础理论教育的同时突出实践性教学环节，力图做到深入浅出、层次分明、详略得当，尽可能体现高职教育的特点。

本书以欧姆龙 CP1E 型 PLC 为样机，以工作过程为导向，按项目任务对教材内容进行编排，以基于工作过程的思想组织和编写。与当前高职高专同类教材相比，本书具有以下特点：

（1）通过走访企业，组织专家和工人座谈会，充分了解企业对于本课程的知识与技能要求，根据对相关工作岗位典型工作任务的分析，参照"维修电工国家职业标准"的相关内容，确定了学习领域和学习任务。每一个任务通过任务引入、任务分析、任务实施、知识链接、思考练习题等环节展开知识的学习和技能的训练。

（2）把 PLC 应用技术的基本知识及 PLC 控制系统设计、安装与调试的基本技能项目化和任务化，将知识点和技能点分解到 6 个项目 21 个工作任务中，将学生的职业素质和职业道德培养落实到每个教学环节中，以"PLC 技术的应用"为核心，本着"实践—认识—再实践—再认识—拓展提高"的顺序，采用教、学、做一体化的现场教学模式，使学生在做中学，在学中做，做学结合，让学生在完成任务的过程中，掌握 PLC 应用技术的基本知识，训练 PLC 应用技术的基本技能，培养和提高学生的职业素质。

（3）在每个工作任务技能训练项目中，将技能训练效果进行记录，并量化考核，使学生完成搜集信息、计划、决策、实施、检查、评估这样一个完整的工作过程。

本书由陕西工业职业技术学院电气工程学院赵瑞林担任主编。其中：项目一、项目四由赵瑞林编写，并制作项目一的微课；项目二中的工作任务 1、工作任务 2 由孟娇娇编写，并制作对应的微课；项目二中的工作任务 3、工作任务 4、工作任务 5 由侯伟编写，并制作对应的微课；项目三、项目五由王聪慧编写，并制作项目五的微课；项目六由张顺星编写，并制作其中部分微课；项目三的微课由师亚娟制作，项目四的微课由殷忠玲制作，项目六的部分微课由蒋超制作。

本书在编写过程中借鉴和引用了不少同行专家和学者的宝贵资料，在此向他们致以诚挚的谢意。

由于编者水平有限，书中难免会有一些不足之处，恳请读者批评指正。

编　者

2019 年 3 月

目　录

项目一　PLC 基础知识

工作任务 1　PLC 的产生、发展与特点

教学导航

【能力和知识目标】

(1) 了解 PLC 的产生；

(2) 熟悉 PLC 的历史和发展；

(3) 掌握 PLC 的分类与性能指标；

(4) 掌握 PLC 的特点。

任务引入

可编程控制器(Programmable Logic Controller，PLC)是随着现代社会生产的发展和技术进步、现代工业生产自动化水平的日益提高及微电子技术的飞速发展，在继电器控制的基础上产生的一种新型的工业控制装置，是将微型计算机技术、控制技术及通信技术融为一体，应用到工业控制领域的一种高可靠性的控制器，是现代工业生产自动化的重要支柱。

什么是 PLC

知识链接

一、PLC 的产生

在可编程控制器产生以前，以各种继电器为主要元件的电气控制线路，承担着生产过程自动控制的艰巨任务。可能由成百上千只各种继电器构成的复杂控制系统，需要使用成千上万根导线连接起来，安装这些继电器需要大量的继电器控制柜，且占据庞大的空间。当这些继电器运行时，又会产生很大的噪声，消耗大量的电能。为保证控制系统的正常运行，需安排大量的电气技术人员进行维护，有时某个继电器的损坏，甚至某个继电器的触点接触不良，都将影响整个系统的正常运行。如果系统出现故障，要进行检查和排除故障是非常困难的，全靠现场电气技术人员长期积累的经验。尤其是当生产工艺发生变化时，可能需要增加很多的继电器或继电器控制柜，重新接线或改线的工作量极大，甚至可能需要重新设计控制系统。尽管如此，这种控制系统的功能也仅仅局限在能实现具有粗略定时、计数功能的顺序逻辑控制。因此，人们迫切需要一种新的工业控制装置来取代传统的继电器控制系统，使电气控制系统工作更可靠、更容易维修、更能适应经常变化的生产工作要求。

PLC 的产生和发展

1968 年，美国最大的汽车制造商——通用汽车公司（GM）为满足市场需求，适应汽车生产工艺不断更新的需要，将汽车的生产方式由大批量、少品种转变为小批量、多品种。为此要解决因汽车不断改型而重新设计汽车装配线上各种继电器的控制线路问题，要寻求一种比继电器更可靠、响应速度更快、功能更强大的通用工业控制器，GM 公司提出了著名的十条技术指标在社会上招标，要求控制设备制造商为其装配线提供一种新型的通用工业控制器。GM 公司提出的十条技术指标如下：

(1) 编程简单，可在现场方便地编辑及修改程序。

(2) 价格便宜，其性价比要高于继电器控制系统。

(3) 体积要明显小于继电器控制柜。

(4) 可靠性要明显高于继电器控制系统。

(5) 具有数据通信功能。

(6) 输入可以是 115 V AC（美国电压标准）。

(7) 输出量为 115 V AC、2 A 以上，可以直接驱动电磁阀、接触器等。

(8) 硬件维护方便，最好采用插件式结构。

(9) 当需要扩展时，原有系统只需做很小的改动即可。

(10) 用户程序存储器容量至少可以扩展到 4 KB。

于是可编程控制器应运而生。1969 年，美国数字设备公司（DEC）根据上述要求研制出世界上第一台可编程控制器，型号为 PDP-14，并在 GM 公司的汽车生产线上首次应用成功，取得了显著的经济效益。当时人们把它称为可编程序逻辑控制器（Programmable Logic Controller，PLC）。

可编程控制器这一新技术的出现，受到工程技术界的极大关注，各大厂商纷纷投入力量进行研制。第一个把 PLC 商品化的是美国哥德公司（GOULD），日本和德国相继从美国引进了这项新技术，研制出了各自的可编程控制器。我国从 1974 年开始研制，1977 年开始工业应用。

早期的 PLC 主要由分立式电子元件和小规模集成电路组成，它采用了计算机的相关技术，指令系统简单，一般只具有逻辑运算的功能，但它简化了计算机的内部结构，使之能够很好地适应恶劣的工业现场环境。随着微电子技术的发展，20 世纪 70 年代中期以来，大规模集成电路（LSI）和微处理器在 PLC 中得到了应用，使 PLC 的功能不断增强，使其不仅能执行逻辑控制、顺序控制、计时及计数控制，还增加了算术运算、数据处理、通信等功能，具有处理分支、中断、自诊断的能力，使 PLC 更多地具有了计算机的功能。目前世界上著名的电气设备制造厂商几乎都生产 PLC 系列产品。

可编程控制器从产生到现在，尽管只有 50 年的时间，但由于其具有编程简单、可靠性高、使用方便、维护容易、价格适中等优点，因而得到了迅猛的发展，在冶金、机械、石油、化工、纺织、轻工、建筑、运输、电力等领域得到了广泛的应用。

二、PLC 的定义

1980 年，美国电气制造商协会（National Electronic Manufacture Association，NEMA）将可编程控制器正式命名为 Programmable Controller，简称为 PLC 或 PC。

1980 年，NEMA 将可编程控制器定义为："可编程控制器是一个带有指令存储器，数字的或模拟的输入/输出(I/O)接口，以位运算为主，能实现逻辑、顺序、定时、计数和算术运算等功能，用于控制机器或生产过程的自动控制装置。"

1985年1月，国际电工委员会(International Electro-technical Commission，IEC)在颁布可编程控制器标准草案第二稿时，又对PLC作了明确定义："可编程控制器是一种数字运算操作的电子系统，专为在工业环境下应用而设计。它采用可编程序的存储器，用来在其内部存储执行逻辑运算和顺序控制、定时、计数和算术运算等操作的指令，并通过数字的或模拟的输入和输出接口，控制各种类型的机器设备或生产过程。可编程控制器及其有关设备的设计原则是它应易于与工业控制系统连成一个整体和具有扩充功能。"该定义强调了可编程控制器是"数字运算操作的电子系统"，它是"专为工业环境下应用而设计"的工业控制计算机。

虽然可编程控制器简称为PC，但它与近年来人们熟知的个人计算机(Personal Computer，PC)是完全不同的概念。为了加以区别，国内外很多杂志以及在工业现场的工程技术人员，仍然把可编程控制器称为PLC。为了照顾到这种习惯，在本书中，我们仍称可编程控制器为PLC。

三、PLC的发展

1. PLC的发展过程

PLC从诞生至今，大体经历了四次更新换代，其发展过程大致如下：

1969—1972年是第一代PLC发展和应用时期。此时期PLC的特点是CPU多采用1位微处理器，采用磁芯存储器存储，机种单一，没有形成系列，功能简单，仅具有逻辑控制、定时、计数功能。

1973—1975年是第二代PLC发展时期。此时期PLC的特点是使用了8位微处理器及半导体存储器，产品逐步系列化，功能也有所增加，增加了数字运算、传送、比较等功能，并能完成模拟量的控制。

1976—1983年是第三代PLC发展时期。此时期PLC的特点是采用了高性能微处理器及位片式CPU，工作速度大幅度提高，同时向多功能和联网方向发展，并具有较强的自诊断功能。

1984年至今是第四代PLC发展时期。此时期PLC的特点是CPU不仅全面使用了16位、32位微处理器，内存容量也有了较大的增加，可直接用于一些规模较大的复杂控制系统，编程语言除了使用传统的梯形图、流程图外，还可以使用高级语言，而且外设也更加多样化。

2. PLC的发展趋势

PLC技术的发展与微电子技术和计算机技术密切相关，随着PLC技术越来越广泛的应用、PLC技术应用领域的不断扩大以及工业生产对自动控制系统需求的多样性，它本身也在不断发展。目前，PLC主要朝着三个方向发展。

一是朝着小型化的方向发展。小型的PLC结构紧凑，外形体积较小，CPU和I/O部件组装在一个箱体内，价格低廉，经济可靠，而且功能也大有提高。过去一些大型PLC才有的功能，如模拟量的处理、通信、PID调节运算等，均可以被移植到这种小型机上，从而使它真正成为继电器控制系统的替代产品，可以应用于单机控制和小型生产线的控制等。

二是朝着大型化的方向发展。这种类型的 PLC 采用了高性能的微处理器，存储容量大，处理速度快，响应时间短，功能强大，各种功能模块种类齐全，使各种规模的自动化系统功能更强、更可靠，组成和维护更加灵活、方便，使 PLC 的应用范围更广。

三是 PLC 产品更加规范化、标准化。PLC 厂家在使硬件及编程工具换代频繁、丰富多样、功能提高的同时，日益向 MAP(制造自动化协议)靠拢，并使 PLC 基本部件，如输入/输出模块、接线端子、通信协议、编程语言和工具等方面的技术规格规范化、标准化，使不同产品间能相互兼容、易于组网，以方便用户真正利用 PLC 实现工厂生产的自动化。

四、PLC 的分类

可编程控制器具有多种分类方式，了解这些分类方式有助于 PLC 的选型及应用。

PLC 的分类

1. 根据控制规模分类

PLC 的控制规模是以所配置的 I/O 点数(总数)来衡量的。PLC 的 I/O 点数表明了 PLC 可从外部接收多少个输入信号和向外部发出多少个输出信号，实际上也就是 PLC 的输入、输出端子数。根据 I/O 点数的多少可将 PLC 分为小型机、中型机和大型机。一般来说，点数多的 PLC 功能也相应较强。

1) 小型机

I/O 点数在 256 点以下的 PLC 称为小型机。小型 PLC 一般只具有逻辑运算、定时、计数和移位等功能，适用于小规模开关量的控制，可用它实现条件控制、顺序控制等功能。有些小型 PLC(例如立石的 C 系列，三菱的 F1 系列，西门子的 S5 - 100U、S7 - 200 系列等)也增加了一些算术运算和模拟量处理等功能，可以适应更广泛的需要。目前的小型 PLC 一般也具有数据通信等功能。

小型机的特点是价格低、体积小，适用于控制自动化单机设备，开发机电一体化产品。

2) 中型机

I/O 点数在 256~1024 点的 PLC 称为中型机。中型 PLC 除了具备逻辑运算功能外，还增加了模拟量输入/输出、算术运算、数据传送、数据通信等功能，可完成既有开关量又有模拟量的复杂控制。中型机的软件比小型机丰富，在已固化的程序内，一般还具有 PID(比例、积分、微分)调节、整数/浮点运算等功能模板。

中型机的特点是功能强、配置灵活，适用于具有诸如温度、压力、流量、速度、角度、位置等模拟量控制和大量开关量控制的复杂机械，以及连续生产过程控制的场合。

3) 大型机

I/O 点数在 1024 点以上的 PLC 称为大型机。大型 PLC 的功能更加完善，具有数据运算、模拟调节、联网通信、监视记录、打印等功能。大型机的内存容量超过 640 KB，监控系统采用 CRT 显示，能显示表示生产过程的工艺流程、各种记录曲线、PID 调节参数选择图等。大型 PLC 能进行中断控制、智能控制、远程控制等。

大型机的特点是 I/O 点数特别多，控制规模宏大，组网能力强，可用于大规模的过程控制，构成分布式控制系统或者整个工厂的集散控制系统。

2. 根据结构形式分类

从结构上看，PLC 可分为整体式、模板式及分散式 3 种形式。

1) 整体式

一般小型机多为整体式结构。这种结构 PLC 的电源、CPU、I/O 部件都集中配置在一个箱体中，有的甚至全部装在一块印制电路板上。

2) 模板式

模板式 PLC 各部分以单独的模板分开设置，如电源模板 PS、CPU 模板、输入/输出模板 SM、功能模板 FM 及通信模板 CP 等。模板式 PLC 一般设有机架底板（也有的 PLC 为串行联结，没有底板），在底板上有若干插座，使用时，将各种模板直接插入机架底板即可。这种结构的 PLC 配置灵活，装备方便，维修简单，易于扩展，可根据控制要求灵活配置所需模板，构成功能不同的各种控制系统。一般大、中型 PLC 均采用这种结构形式。

模板式 PLC 的缺点是结构较复杂，各种插件多，因而成本较高。

3) 分散式

分散式的结构是将 PLC 的 CPU、电源、存储器集中放置在控制室，而各 I/O 模板分散放置在各个工作站，由通信接口进行通信连接，由 CPU 集中指挥。

3. 根据用途分类

1) 用于顺序逻辑控制

早期的 PLC 主要用于取代继电器控制电路，完成如顺序、联锁、计时和计数等开关量的控制，因此顺序逻辑控制是 PLC 最基本的控制功能，也是 PLC 应用最多的场合。比较典型的应用如自动电梯的控制、自动化仓库的自动存取、各种管道上电磁阀的自动开启和关闭、皮带运输机的顺序启动，或者自动化生产线的多机控制等，这些都是顺序逻辑控制。要完成这类控制，不要求 PLC 有太多的功能，只要有足够数量的 I/O 回路即可，因此可选用低档的 PLC。

2) 用于闭环过程控制

对于闭环控制系统，除了要用开关量 I/O 点实现顺序逻辑控制外，还要有模拟量的 I/O 回路，以供采样输入和调节输出，实现过程控制中的 PID 调节，形成闭环过程控制系统。而中期的 PLC 由于具有数值运算和处理模拟量信号的功能，可以设计出各种 PID 控制器。现在随着 PLC 控制规模的增大，可控制的回路数已从几个增加到几十个甚至几百个，因此可实现比较复杂的闭环控制系统，可以实现对温度、压力、流量、位置、速度等物理量的连续调节。比较典型的应用如连轧机的速度和位置控制、锅炉的自动给水、加热炉的温度控制等。

3) 用于多级分布式和集散控制系统

在多级分布式和集散控制系统中，除了要求所选用的 PLC 具有上述功能外，还要求其具有较强的通信功能，以实现各工作站之间的通信、上位机与下位机的通信，最终实现全厂自动化，形成通信网络。由于目前的 PLC 产品都具有很强的通信和联网功能，建立一个自动化工厂已成为可能。能胜任这种工作的可编程控制器称为高档 PLC。

4) 用于机械加工的数字控制和机器人控制

机械加工行业也是 PLC 广泛应用的领域，PLC 与 CNC(Computer Number Control，计算机数值控制)技术有机地结合起来，可以进行数值控制。由于 PLC 的处理速度不断提高和存储器容量的不断扩大，使 CNC 的软件不断丰富，用户对机械加工进行程序编制越来越方便。随着人工视觉等高科技技术的不断完善，各种性能的机器人相继问世，很多机器人制造公司也选用 PLC 作为机器人的控制器，因此 PLC 在这个领域的应用也将越来越多。在这类应用中，除了要有足够的开关量 I/O、模拟量 I/O 外，还要有一些特殊功能的模板，如速度控制、运动控制、位置控制、步进电机控制、伺服电机控制、单轴控制、多轴控制等特殊功能模板，以适应特殊工作的需要。

五、PLC 的特点及主要功能

1. PLC 的一般特点

PLC 的种类虽然千差万别，但为了在恶劣的工业环境中使用，它们都有许多共同的特点。

PLC 的特点和主要功能

1）抗干扰能力强，可靠性高

工业生产对电气控制设备的可靠性要求是非常高的，要求具有很强的抗干扰能力，能在很恶劣的环境（如温度高，湿度大，金属粉尘多，距离高压设备近，有较强的高频电磁干扰等）下长期连续可靠地工作，平均无故障时间（MTBF）长，故障修复时间短。PLC 是专为工业控制设计的，能适应工业现场的恶劣环境。可以说，没有任何一种工业控制设备能够达到 PLC 的可靠性。在 PLC 的设计和制造过程中，采取了精选元件及多层次抗干扰等措施，使 PLC 的 MTBF 通常在 10 万小时以上，有些 PLC 的 MTBF 可以达到几十万小时以上，如三菱公司的 F1、F2 系列的 MTBF 可达到 30 万小时，有些高档机的 MTBF 还要高得多，这是其他电气设备根本做不到的。

绝大多数用户都将可靠性作为选取控制装置的首要条件，因此 PLC 在硬件和软件方面均采取了一系列抗干扰措施。

在硬件方面，首先是选用优质器件，采用合理的系统结构，加固简化安装，使它能抗振动冲击。对印制电路板的设计、加工及焊接都采取了极为严格的工艺措施。对于工业生产过程中最常见的瞬间强干扰，采取的措施主要是采用隔离和滤波技术。PLC 的输入和输出电路一般都用光电耦合器传递信号，做到电浮空，使 CPU 与外部电路完全切断了电的联系，有效地抑制了外部干扰对 PLC 的影响。在 PLC 的电源电路和 I/O 接口中，还设置了多种滤波电路，除了采用常规的模拟滤波器（LC 滤波和 II 型滤波）外，还加上数字滤波电路，以消除和抑制高频干扰信号，同时也削弱了各种模板之间的相互干扰。用集成电压调整器对微处理器的 +5 V 电源进行调整，以适应交流电网的波动和过电压、欠电压的影响。在 PLC 内部还采用了电磁屏蔽措施，对电源变压器、CPU、存储器、编程器等主要部件采用导电、导磁良好的材料进行屏蔽，以防外界干扰。

在软件方面，PLC 也采取了很多特殊措施，设置了警戒时钟（Watching Dog Timer，WDT），系统运行时对 WDT 定时刷新，一旦程序出现死循环，能使之立即跳出，重新启动并发出报警信号。还设置了故障检测及诊断程序，用以检测系统硬件是否正常，用户程序是否正确，便于自动地做出相应的处理，如报警、封锁输出、保护数据等。当 PLC 检测到故障时，可立即将现场信息存入存储器，由系统软件配合对存储器进行封闭，禁止对存储器的任何操作，以防存储信息被破坏。这样，一旦检测到外界环境正常后，便可恢复到故障发生前的状态，继续原来的程序工作。

另外，PLC 特有的循环扫描工作方式，有效地屏蔽了绝大多数的干扰信号。

2）编程简单，容易掌握

PLC 的设计是面向工业企业中一般电气工程技术人员的，它采用易于理解和掌握的梯形图语言，以及面向工业控制的简单指令。这种梯形图语言继承了传统继电器控制线路和微机应用方式，对于企业中熟悉继电器控制线路图的电气工程技术人员是非常亲切的，它形象、直观，简单、易学，尤其是对于小型 PLC 而言，几乎不需要专门的计算机知识，只要进行短暂几天甚至几小时的培训，就能基本掌握编程方法。因此，无论是在生产线的设计中，还是在传统设备的改造中，电气工程技术人员都特别愿意使用 PLC。

3）通用性强，控制程序可变，使用方便

虽然 PLC 种类繁多，但是由于其产品逐渐系列化和模板化，且配有品种齐全的各种软件，所以用户可根据需求灵活组合各种规模和要求不同的控制系统。在硬件设计方面，只需确定 PLC 的硬件配置和 I/O 通道的外部接线。在 PLC 构成的控制系统中，只需在 PLC 的端子上接入相应的输入、输出信号即可，不需要诸如继电器之类的固体电子器件和大量繁杂的硬接线电路。在生产工艺流程改变，或生产线设备更新、或系统控制要求改变，需要变更控制系统的功能时，一般不必改变或很少改变 I/O 通道的外部接线，只要改变存储器中的控制程序即可，这在使用传统的继电器控制时是很难想像的。PLC 的输入、输出端子可直接与 220 V AC、24 V DC 等强电相连，并有较强的带负载能力。

在 PLC 运行过程中，在 PLC 的面板上（或显示器上）可以显示生产过程中用户感兴趣的各种状态和数据，使操作人员做到心中有数，即使在出现故障甚至发生事故时，也能及时处理。

4）安装简单，维护方便

PLC 的控制程序可通过编程器输入到 PLC 的用户程序存储器中。编程器不仅能对 PLC 控制程序进行写入、读出、检测、修改，还能对 PLC 的工作进行监控，使得 PLC 的操作及维护都很方便。PLC 还具有很强的自诊断能力，能随时检查出自身的故障，并显示给操作人员，如 I/O 通道的状态、RAM 的后备电池的状态、数据通信的异常、PLC 内部电路的异常等信息。正是通过 PLC 这种完善的诊断和显示能力，当 PLC 主机或外部的输入装置及执行机构发生故障时，使操作人员能迅速检查、判断故障原因，确定故障位置，以便采取迅速有效的措施。如果是 PLC 本身的故障，在维修时只需要更换插入式模板或其他易损件即可，既方便又提高了效率。

有人曾预言，将来自动化工厂的电气工人，将一手拿着螺丝刀，一手拿着编程器。这也是 PLC 得以迅速发展和广泛应用的重要因素之一。

5）设计、施工、调试周期短

使用 PLC 完成一项控制工程时，由于其硬件、软件齐全，设计和施工可同时进行。又由于 PLC 用软件编程取代了继电器硬接线实现控制功能，使得控制柜的设计及安装接线工作量大为减少，从而缩短了施工周期。而且用户程序大都可以在实验室模拟调试，模拟调试好后再将 PLC 控制系统在生产现场进行联机统调，使得调试方便、快速、安全，因此大大缩短了设计和投运周期。

6）易于实现机电一体化

因为 PLC 的结构紧凑，体积小，重量轻，可靠性高，抗振、防潮和耐热能力强，使之易于安装在机器设备内部，制造出机电一体化产品。随着集成电路制造水平的不断提高，PLC 体积进一步缩小，而功能却进一步增强，与机械设备能有机地结合起来，在 CNC 和机器人的应用中必将更加普遍，以 PLC 作为控制器的 CNC 设备和机器人装置将成为典型的机电一体化产品。

2. PLC 的主要功能

PLC 是采用微电子技术来完成各种控制功能的自动化设备，可以在现场的输入信号作用下，按照预先输入的程序，控制现场的执行机构，按照一定规律进行动作。其主要功能如下。

1）顺序逻辑控制

这是 PLC 最基本、最广泛的应用领域，用来取代继电器控制系统，实现逻辑控制和顺序控制。它既可用于单机控制或多机控制，又可用于自动化生产线的控制。PLC 根据操作按钮、限位开关及其他现场给出的指令信号和传感器信号，来控制机械运动部件进行相应的操作。

2）运动控制

在机械加工行业，PLC 与计算机控制（CNC）集成在一起，用以完成机床的运动控制。很多 PLC 机制造厂家已提供了拖动步进电机或伺服电机的单轴或多轴的位置控制模板。在多数情况下，PLC 把描述目标位置的数据传送给模板，模板移动一轴或数轴到目标位置。当每个轴移动时，位置控制模板保持适当的速度和加速度，以确保运动平滑。目前，PLC 已用于控制无心磨削、冲压、复杂零件分段冲裁、滚削、磨削等机械加工工序中。

3）定时控制

PLC 为用户提供了一定数量的定时器，并设置了定时器指令，如 OMRON 公司的 CPM1A PLC，每个定时器可实现 $0.1 \sim 999.9$ s 或 $0.01 \sim 99.99$ s 的定时控制，SIEMENS 公司的 S7 - 200 系列 PLC 可提供时基单位为 0.1 s、0.01 s 及 0.001 s 的定时器，实现从 0.001 s 到 3276.7 s 的定时控制，也可按一定方式进行定时时间的扩展。采用 PLC 实现定时控制，定时精度高，定时设定方便、灵活，而且 PLC 还提供了高精度的时钟脉冲，用于准确的实时控制。

4）计数控制

PLC 为用户提供了计数器，计数器可分为普通计数器、可逆计数器（增减计数器）、高速计数器等，用来完成不同用途的计数控制。当计数器的当前计数值等于计数器的设定值，或在某一数值范围时，将会发出控制命令。计数器的计数值可以在运行中被读出，也可以在运行中进行修改。

5）步进控制

PLC 为用户提供了一定数量的移位寄存器，用移位寄存器可方便地完成步进控制功能，即在一道工序完成之后，自动进行下一道工序，一个工作周期结束后，自动进入下一个工作周期。有些 PLC 还专门设有步进控制指令，使得步进控制更为方便。

6）数据处理

大部分 PLC 都具有不同程度的数据处理功能，如日本三菱 FXF2 系列、欧姆龙 C 系列、西门子 S7 系列 PLC 等，能完成数据运算（如加、减、乘、除、乘方、开方等）、逻辑运算（如字与、字或、字异或、求反等）、移位、数据比较和传送及数值的转换等操作。

7）模/数和数/模转换

在过程控制或闭环控制系统中，存在温度、压力、流量、速度、位移、电流、电压等连续变化的物理量（或称模拟量）。过去，由于 PLC 用于逻辑运算控制，对于这些模拟量的控制主要靠仪表来控制（如果回路数较少）或分布式控制系统 DCS（如果回路数较多），目前，不但大、中型 PLC 都具有模拟量处理功能，甚至很多小型 PLC 也具有模拟量处理功能，而且编程和使用都很方便。

8）通信及联网

目前绝大多数 PLC 都具备了通信能力，能够实现 PLC 与计算机、PLC 与 PLC 之间的通信。通过这些通信技术，使 PLC 更容易构成工厂自动化（FA）系统。此外，PLC 还可与打印机、监视器等外部设备相连，记录和监视有关数据。

六、PLC 的性能指标

性能指标是用户评价和选购机型的依据。目前，市场上销售的 PLC 和我国工业企业中所使用的 PLC，绝大多数是国外生产的产品（这些产品有的是随引进设备进口，有的是设计选用）。各种机型种类繁多，各个厂家在说明其性能指标时，主要技术项目也不完全相同，

PLC 的性能指标

如何评价一台 PLC 的档次高低，规模大小，适用场所，至今还没有一个统一的衡量标准。但是当用户在进行 PLC 的选型时，可以参照生产厂家提供的技术指标，从以下几个方面来综合考虑。

1. 处理器技术指标

处理器技术指标是 PLC 各项性能指标中最重要的一项，在该技术指标中，应反映出 CPU 的类型、用户程序存储器容量、可连接的 I/O 总点数（开关量多少点，模拟量多少路）、指令长度、指令条数、扫描速度（千字/毫秒）。有的 PLC 还给出了其内部的各个通道配置，如内部的辅助继电器、特殊辅助继电器、暂存器、保持继电器、数据存储区、定时器/计数器及高速计数器的配置情况，以及存储器的后备电池寿命、自诊断功能等。

2. I/O 模板技术指标

对于开关量输入模板，要能反映出其输入点数、电源类型、工作电压等级，以及 COM 端、输入电路等情况。有的 PLC 还给出了其他有关参数，如输入模板供应的电源情况、输入电阻以及动作延时情况等。

对于开关量输出模板，要反映出输出点数/块、电源类型、工作电压等级，以及 COM 端、输出电路等情况。一般 PLC 的输出形式有继电器输出、晶体管输出和双向晶闸管输出 3 种，要根据不同的负载性质选择 PLC 输出电路的形式。有的 PLC 还给出了如工作电流、带负载能力、动作延迟时间等其他有关参数。

对于模拟量 I/O 模板，要反映出它的输入/输出路数、信号范围、分辨率、精度、转换

时间、外部输入或输出阻抗、输出码、通道数、端子连接、绝缘方式、内部电源等情况。

3. 编程器及编程软件

反映编程器及编程软件的性能指标有编程器形式(简易编程器、图形编程器或通用计算机)、运行环境(DOS 或 Windows)、编程软件及是否支持高级语言等。

4. 通信功能

随着 PLC 控制功能的不断增强和控制规模的不断增大，通信和联网的能力成为衡量现代 PLC 的重要指标。反映这部分功能的指标主要有通信接口、通信模块、通信协议及通信指令等。PLC 的通信可分为两类：一类是通过专用的通信设备和通信协议，在同一生产厂家的各个 PLC 之间进行的通信；另一类是通过通用的通信口和通信协议，在 PLC 与上位计算机或其他智能设备之间进行的通信。

5. 扩展性

PLC 的可扩展性是指 PLC 的主机配置扩展模板的能力，它体现在两个方面：一个是 I/O(数字量 I/O 或模拟量 I/O)的扩展能力，用于扩展系统的 I/O 点数；另一个是 CPU 模板的扩展能力，用于扩展各种智能模板，如温度控制模板、高速计数器模板、闭环控制模板等，实现多个 CPU 的协调控制和信息交换。

如果只是一般性地了解 PLC 的性能，可简单地用以下 5 个指标来评价：CPU 芯片、编程语言、用户程序存储量、I/O 总数、扫描速度。显然，若 CPU 档次高，编程语言完善，用户程序存储量大，I/O 点数多，扫描速度快，则表明这台 PLC 的性能好，功能强，当然价格也会较高。

工作任务 2　PLC 的组成与工作原理

◆ 教学导航

【能力和知识目标】

(1) 熟悉 PLC 的组成结构；

(2) 掌握 PLC 的工作过程和原理；

(3) 了解 PLC 与继电器控制和单片机控制的区别。

◆ 任务引入

用 PLC 作为控制器的自动控制系统就是工业计算机控制系统，它既可进行开关量的控制，也可实现模拟量的控制。PLC 采用典型的计算机结构，只不过与普通的计算机相比，它具有更强的与工业控制系统相连接的接口和更直接的适应于控制要求的编程语言。

◆ 知识链接

一、PLC 的组成

PLC 由中央处理器单元(CPU)、存储器、输入/输出(I/O)单元、电源、其他接口及外设等组成，如图 1-1 所示。

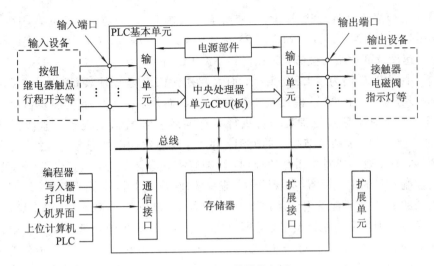

图 1-1　PLC 系统结构组成

下面结合图 1-1 来说明 PLC 各个组成部分的功能。

1. 中央处理器单元(CPU)

PLC 的结构组成

CPU 是计算机的核心，因此它也是 PLC 的核心，起"心脏"的作用。CPU 由控制器、运算器和寄存器组成，这些电路集成在一个芯片上。CPU 通过地址总线、数据总线与 I/O 接口电路相连接。

当从编程器输入的程序存入到用户程序存储器中后，CPU 将会根据系统所赋予的功能(系统程序存储器的解释、编译程序)，把用户程序翻译成 PLC 内部所认可的用户编译程序。输入状态和输入信息从输入接口输进，CPU 将之存入工作数据存储器或输入映像寄存器中，然后由 CPU 把数据和程序有机地结合在一起，再把结果存入输出映像寄存器或工作数据存储器中，最后输出到输出接口，控制外部驱动器。

CPU 按照系统程序赋予的功能完成的主要任务有：

(1) 接收与存储用户由编程器键入的用户程序和数据。

(2) 检查编程过程的语法错误，诊断电源及 PLC 内部的工作故障。

(3) 用扫描方式工作，接收来自现场的输入信号，并输入到输入映像寄存器和数据存储器中。

(4) 在进入运行方式后，从存储器中逐条读取并执行用户程序，完成用户程序所规定的逻辑运算、算术运算及数据处理等操作。

(5) 根据运算结果，更新有关标志位的状态，刷新输出映像寄存器的内容，再经输出部件实现输出控制、打印制表或数据通信等功能。

在模板式 PLC 中，CPU 是一个专用模板。一般 PLC 的 CPU 模板上还有存放系统程序的 ROM 或 EPROM、存放用户程序或少量数据的 RAM，以及译码电路、通信接口和编程器接口等。

在整体式 PLC 中，CPU 是一块集成电路芯片，通常是通用的 8 位或 16 位的微处理器，如 Z80、Z80A、8085、6800 等。采用通用微处理器(Z80A)作 CPU，其好处是这些微处理器及其配套的芯片普及、通用、价廉，有独立的 I/O 指令，且指令格式短，有利于译码及缩短扫描周期。

随着大规模集成电路的发展，PLC 采用单片机作 CPU 的越来越多，在小型 PLC 中，尤其以 Intel 公司的 MCS-51、MCS-96 系列作 CPU 的居多，它以高集成度、高可靠性、高功能、高速度及低价格的优势，正在占领小型 PLC 的市场。

目前，小型 PLC 均为单 CPU 系统，而大、中型 PLC 通常是双 CPU 或多 CPU 系统。所谓双 CPU 系统，是在 CPU 模板上装有两个 CPU 芯片，一个作为字处理器，另一个作为位处理器。字处理器是主处理器，它执行所有的编程器接口的功能，监视内部定时器（WDT）及扫描时间，完成字节指令的处理，并对系统总线和微处理器进行控制。位处理器是从处理器，它主要完成对位指令的处理，可减轻字处理器负担，提高位指令的处理速度，并将面向控制过程的编程语言（如梯形图、流程图）转换成机器语言。

在高档的 PLC 中，常采用位片式微处理器（如 AM2900、AM2901、AM2903）作 CPU。由于位片式微处理器采用双极型工艺，所以比一般的 MOS 型微处理器在速度上快一个数量级。位片的宽度有 2 位、4 位、8 位等，用几个位片进行"级联"，可以组成任意字长的微机。另外，在位片式微处理器中，都采用微程序设计，只要改变微程序存储器中的内容，就可以改变机器的指令系统，因此，其灵活性很强。位片式微处理器易于实现"流水线"操作，即重叠操作，能更有效地发挥其快速的特点。

2. 存储器

1）存储器的种类

PLC 存储器中配有两种存储系统，即用于存放系统程序的系统程序存储器和存放用户程序的用户程序存储器。

（1）系统程序存储器。系统程序存储器主要用来存储 PLC 内部的各种信息。在大型 PLC 中，系统程序存储器可分为寄存器、内部存储器和高速缓存存储器。在中、小型 PLC 中，常把这 3 种功能的存储器混合在一起，统称为功能存储器，简称为存储器。

一般系统程序是由 PLC 生产厂家编写的系统监控程序，不能由用户直接存取。系统监控程序主要由有关系统管理、解释指令、标准程序及系统调用等程序组成。系统程序存储器一般由 PROM（只读存储器）或 EPROM（可擦除只读存储器）构成。

（2）用户程序存储器。由用户编写的程序称为用户程序，用户程序存放在用户程序存储器中，用户程序存储器的容量不大，主要存储 PLC 内部的输入、输出信息，以及内部继电器、移位寄存器、累加寄存器、数据寄存器、定时器和计数器的动作状态。小型 PLC 的存储容量较小，一般不超过 8 KB，中型 PLC 的存储能力为 2～64 KB，大型 PLC 的存储能力可达到几百 KB 以上。我们一般讲 PLC 的内存大小，是指用户程序存储器的容量，用户程序存储器常用 RAM（可读可写存储器）构成。为防止电源掉电时 RAM 中的信息丢失，常采用锂电池作后备保护。若用户程序已完全调试好，且一段时期内不需要改变功能，也可将其固化到 EPROM 中。注意：用户程序存储器中必须有部分 RAM，用以存放一些必要的动态数据。

用户程序存储器一般分为程序存储区和数据存储区两个区。程序存储区用来存储由用户编写的、通过编程器输入的程序。数据存储区用来存储通过输入端子读取的输入信号的状态、准备通过输出端子输出的输出信号的状态、PLC 中各个内部器件的状态以及特殊功能要求的有关数据。

当用户程序很长或需存储的数据较多时，PLC 基本组成中的存储器容量可能不够用，这时可考虑选用较大容量的存储器或进行存储器扩展。很多 PLC 都提供了存储器扩展功能，用户可将新增加的存储器扩展模板直接插入 CPU 模板中，有的 PLC 机将存储器扩展模板插在中央基板上。在存储器扩展模板上通常装有可充电的锂电池(或超级电容)，如果在系统运行过程中突然停电，RAM 立即改由锂电池(或超级电容)供电，使 RAM 中的信息不因停电而丢失，从而保证复电后系统可从掉电状态开始恢复工作。

2) 常用的存储器

目前，常用的存储器有 CMOS-SRAM、EPROM 和 EEPROM。

(1) CMOS-SRAM(可读写存储器)。CMOS-SRAM 是以 CMOS 技术制造的静态可读写存储器，用以存放数据。读写时间小于 200 ns，几乎不消耗电流。用锂电池作后备电源，停电后可保存数据 3～5 年不变。静态存储器的可靠性比动态存储器 DRAM 高，因为 SRAM 不必周而复始地刷新，只有在片选信号(脉冲)有效、写操作有效时，从数据总线进入的干扰信号才能破坏其存储的内容，而这种概率是非常小的。

(2) EPROM(只读存储器)。EPROM 是一种可用紫外光擦除、在电压为 25 V 的供电状态下写入的只读存储器。使用时，写入脚悬空或接＋5 V 电源(窗口盖上不透光的薄箔)，其内容可长期保存。这类存储器可根据不同需要与各种微处理器兼容，并且可以和 MCS－51 系列单片机直接兼容。EPROM 一个突出的优点是把输出元件控制(OE)和片选控制(CE)分开，保证了良好的接口特性。由于 EPROM 具有采用单一＋5 V 电源、可在静态维持方式下工作以及快速编程等特点，因而它在存储系统设计中，具有快速、方便和经济等一系列优点。

使用 EPROM 芯片时，要注意器件的擦除特性，当把芯片放在波长约为 4000 A 的光线下，且暴露在照明日光灯下，约需 3 年才能擦除，而在直射日光下，约 1 周就可擦除，这些特性在使用中要特别注意。为延长 EPROM 芯片的使用寿命，必须用不透明薄箔贴在其窗口上，防止无意识擦除。当真正需要对 EPROM 芯片进行擦除操作时，必须将芯片放在波长为 2537 A 的短波紫外线下曝光，擦除的总光量(紫外光光强×曝光时间)必须大于 15 W·s/cm²。用 12 000 μW/cm² 紫外线灯，擦除的时间约为 15～20 min。在擦除操作时，需把芯片靠近灯管约 1 英寸处。有些灯在管内放有滤色片，擦除前需把滤色片取出，才能进行擦除。

EPROM 用来固化完善的程序，写入速度为毫秒级。固化是通过与 PLC 配套的专用写入器进行的，不适宜多次反复的撰写。

(3) EEPROM(电可擦除可编程的只读存储器)。EEPROM 是近年来被广泛重视的一种只读存储器，它的主要优点是能在 PLC 工作时"在线改写"，既可按字节进行擦除和全新编程，也可进行整片擦除，且不需要专门的写入设备，写入速度比 EPRPM 快，写入的内容能在断电情况下保持不变，而不需要保护电源。它不仅具有与 RAM 相似的高度适应性，还保留了 ROM 不易丢失的特点。

3. 输入/输出接口单元

1) 数字量输入接口

来自现场的主令元件、检测元件的信号经输入接口进入到 PLC。主令元件的信号是指由用户在控制键盘(或控制台、操作台)上发出的控制信号(如开机、关机、转换、调整、急停等信号)。

PLC 的输入/输出接口电路

检测元件的信号是指用检测元件(如各种传感器、继电器的触点,限位开关、行程开关等元件的触点)对生产过程中的参数(如压力、流量、温度、速度、位置、行程、电流、电压等)进行检测时产生的信号。这些信号有的是开关量(或数字量),有的是模拟量,有的是直流信号,有的是交流信号,要根据输入信号的类型选择合适的输入接口。

（1）直流输入单元。直流输入电路如图1-2所示。为提高系统的抗干扰能力,各种输入接口均采取了抗干扰措施,如在输入接口内带有光电耦合电路,使PLC与外部输入信号进行隔离。为消除信号噪声,在输入接口内设置了多种滤波电路;为便于PLC的信号处理,输入接口内有电平转换及信号锁存电路;为便于与现场信号的连接,在输入接口的外部设有接线端子排。

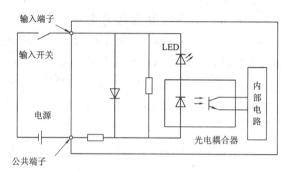

图 1-2   直流输入电路

图1-2所示的输入接口内带有光电耦合器电路,光电耦合器由两个发光二极管和光电三极管组成。

发光二极管:在光电耦合器的输入端加上变化的电信号,发光二极管就产生与输入信号变化规律相同的光信号。

光电三极管:在光信号的照射下导通,导通程度与光信号的强弱有关。在光电耦合器的线性工作区内,输出信号与输入信号有线性关系。

输入接口电路工作过程:当开关闭合时,二极管发光,三极管在光的照射下导通,向内部电路输入信号;当开关断开时,二极管不发光,三极管不导通,向内部电路不能输入信号,也就是通过输入接口电路把外部的开关信号转化成PLC内部所能接收的数字信号。

（2）交流输入单元。交流输入单元外接交流电源,电路如图1-3所示。其中,电容 C 为隔直电容,R_1 和 R_2 构成分压电路,光电耦合器中有两个反向并联的发光二极管。该电路可以接收外部的交流输入电压,其工作原理与直流输入电路基本相同。

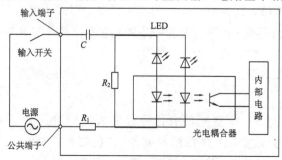

图 1-3   交流输入电路

2）数字量输出接口

由 PLC 产生的各种输出控制信号经输出接口去控制和驱动负载（如指示灯的亮或灭，电动机的启动、停止或正反转，设备的转动、平移、升降，阀门的开闭等）。因为 PLC 的直接输出带负载能力有限，所以 PLC 输出接口所带的负载通常是接触器的线圈、电磁阀的线圈、信号指示灯等。同输入接口一样，输出接口的负载有的是直流量，有的是交流量，要根据负载性质选择合适的输出接口。

（1）数字量输出模板的接线方式。数字量输出模板与外部用户输出设备的接线方式可分为汇点式输出接线和隔离式输出接线两种形式。汇点式输出接线即所有输出点共用一个公共端 COM 时，COM 端内带有 24 V DC 电源。隔离式输出接线即采用光电耦合器，使输出信号与电源隔开，以减少信号干扰。

（2）数字量输出接口的输出方式。数字量输出接口的输出方式分为晶体管输出型、双向晶闸管（可控硅）输出型及继电器输出型三种。晶体管输出型适用直流负载或 TTL 电路，双向晶闸管（可控硅）输出型适用于交流负载，而继电器输出型既可用于直流负载，又可用于交流负载。使用时，只要外接一个与负载要求相符的电源即可，因而采用继电器输出型对用户显得更方便和灵活，但由于它是有触点输出，所以它的工作频率不能很高，工作寿命不如无触点的半导体元件长。同样，为保证工作的可靠性和提高其抗干扰能力，在输出接口内要采用相应的隔离措施，如光隔离和电磁隔离或隔离放大器等。

① 晶体管输出单元。晶体管输出电路如图 1-4 所示。输出电路采用三极管作为开关器件。

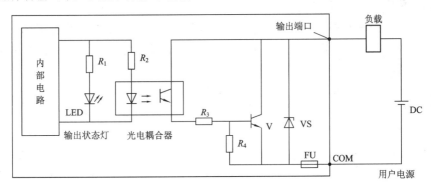

图 1-4　晶体管输出电路

② 双向晶闸管输出单元。双向晶闸管输出电路如图 1-5 所示。输出电路采用光控双向晶闸管作为开关器件。

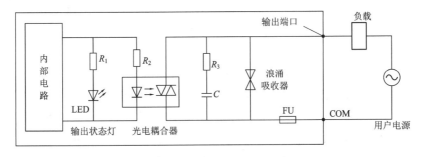

图 1-5　双向晶闸管输出电路

③ 继电器输出单元。继电器输出电路如图 1-6 所示。其工作过程为：当内部电路输出数字信号 1 时，表明有电流流过，继电器线圈有电流，常开触点闭合，提供负载导通的电流和电压；当内部电路输出数字信号 0 时，表明没有电流流过，继电器线圈没有电流，常开触点断开，断开负载的电流或电压。也就是通过输出接口电路把内部的数字电路转化成一种信号使负载动作或不动作。

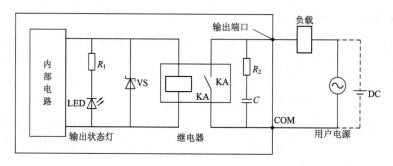

图 1-6　继电器输出电路

④ 三种输出方式的比较。

晶体管输出：无触点、寿命长、直流负载。

双向晶闸管输出：无触点、寿命长、交流负载。

继电器输出：有触点、寿命短、频率低、交直流负载。

3）模拟量输入/输出接口

小型 PLC 一般没有模拟量输入/输出接口模板，或者只有通道数有限的 8 位 A/D、D/A 模板；大、中型 PLC 可以配置成百上千的模拟量通道，它们的 A/D、D/A 转换器一般是 10 位或 12 位的。

模拟量 I/O 接口模板的模拟输入信号或模拟输出信号可以是电压，也可以是电流；可以是单极性的，如 0～5 V、0～10 V、1～5 V、4～20 mA，也可以是双极性的，如 ±50 mV、±5 V、±10 V、±20 mA。

一个模拟量 I/O 接口模板的通道数可能有 2、4、8、16 个，有的模板既有输入通道，也有输出通道。

（1）模拟量输入接口模板。模拟量输入接口模板的任务是将现场中被测的模拟量信号转变成 PLC 可以处理的数字量信号。通常生产现场可能有多路模拟量信号需要采集，各模拟量的类型和参数都可能不同，这就需要在进入模板前，对模拟量信号进行转换和预处理，把它们变换成输入模板能统一处理的电信号，经多路转换开关进行多中选一，再将已选中的那路信号进行 A/D 转换，转换结束进行必要处理后，送入数据总线供 CPU 存取，或存入中间寄存器备用。

（2）模拟量输出接口模板。模拟量输出模板的任务是将 CPU 模板送来的数字量信号转换成模拟量信号，用以驱动执行机构实现对生产过程或装置的闭环控制。

CPU 对某一控制回路经采样、计算得出一个输出信号。在模拟量输出模板控制单元的指挥下，该输出信号以数字量形式由数据总线经缓冲器存入中间寄存器，这个数字量信号再经光电耦合器传送给 D/A 转换器。D/A 转换器是模拟量输出模板的核心器件，它决定着该模板的工作耦合精度和速度。经 D/A 转换后，控制信号已变为模拟量。通常，一个模拟量输出模板可以控制多个回路，即模板具有多个输出通道，经 D/A 转换后的信号要送到哪个通道，由 CPU 控制多路开关来实现这一选择功能。

4. 扩展接口

PLC 的扩展接口有两个含义：一个是单纯的 I/O（数字量或模拟量 I/O）扩展接口，它是为弥补原系统中 I/O 口有限而设置的，用于扩展输入、输出点数，当用户的 PLC 控制系统所需的输入、输出点数超过主机的输入、输出点数时，就要通过 I/O 扩展接口将主机与 I/O 扩展单元连接起来；另一个含义是 CPU 模板的扩充，它是在原系统中只有一块 CPU 模板而无法满足系统工作要求时使用的，该功能实现扩充 CPU 模板与原系统 CPU 模板以及扩充 CPU 模板之间（多个 CPU 模板扩充）的相互控制和信息交换。

5. 通信接口

通信接口是专用于数据通信的一种智能模板，它主要用于"人-机"对话或"机-机"对话。PLC 通过通信接口可以与打印机、监视器相连，也可与其他的 PLC 或上位计算机相连，构成多机局部网络系统或多级分布式控制系统，或实现管理与控制相结合的综合系统。

通信接口有串行接口和并行接口两种，它们都在专用系统软件的控制下，遵循国际上多种规范的通信协议来工作。用户应根据不同的设备要求选择相应的通信方式，并配置相应的通信接口。

6. 编程器

编程器用于用户程序的输入、编辑、调试和监视，还可以通过其键盘去调用和显示 PLC 的一些内部继电器状态和系统参数。它经过编程器接口与 CPU 联系，完成人机对话。可编程控制器的编程器一般由 PLC 生产厂家提供，它们只能用于某一生产厂家的某些 PLC 产品。

编程器一般分为两种：一种是手持编程器，使用方便；另一种是计算机编程，通过 PLC 的 RS232 接口与计算机相连，然后敲击键盘，通过编程软件向 PLC 内部输入程序。

1）手持编程器

手持编程器有一个大型的点阵式液晶显示屏，它可以显示梯形图或语句表程序。手持编程器一般由微处理器、键盘、显示器及总线接口组成，它可以直接生成和编辑梯形图程序。编程器既可联机在线编程，也可用助记符编程，并将用户程序存储在编程器自己的存储器中。它既可用梯形图编程，也可用助记符编程（有的也可以用高级语言编程），还可通过屏幕进行人机对话。程序可以很方便地与 PLC 的 CPU 模板互传，也可以将程序写入 EPROM，并提供磁带录音机接口和磁盘驱动器接口，有的编程器本身就带有磁盘驱动器。它还有打印机接口，能快速、清楚地打印梯形图，也可以打印出语句表程序清单和编程元件表等。

2）计算机编程器

由 PLC 生产厂家生产的专用编程器使用范围有限，价格一般也比较高。在个人计算机不断更新换代的今天，出现了以个人计算机为基础的编程系统。PLC 的生产厂家可能会把工业标准的个人计算机作为程序开发系统的硬件提供给用户（大多数厂家只向用户提供编程软件，而个人计算机则由用户自己选择）。由 PLC 生产厂家提供的个人计算机是做了改装的，以适应工业现场较恶劣的环境，如对键盘和机箱加以密封，并采用密封型的磁盘驱动器，以防止外部脏物进入计算机，而使敏感的电子元件失效。

用 PC 作编程器的主要优点是使用了价格较便宜的、功能很强的通用的个人计算机，有的用户还可以使用现有的个人计算机。对于不同厂家和型号的 PLC，只需要更换编程软件即可。另一个优点是可以使用一台 PC 给所有的工业智能控制设备编程，还可以作为 CNC、机器人、工业电视系统和各种智能分析仪器的软件开发工具。

PC 的 PLC 程序开发系统的软件一般包括以下几个部分。

（1）编程软件，这是最基本的软件，它允许用户生成、编辑、存储和打印梯形图程序及其他形式的程序。

（2）文件编制软件，它与程序生成软件一起，可以对梯形图中的每一个触点和线圈加上文字注释（英文或中文），指出它们在程序中的作用，并能在梯形图中提供附加的注释，解释某一段程序的功能，使程序容易阅读和理解。

（3）数据采集和分析软件，在工业控制计算机中，该部分软件功能已相当普遍。PC 可以从 PLC 控制系统中采集数据，并可用各种方法分析这些数据，然后将结果用条形统计图或扇形统计图的形式显示在 CRT 上，这种分析处理过程是非常快的，几乎是实时的。

（4）实时操作员接口软件，这一类软件对 PC 提供实时操作的人-机接口装置，使 PC 被用来作为系统的监控装置，通过 CRT 告诉操作人员系统的状况和可能发生的各种报警信息。操作员可以通过操作员接口键盘（有时也可能直接用个人计算机的键盘）输入各种控制指令，处理系统中出现的各种问题。

（5）仿真软件，它允许工业控制计算机对工厂过程做系统仿真，过去这一功能只有大型计算机系统才有。它可以对现有的系统进行有效的检测、分析和调试，也允许系统的设计者在实际系统建立之前，反复地对系统仿真。用这个方法可以及时发现系统中存在的问题，并加以修改，还可以缩短系统设计、安装和调试的总工期，以避免不必要的浪费和因设计不当而造成的损失。

7. 电源

PLC 的外部工作电源一般为单相 $85 \sim 260$ V AC 50/60 Hz 电源，也有采用 $24 \sim 26$ V 直流电源的。使用单相交流电源的 PLC，往往还能同时提供 24 V 直流电源，供直流输入使用。PLC 对其外部工作电源的稳定要求不高，一般可允许误差为 $\pm 15\%$ 左右。

注意：在 PLC 输出端子上接的负载所需的负载工作电源必须由用户提供。

PLC 的内部电源系统一般有三类：第一类是供 PLC 中的 TTL 芯片和集成运算放大器使用的基本电源（+5 V 和 ± 15 V DC 电源）；第二类电源是供输出接口使用的高压电流的功率电源；第三类电源是锂电池及其充电电源。考虑到系统的可靠性及光电隔离器的使用，不同类电源应具有不同的地线。此外，根据 PLC 的规模及允许扩展的接口模板数，各种 PLC 的电源种类和容量往往是不同的。

8. 总线

总线是沟通 PLC 中各个功能模板的信息通道，它的含义并不单是各个模板插脚之间的连线，还包括驱动总线的驱动器及其保证总线正常工作的控制逻辑电路。对于一种型号的 PLC 而言，总线上各个插脚都有其特定的功能和含义，但对于不同型号的 PLC 而言，总线上各个插脚的含义不完全相同（到目前为止，国际上尚没有统一的标准）。总线上的数据都是以并行方式传送的,传送的速度和驱动能力与 CPU 模板上的驱动器有关。

9. PLC 的外部设备

PLC 控制系统的设计者可根据需要配置一些外部设备,如人-机接口装置(HMI)、外存储器、打印机和 EPROM 写入器等。

二、PLC 的基本工作原理

PLC 的工作过程

PLC 是一种专用的工业控制计算机,因此其工作原理是建立在计算机控制系统工作原理的基础上的。但为了可靠地应用在工业环境下,便于现场电气技术人员的使用和维护,它有着大量的接口器件、特定的监控软件和专用的编程器件,所以,不但 PLC 外观不像计算机,它的操作使用方法、编程语言及工作过程与计算机控制系统也是有区别的。

PLC 采用"顺序扫描,不断循环"的工作方式,如图 1-7 所示。

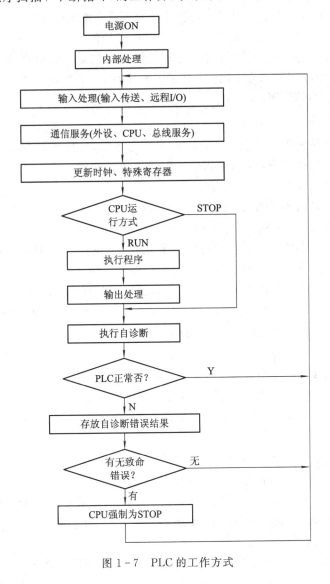

图 1-7　PLC 的工作方式

1. PLC 控制系统的等效工作电路

PLC 控制系统的等效工作电路可分为输入部分、内部控制电路和输出部分 3 部分。输入部分用于采集输入信号，输出部分是系统的执行部件。这两部分与继电器控制电路相同。内部控制电路通过编程方法实现逻辑控制，用软件编程代替继电器的电路功能。

1）输入部分

输入部分由外部输入电路、PLC 输入接线端子和输入继电器组成。外部输入信号经 PLC 输入接线端子去驱动输入继电器的线圈，每个输入端子与其相同编号的输入继电器有着唯一确定的对应关系。当外部的输入元件处于接通状态时，对应的输入继电器线圈"得电"。注意：这个输入继电器是 PLC 内部的"软继电器"，即前面介绍过的存储器中的某一位，它可以提供任意多个动合触点或动断触点，以供 PLC 内部控制电路编程使用。

为使输入继电器的线圈得电，即让外部输入元件的接通状态写入与其对应的基本单元中，输入回路要有电源。输入回路所使用的电源可以用 PLC 内部提供的 24 V 直流电源（其带负载能力有限）供电，也可由 PLC 外部独立的交流或直流电源供电。

需要强调的是，输入继电器的线圈只能由来自现场的输入元件（如控制按钮、行程开关的触点、晶体管的基极－发射极电压、各种检测及保护器件的触点或动作信号等）来驱动，而不能用编程的方式来控制。因此，在梯形图程序中，只能使用输入继电器的触点，而不能使用输入继电器的线圈。

2）内部控制电路

内部控制电路是由用户程序形成的，用"软继电器"来代替继电器控制逻辑。其作用是按照用户程序规定的逻辑关系，对输入信号和输出信号的状态进行检测、判断、运算和处理，然后得到相应的输出。

一般用户程序是用梯形图语言编制的，它看起来很像继电器控制线路图。在继电器控制线路中，继电器的触点可瞬时动作，也可延时动作，而 PLC 梯形图中的触点是瞬时动作的。如果需要延时，可由 PLC 提供的定时器来完成，延时时间可根据需要在编程时设定，其定时精度及范围远远高于时间继电器。在 PLC 中还提供了计数器、辅助继电器（相当于继电器控制线路中的中间继电器）及某些特殊功能的继电器。PLC 的这些器件所提供的逻辑控制功能，可在编程时根据需要来选用，且只能在 PLC 的内部控制电路中使用。

3）输出部分（以继电器输出型 PLC 为例）

输出部分是由在 PLC 内部且与内部控制电路隔离的输出继电器的外部动合触点、输出接线端子和外部驱动电路组成的，用来驱动外部负载。

PLC 的内部控制电路中有许多输出继电器，每个输出继电器除了有为内部控制电路提供编程用的任意多个动合、动断触点外，还为外部输出电路提供了一个实际的动合触点与输出接线端子相连。

驱动外部负载电路的电源必须由外部电源来提供，电源种类及规格可根据负载要求去配备，只要在 PLC 允许的电压范围内工作即可。

综上所述，我们可对 PLC 的等效电路做进一步简化而深刻的理解，即将输入部分等效为一个继电器的线圈，将输出部分等效为继电器的一个动合触点。

2. PLC 的工作过程

虽然 PLC 的基本组成及工作原理与一般微型计算机相同，但它的工作过程与微型计算机却有很大差异，这主要是由操作系统和系统软件的差异造成的。小型 PLC 的工作过程有两个显著特点：一个是周期性顺序扫描，一个是集中批处理。

周期性顺序扫描是 PLC 特有的工作方式，PLC 在运行过程中，总是处在不断循环的顺序扫描过程中。每次扫描所用的时间称为扫描时间，又称为扫描周期或工作周期。

PLC 的 I/O 点数较多，采用集中批处理的方法可以简化操作过程，便于控制，提高系统可靠性。因此 PLC 的另一个主要特点就是对输入采样、执行用户程序、输出刷新实施集中批处理。这同样是为了提高系统的可靠性。

当 PLC 启动后，先进行初始化操作，包括对工作内存进行初始化，复位所有的定时器，将输入/输出继电器清零，检查 I/O 单元接口是否完好，如有异常则发出报警信号。初始化完成之后，PLC 就进入周期性扫描过程。小型 PLC 的工作扫描过程如图 1-8 所示。

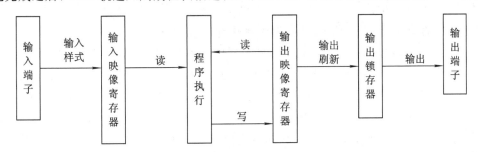

图 1-8 小型 PLC 的工作扫描过程

根据图 1-8，可将 PLC 的工作过程分为以下三个阶段。

1）输入采样阶段

输入采样阶段是第一个集中批处理过程。在这个阶段中，PLC 按顺序逐个采集所有输入端子上的信号，不论输入端子上是否接线，CPU 顺序读取全部输入端，将所有采集到的一批输入信号写到输入映像寄存器中。在当前的扫描周期内，用户程序依据的输入信号的状态（ON 或 OFF）均从输入映像寄存器中去读取，而不管此时外部输入信号的状态是否变化。即使此时外部输入信号的状态发生了变化，也只能在下一个扫描周期的输入采样扫描阶段去读取。对于这种采集输入信号的批处理，虽然严格上说每个信号被采集的时间有先有后，但由于 PLC 的扫描周期很短，这个差异对一般工程应用可忽略，所以可认为这些采集到的输入信息是同时的。

2）执行用户程序阶段

执行用户程序阶段是第二个集中批处理过程。在该阶段，CPU 对用户程序按顺序进行扫描。如果程序用梯形图表示，则总是按先上后下、从左至右的顺序进行扫描。每扫描到一条指令，所需要的输入信息的状态均从输入映像寄存器中去读取，而不是直接使用现场的立即输入信号。对其他信息，则是从 PLC 的元件映像寄存器中读取。在执行用户程序中，每一次运算的中间结果都立即写入元件映像寄存器中，这样该元件的状态即刻会被后面将要扫描到的指令所利用。对输出继电器的扫描结果，也不是立即去驱动外部负载，而是将其结果写入元件映像寄存器中的输出映像寄存器中，待输出刷新阶段集中进行批处理。

在该阶段，除了输入映像寄存器外，各个元件映像寄存器的内容都是随着程序的执行而不断变化的。

3）输出处理阶段

输出处理阶段是第三个集中批处理过程。当 CPU 对全部用户程序扫描结束后，会将元件映像寄存器中各输出继电器的状态同时传送到输出锁存器中，再由输出锁存器经输出端子去驱动各输出继电器所带的负载。在输出刷新阶段结束后，CPU 将进入下一个扫描周期。

3. PLC 的扫描周期及滞后响应

1）PLC 的扫描周期

PLC 的扫描周期与 PLC 的时钟频率、用户程序的长短及系统配置有关。一般 PLC 的扫描时间仅为几十毫秒，在输入采样和输出刷新阶段只需 $1\sim2$ ms，做公共处理也是在瞬间完成的，所以扫描时间的长短主要由用户程序来决定。

2）PLC 的响应时间

从 PLC 的输入端有一个输入信号发生变化到 PLC 的输出端对该输入变化做出反应，需要一段时间，这段时间称为响应时间或滞后时间。这种输出对输入在时间上的滞后现象，严格地说会影响控制的实时性，但对于一般的工业控制，这种滞后是完全允许的。如果需要快速响应，可选用快速响应模板、高速计数模板及采用中断处理功能来缩短滞后时间。

（1）响应时间的快慢与以下因素有关：

① 输入滤波器的时间常数（输入延迟）。因为 PLC 的输入滤波器是一个积分环节，因此，输入滤波器的输出电压（即 CPU 模板的输入信号）相对现场实际输入元件的变化信号有一个时间延迟，这就导致了实际输入信号在进入输入映像寄存器前有一个滞后时间。另外，如果输入导线很长，由于分布参数的影响，也会产生一个"隐形"滤波器的效果。

② 输出继电器的机械滞后（输出延迟）。PLC 的数字量输出经常采用继电器触点的形式输出，而继电器固有的动作时间会导致继电器的实际动作相对线圈的输入电压的滞后效应。如果采用双向可控硅（双向晶闸管）或晶体管的输出方式，则可减少滞后时间。

③ PLC 的循环扫描工作方式。PLC 的循环扫描工作方式是由 PLC 的工作方式决定的，要想减少程序扫描时间，必须优化程序结构，在可能的情况下，应采用跳转指令。

④ PLC 对输入采样、输出刷新的集中批处理方式。这也是由 PLC 的工作方式决定的。为加快响应，目前有的 PLC 的工作方式采取直接控制方式，这种工作方式的特点是遇到输入便立即读取进行处理，遇到输出则把结果予以输出；有的 PLC 采取混合工作方式，这种工作方式的特点是它只是在输入采样阶段进行集中读取（批处理），在执行程序时，遇到输出时便直接输出。后一种方式由于对输入采用的是集中读取，所以在一个扫描周期内，同一个输入即使在程序中有多处出现，也不会像直接控制方式那样，可能出现不同的值；又由于这种方式的程序执行与输出采用的是直接控制方式，所以又具有直接控制方式输出响应快的优点。

（2）最短响应时间和最长响应时间。由于 PLC 采用循环扫描工作方式，因此响应时间与收到输入信号的时刻有关。这里针对采用三个批处理工作方式的 PLC，分析一下最短响应时间和最长响应时间。

① 最短响应时间：在一个扫描周期刚结束时就收到了有关输入信号的变化状态，则下一扫描周期一开始这个变化信号就可以被采样到，使输入更新，这时响应时间最短，即

最短响应时间＝输入延迟时间＋1 个扫描周期＋输出延迟时间

② 最长响应时间：如果在 1 个扫描周期刚开始收到一个输入信号的变化状态，则由于存在输入延迟，在当前扫描周期内这个输入信号对输出不会起作用，要到下一个扫描周期快结束时的输出刷新阶段，输出才会做出反应，这个响应时间最长，即

最长响应时间＝输入延迟时间＋2 个扫描周期＋输出延迟时间

如果用户程序中的指令语句安排得不合理，则响应时间还要增大。

4. PLC 与继电器控制系统、单片机的区别

1）PLC 与继电器控制系统的区别

PLC 的工作方式是串行，用"软件"；继电器控制系统的工作方式是并行，用"硬件"。

2）PLC 与单片机的区别

PLC 的工作方式是循环扫描；单片机的工作方式是待命或中断。

PLC 与其他控制装置的比较如表 1-1 所示。

表 1-1　PLC 与其他控制装置的比较

控制装置名称	特　点
PLC	由 CPU、存储器及输入/输出接口电路组成；采用程序控制方式且编程容易，可靠性极强；安装、使用、维护、维修方便；系统更新换代容易
继电器控制系统	由开关、继电器、接触器等组成，靠硬件接线实现逻辑运算；连线多而复杂，体积大，功耗大，易出现故障，且排障困难；系统更新换代不容易
单片机控制系统	控制电路需人工设计、焊接，抗干扰能力差；采用程序控制方式，但程序设计较难；维护、使用需较强的专业知识；系统更新换代周期长

三、PLC 的编程语言

PLC 的编程语言

PLC 是专为工业控制开发的通用控制设备，主要使用者是广大工厂电气技术人员及操作维护人员。为了适应他们的传统习惯和掌握能力，通常采用面向控制过程、面向问题的"自然语言"编程。这些编程语言有梯形图（Ladder Diagram，LAD）、语句表（Statement List，STL）、逻辑功能图（Logical Function Diagram，LFD）等。此外，为了满足熟悉计算机知识和高级编程语言人们的需求，有些大型的 PLC 也采用高级语言（如 BASIC 语言、C 语言等）编程。

1. 梯形图（LAD）

梯形图语言是 PLC 最常用的一种编程语言，是从原电气控制系统中常用的继电器、接触器控制电路梯形图演变而来的，沿用了电气工程师比较熟悉的电气控制原理图的形式，如继电器的触点、线圈以及串并联术语等，形象、直观且编程容易。图 1-9 为两种梯形图的比较。

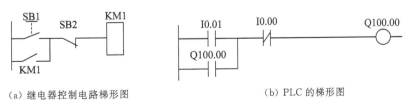

（a）继电器控制电路梯形图　　　　　　　（b）PLC 的梯形图

图 1-9　两种梯形图的比较

由图 1-9 可以看出，PLC 的梯形图在形式上类似于继电器控制电路的梯形图，只不过它用图形符号—| |—、—|/|—、—○—等连接而成。这些符号对应的编程元件依次为常开触点、常闭触点、继电器线圈。梯形图按照自上而下、从左到右的顺序排列，一般每个继电器线圈对应一个逻辑行。梯形图的最左边是起始母线，每一个逻辑行必须从起始母线画起，然后是触点的各种连接，最后终止于继电器线圈。梯形图的最右边是终止母线，有时可以省去不画。

2. 语句表 (STL)

语句表编程语言是一种与汇编语言类似的助记符编程语言，它使用容易记忆的英语缩写单词表示 PLC 的各种指令，使用编程器对 PLC 程序进行读写、修改和编辑等操作。不同厂家生产的 PLC 的语句表助记符有所不同，以欧姆龙的 PLC 为例，对应图 1-9 的语句表为：

LD	0.01
OR	100.00
AND NOT	0.00
OUT	100.00

语句表是用户程序的基础，每个控制功能由一条或多条语句组成的用户程序完成。每条语句都是规定 CPU 应如何动作的指令，它的作用和一般的计算机指令相同。PLC 的指令由操作码和操作数组成，其格式为：

操作码　　　　　　　操作数

操作码用来指定要执行的功能，告诉 CPU 该进行什么操作；操作数是指定执行该操作必需的数据，告诉 CPU 用什么数据或什么地方的数据来执行该操作。

3. 逻辑功能图 (LFD)

逻辑功能图是用"与""或""非"等逻辑功能符号表达控制功能的图形语言，与数字电路中的逻辑图一样，极易表现条件与结果之间的逻辑功能。这种编程语言根据信息流将各种功能块加以组合，是一种逐步发展起来的新式编程语言，比较适合有数字电路知识基础的人使用。目前逻辑功能图日益受到各 PLC 生产厂家的重视。

4. 高级语言

对于大型 PLC 来说，点数多，控制对象复杂，所以可以使用像微型计算机一样的结构化编程语言，例如 BASIC 语言、C 语言、PASCAL 等高级语言。这种编程方式不仅能完成逻辑控制功能、数值计算、数据处理、PID 调节，还能很方便地与计算机通信联网，从而形成由计算机控制的可编程序控制器系统。

工作任务 3　欧姆龙 CP1E 型 PLC 的规格

教学导航

【能力和知识目标】

(1) 了解 PLC 的规格与型号；

(2) 了解 PLC 硬件 I/O 的存储分区；

(3) 了解 PLC 硬件 I/O 地址分配。

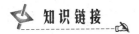

任务引入

欧姆龙 PLC SYSMAC-CP 系列以 CP1H、CP1L 和 CP1E 的 CPU 单元为中心，与 CS 和 CJ 系列的设计具有相同的基本结构。扩展 I/O 容量时，必须使用 CP 系列扩展单元和 CP 系列扩展 I/O 单元。I/O 字的分配方法与 CPM1A/CPM2A PLC 相同，即对输入和输出使用固定区。

CP 系列 CP1E-CPU 单元有以下两种型号：

(1) 基本型号：CP1E-E□□D□-A，支持基本控制应用的 CPU 单元，可使用基本、移动、算术和比较指令等。

(2) 应用型号：CP1E-N□□D□-□，支持连接到可编程终端、变频器和伺服驱动器的 CPU 单元。

知识链接

一、欧姆龙 CP1E 型 PLC 概述

PLC 的型号规格

1. 欧姆龙 CP1E 型 PLC 的型号

欧姆龙 CP1E 型 PLC 是一种由欧姆龙公司生产制造的用于简单应用的一体式 PLC。CP1E 型 PLC 包含了运用基本、移动、算术和比较等指令实现标准控制操作的 E 型 CPU 单元（基本型号），以及支持连接到可编程终端、变频器和伺服驱动的 N 型 CPU 单元（应用型号）。CP1E 型 PLC 的型号如表 1-2 所示。

表 1-2   CP1E 型 PLC 的型号

	基本型号 （E 型 CPU 单元）		CP1E 应用型号 （N 型 CPU 单元）	
	20 点 I/O 型 CPU	30/40 点 I/O 型 CPU	20 点 I/O 型 CPU	30/40 点 I/O 型 CPU
外观				
程序容量	2 K 步		8 K 步	
DM 区容量	2 K 字 其中 1500 字可被写入到内置 EEPROM		8 K 字 其中 7000 字可被写入到内置 EEPROM	
安装扩展 I/O 单元和扩展单元	不可	3 单元最大	不可	3 单元最大
带晶体管输出的型号	不可选		可选	
脉冲输出	不支持		支持（仅带晶体管输出的型号）	

	基本型号 （E 型 CPU 单元）		CP1E 应用型号 （N 型 CPU 单元）	
	20 点 I/O 型 CPU	30/40 点 I/O 型 CPU	20 点 I/O 型 CPU	30/40 点 I/O 型 CPU
内置串行通信端口	没有	提供 RS-232C 端口		
选件板	不支持		不支持	支持（一端口）
用于编程设备的连接端口	USB 端口		USB 端口	
时钟	没有		有	
使用电池	不可使用		可以使用（另售）	
内置电容器备份时间	25 ℃时 50 h		25 ℃时 40 h	
无电池操作	总是无电池操作。 如果电源中断 50 h 以上，仅内置 EEPROM 中的数据被保持		如果没有安装电池，进行无电池操作；如果电源中断 40 h 以上，仅内置 EEPROM 中的数据被保持	

对于欧姆龙 CP1E 型 PLC 的 CPU 单元，电源中断后以下的 I/O 存储器区将变得不稳定：DM 区(D)（使用 DM 功能备份到 EEPROM 的字除外），保持区(H)，计数器当前值和完成标志(C)，与时钟功能有关的辅助区(A)。如要电源中断后保持以上区中的数据，可将 CP1W-BAT01 电池（另售）安装到 N 型 CPU 单元。注意：电池不能安装到 E 型 CPU 单元。

2. 欧姆龙 CP1E 型 PLC 的运行模式

CPU 单元有以下三种运行模式：

（1）"编程"（PROGRAM）模式：此模式不执行程序。此模式可用于 PLC 设置中的初始设定、传送梯形图程序、检查梯形图程序以及为执行梯形图程序做准备，如强制置位/复位。

（2）"监视"（MONITOR）模式：此模式可执行在线编辑、强制置位/复位，以及在执行梯形图程序时变更 I/O 存储器的当前值。此模式可用于试运行和调整。

（3）"运行"（RUN）模式：此模式可执行梯形图程序。在此模式中部分操作无效。当 CPU 单元置"ON"时，此模式为初始值的启动模式。

3. 运行模式的变更

欧姆龙 CP1E 型 PLC 启动后，运行模式可通过 CX-Programmer 进行变更。CPU 单元置"ON"时的缺省运行模式为"运行"模式，若要将启动模式变更为"编程"模式或"监视"模式，需通过 CX-Programmer 在 PLC 的启动设置中设定所需的模式，如图 1-10 所示。

PLC 启动后运行模式的变更可选用以下步骤之一：

（1）在运行模式菜单中选择"编程""监视"或"运行"模式。

（2）在工程树形图中右键点击 PLC，然后在运行模式菜单中选择"编程""监视"或"运行"模式。

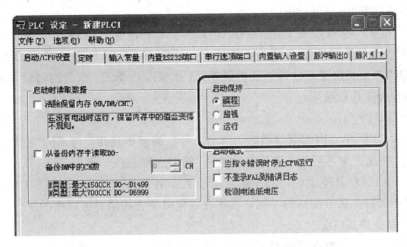

图 1-10 启动后运行模式的变更

二、CP1E 型 PLC 数据存储区及元件功能

在 CP1E 型 PLC 的 CPU 单元中的存储器区，可从梯形图程序读取或写入存储器。存储器区是由通过外部设备进行输入/输出区、用户区及系统区构成的，如图 1-11 所示。

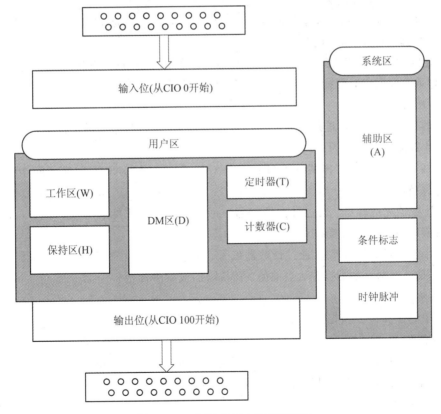

图 1-11 CPU 单元中的存储器区

CP1E 型 PLC 的数据存储器区及元件功能分配如下：

1) CIO 区（CIO0～CIO289）

在 CIO 区中，输入位地址范围为 CIO0～CIO99，输出位地址范围为 CIO100～CIO199，串行 PLC 链接地址范围为 CIO200～CIO289。CIO 区中的位和地址为分配给 CP1E 的 CPU 单元的内置 I/O 端子及扩展单元、扩展 I/O 单元。未分配的输入字和输出位可在程序中作为工作位使用。

2) 工作区（W）

工作区为 CPU 单元内部存储器的一部分，可在编程中使用。与 CIO 区中的输入位和输出位不同，在此区中不可对外部设备的输入/输出进行刷新。

在使用 CIO 区中其他字前，先将此区用于工作字和位。CP1E 型 PLC CPU 单元的更新版本中也不会对此区分配新的功能，因此在编程时请先使用此区域中的字。

3) 数据存储器区（D）

此数据区用于一般数据存储和处理，且仅可由字（16 位）进行存取。

当 PLC 置 ON 或运行模式切换（PROGRAM、RUN、MONITOR 模式间切换）时，此区中字将保持其内容。通过辅助区位可在内置 EEPROM 备份存储器中保持指定字。

4) 定时器区（T）

定时器区域分成定时器完成标志和定时器当前值（PV）两个部分。最多可使用 256 个定时器，定时器编号范围为 T0～T255。

（1）定时器完成标志。通过定时器编号，每个定时器完成标志对应一位。当经过设定的定时器时间时，完成标志置 ON。

（2）定时器当前值（PV）。通过定时器编号，每个定时器当前值（PV）对应由一个字（16 位）进行存取。根据定时器操作，当前值（PV）增加或减少。

5) 计数器区（C）

计数器区域分成计数器完成标志和计数器当前值（PV）两个部分。最多可使用 256 个计数器，计数器编号范围为 C0～C255。

当 PLC 置 ON 或运行模式切换（PROGRAM、RUN、MONITOR 模式间切换）时，此区中字将保持其内容。

（1）计数器完成标志。通过计数器编号，每个计数器完成标志对应一位。当达到设定的计数器值时，完成标志置 ON。

（2）计数器当前值（PV）。通过计数器编号，每个计数器当前值（PV）对应由一个字（16 位）进行存取。根据计数器操作，当前值（PV）增加或减少计数。

6) 辅助区（A）

此区中的字和位已预先分配了功能。

7) 条件标志

条件标志中包括表示指令执行结果的标志以及常 ON 及常 OFF 标志。条件标志由全局符号（变量）指定，而非通过地址指定，如 P_on。

8) 时钟脉冲

通过 CPU 单元的内置定时器，可将时钟脉冲置 ON 或 OFF。时钟脉冲置位由全局符号（变量）指定，而非通过地址指定，如 P_0_02。

三、I/O 分配

欧姆龙 PLC 将存储器中的输入/输出位分配称为"I/O 分配"。扩展 I/O 单元的输入/输出(I/O)在 CPU 单元上内置 I/O 分配字的后一字中分配 I/O 位。电源置"ON"时,CPU 单元将自动分配 I/O 位到已连接的扩展 I/O 单元/扩展单元。输入位从 CIO 0 开始进行分配,输出位从 CIO 100 开始分配,不可进行变更。

欧姆龙 CP1E 型 PLC 的 I/O 分配

1. 主机 CPU 单元 I/O 分配

CP1E 型 PLC CPU 单元的输入/输出起始字是预先决定的。CIO 0 或 CIO 0 和 CIO 1 中输入位及 CIO 100 或 CIO 100 和 CIO 101 中输出位,为自动分配到 CPU 单元的内置 I/O。通过系统分配的位的起始字及可连接的扩展单元/扩展 I/O 单元数如表 1-3 所示。

表 1-3   CPU 单元 I/O 分配

CPU 单元	分 配 字		连接的扩展单元/扩展 I/O 单元数
	输入位	输出位	
20 点 I/O 型 CPU 单元	CIO 0	CIO 100	0 单元
30 点 I/O 型 CPU 单元	CIO 0 和 CIO 1	CIO 100 和 CIO 101	3 单元
40 点 I/O 型 CPU 单元	CIO 0 和 CIO 1	CIO 100 和 CIO 101	3 单元

例如:40 点 I/O 型 CPU 单元 I/O 分配如图 1-12 所示。

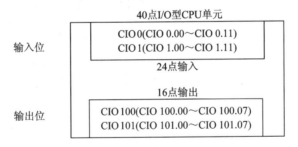

图 1-12   40 点 I/O 分配

40 点 I/O 型 CPU 单元输入端子最多可分配 24 点输入位。分配的位的范围为:输入位 CIO 0.00~CIO 0.11(即 CIO 0 中位 00~11)、输入位 CIO 1.00~CIO 1.11(即 CIO 1 中位 00~11)。

此外,输出端子最多可分配 16 点输出位。分配的位的范围为:输出位 CIO 100.00~CIO 100.07(即 CIO 0 中位 00~07)、输出位 CIO 101.00~CIO 101.07(即 CIO 1 中位 00~07)。

2. 扩展单元/扩展 I/O 单元的分配

连接到 CPU 单元的扩展单元/扩展 I/O 单元将被自动分配输入位和输出位,分配字的起始地址从分配给 CPU 单元的字的下一字开始。例如,如果使用 40 点 I/O 型 CPU 单元,则 CIO 0 和 CIO 1 分配给输入,CIO 100 和 CIO 101 分配给输出,则从 CIO 2 开始的输入字以及从 CIO 102 开始的输出字将根据单元的连接顺序自动分配到扩展单元或扩展 I/O 单元。通过扩展 I/O 单元,可以扩展输入、扩展输出或扩展输入及输出。

I/O 位从分配到前一扩展单元/扩展 I/O 单元或自动分配的 CPU 单元的下一字中位

00 开始分配输入/输出，以"CIO m"表示输入字，以"CIO n"表示输出字。扩展单元 I/O 分配如表 1-4 所示。

表 1-4　扩展单元 I/O 分配

型　号		输入位			输出位		
		位数	字数	地址	位数	字数	地址
8 点输入单元	CP1W-8ED	8	1	CIO m，位 00～07	—	无	无
8 点输出单元	继电器输出　CP1W-8ER	—	无	无	8	1	CIO n，位 00～07
	晶体管输出（漏型）　CP1W-8ET						
	晶体管输出（源型）　CP1W-8ET1						
16 点输出单元	继电器输出　CP1W-16ER	—	无	无	16	2	CIO n，位 00～07 CIO n+1，位 00～07
	晶体管输出（漏型）　CP1W-16ET						
	晶体管输出（源型）　CP1W-16ET1						
20 点 I/O 单元	继电器输出　CP1W-20EDR1	12	1	CIO m，位 00～11	8	1	CIO n，位 00～07
	晶体管输出（漏型）　CP1W-20EDT						
	晶体管输出（源型）　CP1W-20EDT1						
32 点输出单元	继电器输出　CP1W-32ER	—	无	无	32	4	CIO n，位 00～07 CIO n+1，位 00～07 CIO n+2，位 00～07 CIO n+3，位 00～07
	晶体管输出（漏型）　CP1W-32ET						
	晶体管输出（源型）　CP1W-32ET1						

例如：30 点 CPU 单元扩展输入单元和扩展输出单元 I/O 分配如图 1-13 所示。

图 1-13　30 点 CPU 单元扩展输入单元和扩展输出单元 I/O 分配

如果连接扩展的输入单元或扩展的输出单元，则未被使用的那个扩展 I/O 单元地址将分配给下一个输入/输出单元。

工作任务 4　PLC 编程软件的使用

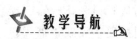
教学导航

【能力和知识目标】

（1）学会 PLC 编程软件的基本操作；

（2）学会程序的上传和下载；

（3）掌握用户程序的输入和编辑方法。

任务引入

欧姆龙 PLC 编程软件 CX-Programmer 可以用于创建在 CP1E 型 PLC 的 CPU 单元中执行的梯形图程序。该软件除了可以创建梯形图程序外，还具有对 CP1E 型 PLC 进行设定和操作所必需的功能，包括调试梯形图程序、显示地址和当前值（PV）、监控和设定连接的 PLC、编程和监控等功能。CX-Programmer 编程软件简化了子菜单，使操作更便捷。

知识链接

一、欧姆龙 PLC 编程软件 CX-Programmer 的使用步骤

在使用 CX-Programmer 编程软件编制 PLC 程序前，首先要进行硬件上的设置及对该软件的内部设置。具体使用该软件的步骤如下。

1. 设置

1）硬件设置

硬件设置是建立 PLC 与计算机之间的通信连接，对于 CP1E 型 PLC，应先设置 CPU 部件上的 DIP 开关，然后再建立 PLC 与上位机的 RS-232 串行通信连接，最后接通电源。

PLC 的编程软件使用

2）软件设置

（1）进入 CX-Programmer 软件界面。在"开始"菜单"程序"选项中找到"OMRON"，在弹出下一级子菜单中单击"CX-Programmer"图标，进入 CX-P 软件界面。或者直接双击桌面上"CX-Programmer"的快捷图标 ，即可进入 CX-Programmer 软件界面。

（2）点击"文件"菜单中的"新建"命令，弹出"变更 PLC"对话框，如图 1-14 所示，设定 PLC 的型号和 CPU 的型号，如图 1-15 所示。也可以通过点击"工具"菜单中的"选项"命令，在弹出的对话框中选择"PLC"选项卡来设定 PLC 型号及 CPU 型号。

图 1-14　变更 PLC 对话框

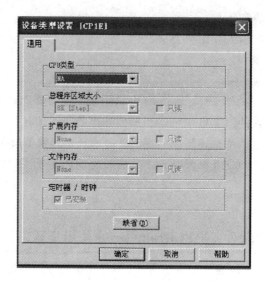

图 1-15 CPU 类型设置对话框

选择完毕，单击"确定"按钮，进入 CX-Programmer 的用户主界面，如图 1-16 所示。

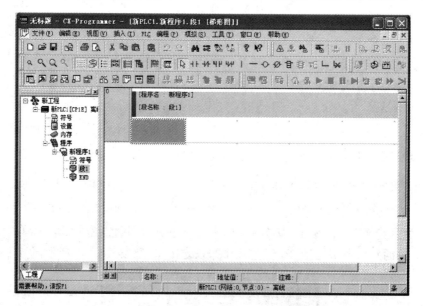

图 1-16 CX-Programmer 的用户主界面

3）工程工作区

在工程工作区中，通过显示一个与工程相关的 PLC 和程序细节的分层树状结构来表示工程，如图 1-17 所示。

从工具栏上面选择 "切换工程工作区"按钮可以激活此视图，也可以再次选择"切换工程工作区"按钮关闭工程工作区视图。现将工程工作区视图中的符号说明如下：

（1） 符号：PLC 使用的所有全局和本地符号。

（2） 设置：所有有关 PLC 的设置。

图 1-17 工程工作区视图

（3）💾内存：内存的数据值。

（4）🔧扩展指令：扩展指令的赋值。

2. 编程

（1）简单指令。在菜单栏选择梯形图图标即可。

（2）查找指令。对于不太熟悉的指令可通过点击"插入"菜单中的"指令"命令来进行指令的查找操作。

（3）在线编辑。对于建立了通信连接的 PLC，可以对其程序进行在线操作编辑。具体方法为：单击"程序"菜单"在线编辑"中的"开始"命令对程序进行编辑，然后再以同样的方法选择"发送修改"，完成操作。

3. 编译

对编制好的程序要进行编译操作，具体步骤为：选择"程序"菜单中的"编译"命令，即可完成编译操作，并可显示程序编译结果。

4. 下载与运行

将程序及有关数据下载到 PLC 并转入监视或运行模式，具体操作步骤如下：

（1）选择"PLC"菜单，在弹出的菜单中单击"在线工作"命令。

（2）选择"PLC"菜单中的"传送"命令，在弹出的下一级菜单中选择"到 PLC"命令，即可将程序下载到 PLC 中。

（3）选择 PLC 的操作模式。可通过点击"PLC"菜单中的"操作模式"命令，在弹出的下一级菜单中选择"监视"或"运行"等工作模式。

5. 存盘结束

选择"文件"菜单中的"另存为"命令，然后指定文件的保存路径，单击"保存"按钮，文件即被保存。

二、CX-Programmer 软件编程举例

1. 建立一个新工程

一旦制定出工程要求，下一步要做的事情就是生成一个工程，并且为该工程定义设备条目。

建立一个新工程的步骤如下：

（1）选择工具栏中的"新建"按钮🗋。

（2）定义工程的设备条目，对于本例，可将 PLC 的类型设置为 CP1E。

（3）保存工程，从工具栏中选择"保存"按钮🖫，即显示 CX-Programmer 保存文件对话框。

（4）在"文件名称"栏中键入一个有效的文件名称，然后单击"保存"按钮来保存此工程，或选择"取消"按钮放弃这一操作。

当一个新的 PLC 被添加到工程中时，将会创建空表及数据对象：本地符号表、全局符号表、I/O 表、PLC 内存数据、PLC 设置数据。

工程工作区将显示新生成工程的内容，梯形图工作区显示在图形工作区，随时可以编制程序。在梯形图工作区中，当前光标的位置将以一个高亮的矩形块来表示，称为光标。

使用鼠标和方向键能将光标定位于图表中的任何位置。可以从选择菜单或者使用相关的快捷键在当前光标位置添加一个元素，一个元素可以定位于任意一个空的网格位置上，或者可以覆盖任意的 PLC 类型。

2. 编写梯形图程序

编写梯形图程序包括生成符号和地址、创建一个梯形图程序、编译程序、把程序传送到 PLC，以及从 PLC 上传程序等。

编写程序定义一个彩灯控制。彩灯的控制规律如下：

(1) 按下启动按钮，红灯点亮。

(2) 经过 5 s 后红灯熄灭，同时绿灯点亮。

(3) 再经过 5 s 后绿灯熄灭，同时红灯再次被点亮。

如此循环，直至按下"停止"按钮为止。

生成一个梯形图程序的重要一步就是对程序要访问的那些 PLC 数据区进行定义。为了便于访问，可以分配符号名称，而不是每一次都访问特定地址。

一般按照以下步骤来生成符号：

(1) 单击图表窗口，在工具栏中选择"查看本地符号"按钮 ⬚。

(2) 从工具栏中选择"插入符号"按钮 ⬚，符号插入对话框将被显示。

(3) 在名称栏中键入"红灯"。

(4) 在地址栏中键入"100.00"。

(5) 将数据类型栏设置为"BOOL"，表示一位(二进制数)值。

(6) 在注释栏中输入"彩灯 1"。

(7) 选择"确定"按钮以继续进行。

表 1 - 5 所示为彩灯控制符号一览表。

表 1 - 5　彩灯控制符号一览表

名　称	地　址	数据类型	注　释
启动按钮	0.00	BOOL	控制系统的启动
停止按钮	0.01	BOOL	控制系统的停止
红灯定时完成	TIM000	BOOL	
绿灯定时完成	TIM001	BOOL	
红灯	100.00	BOOL	彩灯 1
绿灯	100.01	BOOL	彩灯 2
红灯定时器 1	1	NUMBER	红灯亮周期
绿灯定时器 2	2	NUMBER	绿灯亮周期
定时器设定值	50	NUMBER	定时时间

注：在 CX-Programmer 中使用表中地址格式是很重要的。按照其定义类型，一个地址有两个部分：一个通道和一位号码。在上述例子中，符号"红灯"被定义为"BOOL"类型，输入地址"10"被 CX-Programmer 认为是 0.00，如果地址"50"被定义为位 0，那么必须将其输入定义为 5000 或者是 50.00(这样更方便)。

NUMBER 类型的符号在 PLC 中被用作描述定时器数字。同时，在程序指令"TIM"的操作数中，可以直接输入数值，但是使用一个具有名称和注释的符号将更加有可读性。

CX-Programmer允许将数值定义为一个符号，这对于地址同样也适用。

3. 建立一个梯形图程序

一个 PLC 程序既可以使用梯形图，也可以使用助记符编程语言生成。梯形图程序是在图表窗口的图表视图中生成的。

生成一个梯形图程序的步骤如下：

(1) 确定在图表工作区中显示的梯形图工作区。

(2) 在梯形图的开始放置一个常开触点，选择工具栏中的"新接点"按钮 ⊢⊢，然后在名称或值列栏中选择"启动按钮"，之后单击"确定"按钮。

(3) 在"启动按钮"的右侧添加一个常闭触点 ⊬，把它分配给符号"停止按钮"。

(4) 在"停止按钮"的右侧，放置一个常闭触点 ⊬，把它分配给"红灯定时完成"。

(5) 在"红灯定时完成"接触点的右边，放置一个线圈 ○，把其分配给符号"红灯"。

(6) 在"启动按钮"的下方，放置一个新的常开触点 ⊢⊢（在同一梯级里），把它分配给符号"绿灯定时完成"。

(7) 在"绿灯定时完成"触点下方再放置一个新的常开触点 ⊢⊢（在同一梯级），把它分配给符号"红灯"。

(8) 在下一级的始端放置一个新的常开触点 ⊢⊢（如同上述），将显示新触点对话框，把它分配给符号"红灯"。

(9) 在工具栏选择"新的 PLC 指令"按钮 廿，并点击接触点的旁边，这样就添加一个新的指令，将显示新指令对话框。

(10) 输入指令"TIM"，在操作数栏中输入"红灯定时器 1"和"定时器设定值"两个操作数。

(11) 重新开始一个梯级，在梯级的始端放置一个常开触点 ⊢⊢，把它分配给"红灯定时完成"。

(12) 在"红灯定时完成"触点右边添加一个常闭触点 ⊬，把它分配给符号"停止按钮"。

(13) 在"停止按钮"的右边放置一个常闭触点 ⊬，把它分配给符号"绿灯定时完成"。

(14) 在"绿灯定时完成"触点的右边，放置一个线圈 ○，把它分配给符号"绿灯"。

(15) 在"红灯定时完成"触点的下方放置一个新的常开触点 ⊢⊢（同一梯级），把它分配给符号"绿灯"。

(16) 重新开始一个梯级，在梯级的开头放置一个新的常开触点 ⊢⊢，把它分配给符号"绿灯"。

(17) 点击"新的 PLC 指令"按钮 廿，输入指令"TIM"，在操作栏里输入"绿灯定时器 2"和"定时器设定值"两个操作数，并选择"确定"按钮接受刚才在新指令对话框中的设置。

(18) 通过"新的 PLC 指令"按钮 廿，在下一个梯级里添加"END"。

通过上述操作所建立的梯形图程序如图 1-18 所示。

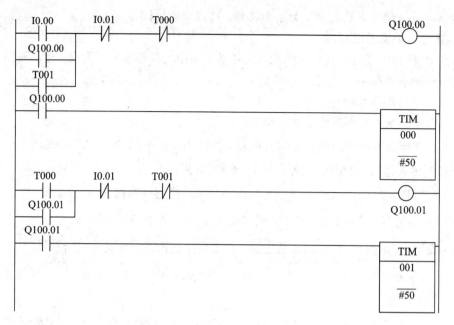

图 1-18 彩灯控制梯形图程序

4. 检查梯形图程序

检查梯形图程序的步骤如下：

（1）确认是在图标显示区中显示梯形图程序。

（2）在工具栏选择"查看本地符号"按钮，切换到符号表，从工具栏选择"显示地址引用工具"按钮，激活地址引用工具。

（3）通过选择每一个符号，在图表中移动光标检查其在程序中的用法，也可以在助记符视图或梯形图视图中检查。

5. 编译程序

无论是在线程序还是离线程序，在生成和编辑过程中都不断被检查。在梯形图中，程序错误以红线出现，即如果在梯级中出现一个错误，在梯形图梯级的左边将会出现一道红线。例如，在图表窗口已放置一个元素，但是并没有分配符号和地址，这种情形下就会出现红线。

按照以下方法来编译程序：在工具栏中选择"编译程序"按钮，输出将显示在输出窗口的编译标签下面，此时程序中所有的错误将被显示出来。

6. 下载程序到 PLC

在开始下载程序之前，必须要检查工程中将要装载程序的 PLC 类型和通信类型等信息，以确保这些信息是正确的，并且要和实际中使用的 PLC 类型相匹配，同时还要为相连接的 PLC 选择适当的通信类型。

下载程序到 PLC 的步骤如下：

（1）选择工具栏中的"保存工程"按钮，保存当前的工程。如果在此以前还未保存工程，那么就会显示"保存 CX-Programmer 文件"对话框。在文件名栏输入文件名称，然后选择"保存"按钮，完成保存操作。

（2）选择工具栏中的"在线工作"按钮，与 PLC 进行连接，将出现一个对话框，如图 1-19 所示，选择"是"按钮。由于在线时一般不允许编辑，所以程序变成灰色。

（3）选择工程工作区里的程序对象。

（4）选择工具栏中的"编辑模式"按钮，把 PLC 的操作模式设为"编程"。如果未做这一步，那么 CX-Programmer 软件将自动把 PLC 设置成此模式。

（5）选择工具栏上面的"传送到 PLC"按钮，将显示"下载选项"对话框，如图 1-20 所示。

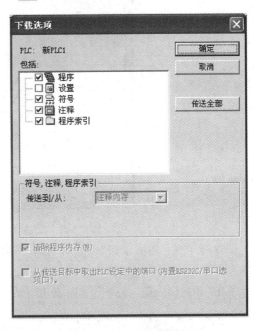

图 1-19　PLC 连接对话框　　　　　　　　图 1-20　下载选项对话框

（6）设置程序栏，并单击"确定"按钮，将显示下载 PLC 连接状态选项对话框，如图 1-21 所示。单击"是"按钮，将显示下载成功对话框，如图 1-22 所示。

图 1-21　PLC 连接状态　　　　　　　　图 1-22　下载成功对话框

单击"确定"按扭，程序下载完成。

7. 从 PLC 上载程序

从 PLC 上载程序的步骤如下：

（1）选择工程工作区中的 PLC 对象。

（2）选择工具栏中的"从 PLC 传送"按钮 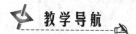，工程树中的第一个程序将被编译。如果 PLC 是离线状态，那么将显示确认对话框，选择"确认"按钮与 PLC 连接，此时显示"上载选项"对话框，如图 1-23 所示。

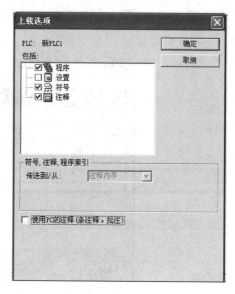

图 1-23　"上载选项"对话框

（3）设置程序栏，然后单击"确定"按钮，将会显示上载 PLC 连接状态选项对话框，如图 1-24 所示。

（4）单击"确定"按钮，将弹出上载成功对话框，如图 1-25 所示。

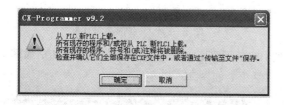

图 1-24　连接状态选项对话框

图 1-25　上载成功对话框

单击"确定"按扭，程序上载完成。

工作任务 5　PLC 控制系统的设计

教学导航

【能力和知识目标】

（1）学会 PLC 控制系统的设计步骤；

（2）学会 PLC 控制系统的硬件设计；

（3）学会 PLC 编程软件的基本操作，掌握用户程序的输入和编辑方法；

（4）掌握 PLC 控制系统的程序设计方法。

任务引入

PLC 控制系统的设计包括硬件部分设计和软件部分设计。硬件部分包括输入/输出设备、PLC 选型及确定硬件配置等内容；软件部分主要包括编制控制程序、程序调试和编制技术文件等内容。PLC 的应用程序往往是一些典型的控制环节和基本电路的组合，编程人员可以依靠经验选择合适的语言直接实现用户程序，以满足生产机械和生产过程的控制要求。

知识链接

PLC 控制系统设计的一般步骤为：熟悉控制对象并确定输入/输出设备、PLC 选型及确定硬件配置、设计电气原理图、设计控制台（柜）、编写控制程序、程序调试和编制技术文件。

一、明确控制要求，了解被控对象的生产工艺过程

熟悉控制对象设计工艺布置图这一步是系统设计的基础。首先应详细了解被控对象的工艺过程和它对控制系统的要求，各种机械、液压、气动、仪表、电气系统之间的关系，系统工作方式（如自动、半自动、手动等），PLC 与系统中其他智能装置之间的关系，人机界面的种

PLC 的控制系统设计

类，通信联网的方式，报警的种类与范围，电源停电及紧急情况的处理等。在此阶段，还要选择用户输入设备（按钮、操作开关、限位开关、传感器等）、输出设备（继电器、接触器、信号指示灯等执行元件），以及由输出设备驱动的控制对象（电动机、电磁阀等），同时，还应确定哪些信号需要输入给 PLC，哪些负载由 PLC 驱动，并分类统计出各输入量和输出量的性质及数量，是数字量还是模拟量，是直流量还是交流量，以及电压的大小等级等，为 PLC 的选型和硬件配置提供依据。

最后，要将控制对象和控制功能进行分类，可按信号用途或按控制区域进行划分，确定检测设备和控制设备的物理位置，分析每一个检测信号和控制信号的形式、功能、规模、互相之间的关系。信号点确定后，即可设计出工艺布置图或信号图。

二、PLC 控制系统的硬件设计

随着 PLC 应用的普及，PLC 产品的种类和数量越来越多。近年来，从国外引进的 PLC 产品、国内厂家自行开发的产品已有几十个系列、上百种型号。PLC 的品种繁多，其结构形式、性能、容量、指令系

PLC 实训设备装置

统、编程方法、价格等各有不同，使用场合也各有侧重。因此，合理选择 PLC 对于提高 PLC 控制系统的技术经济指标起着重要的作用。

1. PLC 机型的选择

选择 PLC 机型时应在满足控制要求的前提下，保证 PLC 的可靠性高、维护使用方便，并有最佳的性价比。具体应考虑以下几方面：

（1）性能与任务相适应。对于小型单台、仅需要数字量控制的设备，一般的小型 PLC

（如西门子公司的 S7 - 200 系列、OMRON 公司的 CPM1/CPM2 系列、三菱公司的 FX 系列等）都可以满足要求。对于以数字量控制为主，带少量模拟量控制的应用系统，如在工业生产中常遇到的温度、压力、流量等连续量的控制，应选用带有 A/D 转换的模拟量输入模块和带 D/A 转换的模拟量输出模块，配接相应的传感器、变送器（对温度控制系统，可选用温度传感器直接输入的温度模块）和驱动装置，并选择运算、数据处理功能较强的小型PLC（如西门子公司的 S7-200 或 S7-300 系列、OMRON 公司的 CQM1/CQM1H 系列等）。对于控制要求较复杂，控制功能要求较高的工程项目，例如要求实现 PID 运算、闭环控制、通信联网等功能时，可视控制规模及复杂程度选用中档或高档机（如西门子公司的 S7-300 或 S7-400 系列、OMRON 公司的 C200H 或 CV/CVM1 系列、AB 公司的 Control Logix 系列等）。

（2）结构应合理，安装要方便，机型应统一。按照物理结构，PLC 可分为整体式和模块式。整体式 PLC 每一 I/O 点的平均价格比模块式 PLC 的便宜，所以人们一般倾向于在小型控制系统中采用整体式 PLC。但是模块式 PLC 的功能扩展方便灵活，I/O 点数的多少、输入点数与输出点数的比例、I/O 模块的种类和块数、特殊 I/O 模块的使用等方面的选择余地都比整体式 PLC 大得多，而且在维修时更换模块、判断故障范围也很方便，因此，对于较复杂的和要求较高的系统一般应选用模块式 PLC。根据 I/O 设备距 PLC 之间的距离和分布范围来确定 PLC 的安装方式为集中式、远程 I/O 式还是多台 PLC 联网的分布式。对于一个企业，在控制系统设计中应尽量做到机型统一。因为同一机型的 PLC，其模块可互为备用，且便于备品备件的采购与管理；其功能及编程方法统一，有利于技术力量的培训、技术水平的提高和功能的开发；其外部设备通用，资源可共享。使用同一机型 PLC 的另一个好处是，在使用上位计算机对 PLC 进行管理和控制时，通信程序的编写比较方便，容易把控制各独立的多台 PLC 联成一个多级分布式系统，相互通信，集中管理，充分发挥网络通信的优势。

（3）是否满足响应时间的要求。由于现代 PLC 有足够高的速度去处理大量的 I/O 数据和解算梯形图逻辑，因此对于大多数应用场合来说，PLC 的响应时间并不是主要问题。为了减少 PLC 的 I/O 响应延迟时间，可以选用扫描速度高的 PLC，使用高速 I/O 处理这一类功能指令，或选用快速响应模块和中断输入模块。

（4）对联网通信功能的要求。近年来，随着工厂自动化的迅速发展，在企业内小到一块温度控制仪表的 RS - 485 串行通信，大到一套制造系统的以太网管理层的通信，应该说一般的电气控制产品都有通信功能。PLC 作为工厂自动化的主要控制器件，大多数产品都具有通信联网能力。选择 PLC 时应根据需要选择通信方式。

（5）其他特殊要求。考虑被控对象对于模拟量的闭环控制、高速计数、运动控制和人机界面（HMI）等方面的特殊要求，可以选用有相应特殊 I/O 模块的 PLC。对可靠性要求极高的系统，应考虑是否采用冗余控制系统或热备份系统。

2. PLC 容量的估算

PLC 的容量是指 I/O 点数和用户存储器的存储容量两方面的含义。在选择 PLC 型号时不应盲目追求过高的性能指标，但是在 I/O 点数和存储器容量方面除了要满足控制系统要求外，还应留有余量，以做备用或系统扩展时使用。

1）I/O 点数的确定

PLC 的 I/O 点数是以系统实际的输入/输出点数为基础来确定的。在 I/O 点数确定时，应留有适当的余量。通常，I/O 点数可按实际需要的 10%～15% 来考虑余量。当 I/O 模块较多时，一般按上述比例留出备用模块。

2）存储器容量的确定

用户程序占用多少存储容量与许多因素有关，如 I/O 点数、控制要求、运算处理量、程序结构等，因此在程序编写前只能粗略地估算。

3. I/O 模块的选择

在 PLC 控制系统中，为了实现对生产过程的控制，要将对象的各种测量参数按要求的方式送入 PLC。PLC 经过运算、处理后，再将结果以数字量的形式输出，此时要把该输出变换为适合于对生产过程进行控制的量。所以，在 PLC 和生产过程之间，必须设置信息的传递和变换装置。这个装置就是输入/输出（I/O）模块。不同的信号形式需要不同类型的 I/O 模块。对 PLC 来讲，信号形式可分为以下四类。

1）数字量输入信号

生产设备或控制系统的许多状态信息，如开关、按钮、继电器的触点等，只有通或断两种状态，对这类信号的拾取需要通过数字量输入模块来实现。输入模块最常见的为 24 V 直流输入，还有直流 5 V、12 V、48 V，交流 115 V/220 V 等。按公共端接入正、负电位不同可分为漏型和源型。有的 PLC 既可以采用源型接线，也可以采用漏型接线，比如西门子 S7-200 PLC。当公共端接入负电位时，就是源型接线；接入正电位时，就是漏型接线。有的 PLC 只能接成其中的一种。

2）数字量输出信号

还有许多控制对象，如指示灯的亮和灭、电机的启动和停止、晶闸管的通和断、阀门的打开和关闭等，对它们的控制只需通过二值逻辑"1"和"0"来实现。这种信号可通过数字量输出模块去驱动。数字量输出模块按输出方式的不同可分为继电器输出型、晶体管输出型、晶闸管输出型等。此外，输出电压值和输出电流值也各有不同。

3）模拟量输入信号

生产过程的许多参数，如温度、压力、液位、流量都可以通过不同的检测装置转换为相应的模拟量信号，然后再将其转换为数字信号输入 PLC。完成这一任务的就是模拟量输入模块。

4）模拟量输出信号

生产设备或生产过程的许多执行机构，往往要求用模拟信号来控制，而 PLC 输出的控制信号是数字量，这就要求有相应的模块将其转换为模拟量。这种模块就是模拟量输出模块。

典型模拟量输出模块的量程为 $-10～+10$ V、$0～+10$ V、$4～20$ mA 等，可根据实际需要来选用，同时还应考虑其分辨率和转换精度等因素。一些 PLC 制造厂家还提供特殊模拟量输入模块，可用来直接接收低电平信号（如热电阻 RTD、热电偶等信号）。此外，有些传感器如旋转编码器输出的是一连串的脉冲，并且输出的频率较高（20 kHz 以上）。尽管这些脉冲信号也可算作数字量，但普通数字量输入模块不能正确地检测之，应选择高速计数模块。不同的 I/O 模块，其电路和性能不同，它直接影响着 PLC 的应用范围和价格，应根据实际情况合理选择。

4. 分配输入/输出点

PLC 机型及输入/输出模块选择完毕后，首先可以设计出 PLC 系统总体配置图，然后依据工艺布置图，参照具体的 PLC 相关说明书或手册将输入信号与输入点、输出控制信号与输出点一一对应画出 I/O 接线图，即 PLC 输入/输出电气原理图。

PLC 机型选择完毕后，I/O 点数的多少是决定控制系统价格及设计合理性的重要因素，因此在完成同样控制功能的情况下可通过合理设计以简化 I/O 点数。

5. 安全回路的设计

安全回路是保护负载或控制对象以及防止操作错误或控制失败而进行联锁控制的回路。在直接控制负载的同时，安全保护回路还可以给 PLC 输入信号，以便于 PLC 进行保护处理。安全回路的设计一般应考虑以下几个方面的因素。

1）短路保护

应该在 PLC 外部输出回路中装上熔断器，进行短路保护。最好在每个负载的回路中都装上熔断器。

2）互锁与联锁

除在程序中保证电路的互锁关系外，在 PLC 外部接线中还应该采取硬件的互锁措施，以确保系统安全可靠地运行。

3）失压保护与紧急停车

PLC 外部负载的供电线路应具有失压保护措施，当临时停电再恢复供电时，不按下"启动"按钮，PLC 的外部负载就不能自行启动。这种接线方法的另一个作用是当特殊情况需要紧急停机时，按下"急停"按钮即可切断负载电源，同时将"急停"信号输入 PLC。

4）极限保护

在有些如提升机类超过限位就有可能产生危险的情况下，可设置极限保护措施，当极限保护动作时会直接切断负载电源，同时将此信号输入 PLC。

三、PLC 控制系统的软件设计

软件设计是 PLC 控制系统设计的核心。要设计好 PLC 的应用软件，就必须充分了解被控对象的生产工艺、技术特性、控制要求等内容，通过 PLC 的应用软件完成系统的各项控制功能。PLC 控制系统软件设计的一般步骤如下：

1. 确定 PLC 应用软件设计的内容

PLC 的应用软件设计是指根据控制系统的硬件结构和工艺要求，使用相应的编程语言，对用户控制程序的编制和相应文件的形成过程。其主要内容包括：确定程序结构；定义输入/输出、中间标志、定时器、计数器和数据区等参数表；编制程序；编写程序说明书。

PLC应用软件设计还包括文本显示器或触摸屏等人机界面(HMI)设备及其他特殊功能模块的组态。

2. 熟悉被控制对象，制定设备运行方案

在系统硬件设计基础上，根据生产工艺的要求，分析各输入/输出与各种操作之间的逻辑关系，确定检测量和控制方法，并设计出系统中各设备的操作内容和操作顺序。对于较复杂的系统，可按物理位置或控制功能将系统分区控制，一般还需画出系统控制流程图，用以清楚表明动作的顺序和条件，简单系统一般不用。

3. 熟悉编程语言和编程软件

熟悉编程语言和编程软件是进行程序设计的前提。这一步骤的主要任务是根据有关手册详细了解所使用的编程软件及其操作系统，选择一种或几种合适的编程语言形式，并熟悉其指令系统和参数分类，尤其注意那些在编程中可能要用到的指令和功能。熟悉编程语言最好的办法就是上机操作，并编制一些试验程序，在模拟平台上进行试运行，以便详尽地了解指令的功能和用途，为后面的程序设计打下良好的基础，避免走弯路。

4. 定义参数表

参数表的定义包括对输入/输出、中间标志、定时器、计数器和数据区的定义。参数表的定义格式和内容根据系统和个人爱好的情况有所不同，但所包含的内容基本是相同的。总的设计原则是便于使用，尽可能详细。程序编制前必须首先定义输入/输出信号表，其主要依据是PLC输入/输出电气原理图。每一种PLC的输入点编号和输出点编号都有自己明确的规定，在确定了PLC型号和配置后，要对输入/输出信号分配PLC的输入/输出编号（地址），并编制成表，即I/O表。

一般情况下，输入/输出信号表要明显地标出模板的位置、输入/输出地址号、信号名称和信号类型等，并且注释、注解内容应尽可能详细。地址尽量按由小到大的顺序排列，没有定义或备用的点也不能漏掉，这样便于在编程、调试和修改程序时查找使用。而中间标志、定时器、计数器和数据区在编程以前可能不太好定义，一般是在编程过程中随使用随定义，在程序编制过程中间或编制完成后连同输入/输出信号表统一整理。

5. 编写程序

如果有操作系统支持，应尽量使用编程语言的高级形式，如梯形图语言。在编写程序过程中，根据实际需要，对中间标志信号表和存储单元表要进行逐个定义，注意留出足够的公共暂存区，以节省内存的使用，这是因为许多小型PLC使用的是简易编程器，只能输入指令代码。梯形图设计好后，还需要将梯形图按指令语句编出代码程序，列出程序清单。在熟悉所选的PLC指令系统后，可以很容易地根据梯形图写出语句表程序。

在编写程序过程中，要及时对编出的程序进行注释，以免忘记其间的相互关系。注释应包括程序段功能、逻辑关系、设计思想、信号的来源和去向等的说明。注释是为了便于程序的阅读和调试。

6. 程序的测试

程序的测试是整个程序设计工作中的一项重要内容，它可以初步检查程序的实际运行效果。程序测试和程序编写是分不开的，程序的许多功能是在测试过程中修改和完善的。

测试时先从各功能单元入手，设定输入信号，观察输入信号的变化对系统产生的作用，必要时可以借助仪器仪表，在各功能单元测试完成后，再连通全部程序，测试各部分的接口情况，直到满意为止。程序测试可以在实验室进行，也可以在现场进行。如果是在现场进行程序测试，那么就要将 PLC 与现场信号隔离，以免引起事故。

7. 编写程序说明书

程序说明书是整个程序内容的综合性说明文档，是整个程序设计工作的总结。编写程序说明书的主要目的是让程序的使用者了解程序的基本结构和某些问题的处理方法，以及程序的阅读方法和使用中应注意的事项。程序说明书一般包括程序设计的依据，程序的基本结构，各功能单元分析、使用的公式和原理，各参数的来源和运算过程，程序的测试情况等内容。

以上各个步骤都是应用程序设计中不可缺少的环节，要设计一个好的应用程序，必须做好每一个环节的工作。但是，应用程序设计中的核心是程序的编写，其他步骤都是为其服务的。

四、PLC 控制系统的抗干扰性设计

尽管 PLC 是专为工业生产环境而设计的，有较强的抗干扰能力，但是如果环境过于恶劣，电磁干扰特别强烈或 PLC 的安装和使用方法不当，还是有可能给 PLC 控制系统的安全和可靠性带来隐患。因此，在 PLC 控制系统设计中，还需要注意系统以下几方面的抗干扰性设计。

1. 抗电源干扰

实践证明，因电源引入的干扰造成 PLC 控制系统故障的情况很多。PLC 系统的正常供电电源均由电网供电，电网覆盖范围广，它将受到所有空间的电磁干扰而在线路上产生感应电压和感应电流。尤其是电网内部的变化，开关操作浪涌、大型电力设备启停、交直流传动装置引起的谐波、电网短路暂态冲击等，都通过输电线路传到电源。为了减少因电源干扰造成的 PLC 控制系统故障，可采取以下措施。

（1）采用性能优良的电源，可以抑制电网引起的干扰。在 PLC 控制系统中，电源占有极重要的地位。电网干扰串入 PLC 控制系统主要是通过 PLC 系统的供电电源（如 CPU 电源、I/O 电源等）、变送器供电电源和与 PLC 系统具有直接电气连接的仪表供电电源等耦合进入的。

对于通过 PLC 系统供电的电源，一般都采用隔离性能较好的电源，而对于通过变送器供电的电源和与 PLC 系统有直接电气连接的仪表的供电电源，并没有受到足够的重视，虽然有些采取了一定的隔离措施，但还不普遍，主要是使用的隔离变压器分布参数大，抑制干扰能力差，会经电源耦合而串入共模干扰和差模干扰。所以，对于变送器供电和共用信号仪表供电应选择分布电容小、抑制带大（如采用多次隔离和屏蔽及漏感技术）的配电器，以减少对 PLC 系统的干扰。此外，为了保证电网馈电不中断，可采用不间断供电电源（UPS）来供电，以提高供电的安全可靠性。UPS 具有较强的干扰隔离性能，是 PLC 控制系统的理想电源。

（2）硬件滤波措施。在干扰较强而可靠性要求较高的场合，可使用带屏蔽层的隔离变

压器对 PLC 系统供电，还可以在隔离变压器一次侧串接滤波器来减少电源干扰。

（3）正确选择接地点，完善接地系统。

2. 控制系统的接地设计

良好的接地是保证 PLC 可靠工作的重要条件，可以避免偶然发生的电压冲击危害。接地的目的通常有两个，其一是为了安全，其二是为了抑制干扰。完善的接地系统是 PLC 控制系统抗电磁干扰的重要措施之一。接地系统的接地方式一般有串联式单点接地、并联式单点接地、多分支单独接地三种方式。PLC 控制系统一般采用第三种接地方式，即单独接地。

PLC 控制系统的地线包括系统地、屏蔽地、交流地和保护地等。接地系统混乱对 PLC 系统的干扰主要是各个接地点电位分布不均，不同接地点间存在地电位差，引起地环路电流，从而影响系统正常工作。例如，电缆屏蔽层必须一点接地，如果两端都接地，就会存在地电位差，有电流流过屏蔽层，当发生异常状态如雷击时，地线电流将会更大。此外，屏蔽层、接地线和大地有可能构成闭合环路，在变化磁场的作用下，屏蔽层内又会出现感应电流，通过屏蔽层与芯线之间的耦合干扰信号回路。若系统地与其他接地混乱，所产生的地环流就可能在地线上产生不等电位分布，影响 PLC 内逻辑电路和模拟电路的正常工作。PLC 工作的逻辑电压干扰容限较低，逻辑地电位的分布干扰容易影响 PLC 的逻辑运算和数据存储，造成数据混乱、程序跑飞或死机。模拟地电位的分布将导致测量精度下降，引起对信号测控的严重失真和误动作。

3. 防 I/O 干扰

由信号引入的干扰会引起 I/O 信号工作异常和测量精度大大降低，严重时会引起元器件损伤。对于隔离性能较差的系统，还将导致信号间互相干扰，引起共地系统总线回流，造成逻辑数据变化、误动作或死机。一般可采取以下措施来减小 I/O 干扰对 PLC 系统的影响。

（1）从抗干扰角度选择 I/O 模块。

（2）安装与布线时应注意：

① 动力线、控制线以及 PLC 的电源线和 I/O 线应分别配线，隔离变压器与 PLC 和 I/O 之间应采用双绞线连接。将 PLC 的 I/O 线和大功率线分开走线，如必须在同一线槽内，可加隔板，分槽走线最好，这样不仅能使其有尽可能大的空间距离，还能将干扰降到最低限度。

② PLC 应远离强干扰源，如电焊机、大功率硅整流装置和大型动力设备，不能与高压电器安装在同一个开关柜内。在柜内，PLC 应远离动力线（二者之间距离应大于 200 mm）；与 PLC 装在同一个柜子内的电感性负载，如功率较大的继电器、接触器的线圈等，应并联 RC 电路。

③ PLC 的输入与输出最好分开走线，开关量与模拟量也要分开敷设。模拟量信号的传送应采用屏蔽线，屏蔽层应一端接地，接地电阻应小于屏蔽层电阻的 1/10。

④ 交流输出线和直流输出线不要使用同一根电缆；输出线应尽量远离高压线和动力线，避免并行。

（3）考虑 I/O 端的接线：输入接线一般不要太长，但如果环境干扰较小，电压降不大，输入接线可适当长些；输入线和输出线要分开；尽可能采用常开触点形式连接到输入端，使编制的梯形图与继电器原理图一致，以便于阅读，但急停、限位保护等情况例外；输出端接线分为独立输出和公共输出，在不同组中，可采用不同类型和电压等级的输出电压，但在同一组中的输出只能使用同一类型、同一电压等级的电源。由于 PLC 的输出元件被封装在印制电路板上，并且连接至端子板，若将连接输出元件的负载短路，将会烧毁印制电路板。当采用继电器输出时，所承受的电感性负载的大小会影响到继电器的使用寿命，因此在使用电感性负载时应合理选择，或加隔离继电器。

（4）正确选择接地点，完善接地系统。

（5）对变频器干扰的抑制。

五、编制梯形图的注意事项

编制梯形图程序时应注意如下问题：

（1）梯形图中的线圈应放在最右边，线圈后不应再有任何触点。

（2）除极少数指令（如 ILC、JME 等）不允许有执行条件外，几乎所有的指令都需要执行条件。如果指令在 PLC 上电后需要无条件一直执行，不能直接连到母线上，可以将 A 区的常 ON 标志 P-on 或 OFF 标志 P-off 取"反"后作为执行条件。如果一条指令在 PLC 上电后只需执行一次，可以将 SR 区的标志位 P-First-Cycle 作为执行条件。P-First-Cycle 在 PC 运行的第一个扫描周期处于 ON 状态，然后处于 OFF 状态。这种用法常出现在对 PLC 进行初始化设置的程序段上。

（3）触点不能画在垂直路径上。

（4）编程时，对于逻辑关系较复杂的程序段，应按照先复杂后简单的原则编程。有几个串联电路相并联时，应将触点最多的串联电路放在梯形图最上面；有几个并联电路串联时，应将触点最多的并联电路放在梯形图的最左边。这样安排可以使所编制的程序简洁明了，有时还可节省语句。

（5）尽量避免双线圈输出。如果在同一个程序中，同一个元件的线圈出现了两次或多次，则可称为双线圈输出，这时前面的输出无效，最后一次输出才是有效的。一般在程序中不应出现双线圈现象，因为容易引起逻辑上的混乱。

六、PLC 控制系统的调试

系统调试是系统在正式投入使用之前的必经步骤。PLC 控制系统既有硬件部分的调试也有软件部分的调试。与继电器控制系统相比，PLC 控制系统的硬件调试要相对简单，主要是 PLC 程序的编制和调试。一般可按以下几个步骤进行：应用程序的编制和离线调试，控制系统硬件检查，应用程序在线调试，现场调试，总结整理相关资料，系统正式投入使用。

七、PLC 程序的设计方法

PLC 的应用程序往往是一些典型的控制环节和基本电路的组合，编程人员依靠经验选择合适的语言，直接实现用户程序，以满足生产设备和生产过程的控制要求。PLC 程序的设计方法没有固定的模式，一般常采用逻辑设计法、时序图设计法、顺序控制功能图设计法、经验设计法、继电器控制电路图转换设计法等。

1. 逻辑设计法

当主要对开关量进行控制时，使用逻辑设计法比较好。逻辑设计法的基础是逻辑代数。在程序设计时，对控制任务进行逻辑综合分析，将控制电路中元件的通、断电状态视为以触点通、断状态为逻辑变量的逻辑函数，对经过化简的逻辑函数利用 PLC 的逻辑指令可以顺利地设计出满足要求的、较为简练的控制程序。这种方法设计思路清晰，所编写的程序易于优化，是一种较为实用、可靠的程序设计方法。

2. 时序图设计法

若 PLC 各输出信号的状态变化有时间顺序，可选择时序图设计法来设计程序。因为根据时序图容易理顺各状态转换的时刻和转换的条件，从而可以建立清晰的设计思路。时序图设计法可归纳如下：

（1）详细分析控制要求，明确各输入、输出信号的个数和类型，合理选择机型。

（2）明确各输入、输出信号之间的时序关系，并画出输入、输出信号的工作时序图。

（3）把时序图划分若干个时序区间，确定各区间的时间长短。找出各区间的分界点，弄清分界点处各输出信号状态的转换关系和转换条件。

（4）确定所需定时器的数量和定时器的设定值，根据每个时间区间各输出信号的状态列出状态转换明细表。

（5）对 PLC 进行 I/O 分配。

（6）根据定时器的功能明细表、时序图和 I/O 分配表编写梯形图程序。

（7）做模拟实验，检查程序是否符合控制要求，进一步修改、完善程序。

一般来说，对于复杂的控制系统，若某些环节属于这种控制，就可以应用时序图的方法来进行处理。

3. 顺序控制功能图设计法

对那些按动作的先后顺序进行控制的系统，非常适宜使用顺序控制功能图设计法编程。功能图能清楚地表现出系统各工作步的功能、步与步之间的转换顺序及转换条件。顺序控制功能图设计法虽然编出的程序偏长，但程序结构清晰，可读性好。

4. 经验设计法

所谓经验设计法，是依据典型的控制程序和常用的程序设计方法来设计程序，以满足控制系统的要求。在熟悉继电器控制电路设计方法的基础上，如果能透彻地理解 PLC 各种指令的功能，则凭着经验能比较准确地选择使用 PLC 的各种指令而设计出相应的程序。这种方法没有普遍的规律可以遵循，而是具有很大的试探性和随意性，最后结果不是唯一的，设计所用的时间、设计的质量与设计者的经验有很大的关系，它可以用于比较简单的梯形图的设计。

5. 继电器控制电路图转换设计法

用 PLC 控制的系统或设备功能完善，可靠性好，所以用 PLC 控制取代继电器控制已是大势所趋。有些继电器控制的系统或设备经过多年的运行实践证明设计是成功的，若欲改用 PLC 控制，则可以在原继电器控制电路的基础上，经过合理转换，或者说经过适当"翻译"，从而设计出具有相同功能的 PLC 控制程序。把继电器控制转换成 PLC 控制时，要注意转换方法，以确保转换后系统的功能不变。

技能训练考核评分标准

本项目工作任务的评分标准如表1-6所示。

表1-6 评分标准

项目一　PLC基础知识					
组别：			组员：		
项目	配分	考核要求	扣分标准	扣分记录	得分
基础知识	40分	熟悉PLC输入/输出元件地址分配表，设计梯形图及PLC输入/输出接线图，根据梯形图，列出指令表	(1) 输入/输出地址遗漏或写错，每处扣10分； (2) 梯形图表达不正确或画法不规范，每处扣10分； (3) 接线图表达不正确或画法不规范，每处扣10分； (4) 指令有错误，每条扣10分		
硬件安装与接线	30分	按照PLC输入/输出接线图在模拟配线板上正确安装元件，元件在配线板上布置要合理，安装要准确紧固。配线美观，下入线槽中要有端子标号	(1) 元件布置不整齐、不均匀、不合理，每处扣1分； (2) 元件安装不牢固、安装元件时漏装螺钉，每处扣1分； (3) 损坏元件，扣5分； (4) 不按PLC控制I/O接线图接线，每处扣2分		
程序输入与调试	20分	熟练操作键盘，能正确地将所编写的程序下载到PLC；按照被控设备的动作要求进行模拟调试，达到设计要求	(1) 不能熟练录入指令，扣5分； (2) 不会使用删除、插入、修改等命令，每项扣5分； (3) 不会上传程序，扣10分		
安全文明工作	10分	(1) 安全用电，无人为损坏仪器、元器件和设备； (2) 保持环境整洁，秩序井然，操作习惯良好； (3) 小组成员协作和谐，态度正确； (4) 不迟到、不早退、不旷课	(1) 发生安全事故，扣10分； (2) 人为损坏设备、元器件，扣10分； (3) 现场不整洁、工作不文明、团队不协作，扣5分； (4) 不遵守考勤制度，每次扣2～5分		
	总分：				

思考练习题

1.1 什么是 PLC?

1.2 PLC 的发展经历了哪几个阶段? 各阶段的主要特征是什么?

1.3 PLC 按照 I/O 点数分为几类? 每一类 I/O 点数各是多少?

1.4 PLC 有哪些特点? 主要应用在哪些领域?

1.5 PLC 的发展方向是什么?

1.6 PLC 的技术性能有哪些?

1.7 PLC 的基本单元由哪几部分组成? 它们的作用各是什么?

1.8 继电器、双向晶闸管输出各具有什么特点?

1.9 PLC 的一个完整工作过程都完成了哪些工作?

1.10 PLC 一般有几种编程语言? 各有什么特点?

1.11 欧姆龙 CP1E 型 PLC 内部继电器有几种? 共同特点是什么?

1.12 欧姆龙 CP1E 型 PLC 各个内部继电器的编号范围是什么?

1.13 欧姆龙 CP1E 型 PLC 的专用继电器有哪些? 各有什么特点?

项目二　电动机 PLC 控制系统的设计、安装与调试

工作任务 1　电动机单向启动、停止的 PLC 控制

教学导航

【能力目标】

(1) 学会 I/O 分配表的设置；

(2) 学会绘制 PLC 硬件接线图的方法并正确接线；

(3) 学会 PLC 编程软件的基本操作，掌握用户程序的输入和编辑方法；

(4) 完成电机控制装置的设计、装配、调试运行任务。

【知识目标】

(1) 熟悉基本逻辑功能指令的用法；

(2) 掌握 PLC 控制系统的设计方法；

(3) 理解基本指令的功能，学会使用基本指令编写控制程序。

任务引入

电机是自动化控制的目标，采用先进的 PLC 控制技术使电机的自动控制技术大为提高，电机控制在自动生产线上应用很广泛。

如图 2-1 所示，继电器控制三相异步电动机的单向转动启动、停止控制电路。该控制

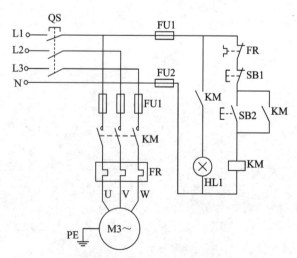

图 2-1　电动机的单向转动启动、停止控制电路

电路可以实现电动机启动—单向转动—停止的控制功能。

继电器控制电路工作原理:

(1) 闭合开关 QS,按下启动按钮 SB2,KM 线圈得电,主触点闭合,电机转动,KM 常开触点闭合自锁且灯 HL1 亮。

(2) 按下停止按钮 SB1,KM 线圈失电,KM 的各个触点复位,电机停止转动。

⚡ 任务分析 👈

由图 2-1 可知,继电器控制三相异步电动机的单向转动启动、停止电路,在电机连续转动控制电路中,为了使电机能连续运转,给启动按钮并接一个接触器线圈的常开触点,形成自锁控制,使得接触器 KM 持续得电。这些控制要求应在梯形图中体现。

电动机单向启动、停止的 PLC 控制

如图 2-1 所示,继电器控制三相异步电动机的单向转动启动、停止电路系统功能可以改由使用 PLC 的指令来实现。

设计 PLC 控制三相异步电动机的单向转动启动、停止,控制要求如下:

(1) 当接通三相电源时,电动机 M 不运转。

(2) 当按下启动按钮 SB2 时,电动机 M 连续转动。

(3) 当按下停止按钮 SB1 时,电动机 M 停转。

(4) 热继电器做过载保护,FR 触点动作,电动机立即停止转动。

⚡ 任务实施 👈

电动机的启动和停止控制是最基本的控制,采用 PLC 又是如何实现电机在使用时的启动和停止呢?

如图 2-1 所示,当继电器控制三相异步电动机的单向转动启动、停止电路系统功能改由 PLC 控制系统来完成时,仍然需要保留主电路部分,控制电路的功能可由 PLC 执行程序来取代。在 PLC 的控制系

电动机启动、停止的 PLC 控制实训

统中,要求对 PLC 的输入、输出端口进行设置即 I/O 分配,然后根据 I/O 分配情况完成 PLC 的硬件接线,直到系统调试符合控制要求为止。

1. I/O 分配

I/O 分配情况如表 2-1 所示。

表 2-1　I/O 分配表

输　　　入		输　　　出	
停止按钮 SB1	I0.00	转动接触器 KM	Q100.00
启动按钮 SB2	I0.01	电机运转指示灯 HL1	Q100.01

2. PLC 硬件接线

PLC 硬件接线图如图 2-2 所示。

3. 设计梯形图程序

使用一般逻辑指令设计的控制程序如图 2-3 所示。

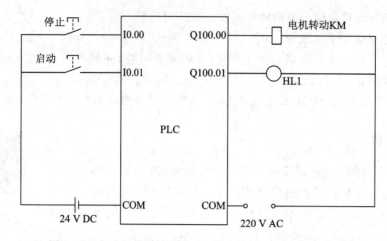

图 2-2　电动机单向转动启动、停止控制 PLC 硬件接线图

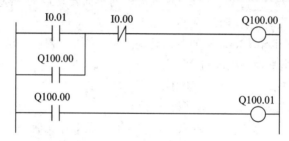

图 2-3　电动机单向转动启动、停止控制程序

4. 系统调试

（1）接线完成后，检查、确认接线正确；

（2）输入程序并运行程序，监控程序的运行状态，分析程序运行结果；

（3）程序符合控制要求后再接通主电路试车，进行系统调试，直到最大限度地满足系统的控制要求为止。

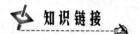　知识链接

一、PLC 的指令系统概述

梯形图是 PLC 通用的语言，它接近于电气控制原理图，直观易懂，较易掌握，但缺点是对编程工具要求较高。过去需要使用图形编程器才能将梯形图程序输入 PLC。因此，人们又设计一种语句编程方法，即将图形图转化为语句表后，用简易编程器就可将其输入到 PLC 内存中。语句表和微型计算机的汇编语言形式类似，但比汇编语言简单得多。

PLC 系统指令概述

近几年来，已普遍采用普通 PC 或笔记本电脑并在 Windows 环境下应用视窗编程软件 CX-Programmer 进行 PLC 的编程。通过该软件可以编辑、修改用户的梯形图程序或语句表程序，监控系统运行，采集和处理数据，在屏幕上显示系统运行状况，打印文件，将程序储存在磁盘上，使计算机和 PLC 之间的程序相互传送，实现梯形图和语句表之间的相互转换，对工业现场和系统进行仿真等。这样人们就不必再考虑如何将梯形图人工转化为语句

表的问题了。

根据功能分类,欧姆龙 PLC 指令可分为基本指令和应用指令两大类。基本指令直接对输入/输出点进行操作,包括输入、输出和逻辑"与""或""非"基本运算等;应用指令包括定时/计数指令、联锁指令、跳转指令、数据比较指令、数据移位指令、数据传达指令、数据转换指令、十进制运算指令、二进制运算指令、逻辑运算指令、子程序控制指令、高速计数器控制指令、脉冲输出控制指令、中断控制指令、步进指令及一些特殊指令等。

1. 指令的格式、操作数及标志

指令的格式为:

助记符(指令码)操作数 1
操作数 2
操作数 3

助记符表示指令的功能。指令码是指令的代码,用两位数字表示。基本指令没有指令码,几乎所有的应用指令都有指令码。在简易编程器上,只有基本指令的助记符有相应的按键,输入程序时只需按下对应的按键即可;其他指令都没有相应的按键,输入程序时可按下"FUN"键,再键入其指令码。

操作数提供了指令执行的对象。少数指令不带操作数,有的指令带 1 个或 2 个,有的指令带 3 个。操作数一般为继电器号、通道号常数,此外,还可以对 DM 区进行间接寻址。为区别常数和继电器通道号,常数前需加前缀"♯"。

当操作数为常数时,可以是十进制,也可以是十六进制,这取决于指令的需要。间接寻址操作数用"＊DM"表示。通道 DM 中的数据为另一 DM 通道的地址,它必须为 BCD 码,且不得超出 DM 区域。

指令执行可能影响 A 区的标志位有以下几种:

ER:出错标志位。

CY:进位标志位。

GR:大于标志位。

EQ:等于标志位。

LE:小于标志位。

ER 是用于监视指令执行最常用的标志。当 ER 变"ON"时,表明正在执行的当前指令出错,须停止执行指令。在后面介绍每一条指令时,将给出可能是 ER 置位的原因。

2. 指令的微分形式

欧姆龙 PLC 的绝大多数应用指令都有微分型和非微分型两种形式。微分型指令是在指令助记符前加@标记。只要执行条件为 ON,指令的非微分型式在每个循环周期都将执行。而微分型指令仅在执行条件由 OFF 变为 ON 时才执行一次,如果执行条件不发生变化,或者从上一个循环周期的 ON 变为 OFF,微分指令是不执行的。

图 2 - 4 为数据传送指令 MOV 的两种形式。其中,图 2 - 4(a)为非微分型的,只要执行条件 I0.00 为 ON 时,就执行 MOV 指令,将 HR10 通道中的数据传到 DM0000 中去,所以如果 I0.00 为 ON 的时间很长,则会执行很多次 MOV 指令;图 2 - 4(b)为微分型的,只有当执行条件 I0.00 由 OFF 变为 ON 时,才执行一次 MOV 指令,将 HR10 通道中的数据传送到 DM0000 中,当 I0.00 继续为 ON 时,将不再执行 MOV 指令。

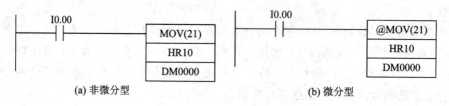

(a) 非微分型　　　　　　　　　　　　　　(b) 微分型

图 2-4　数据传送指令 MOV 的两种形式

二、基本编程指令

1. LD 和 LD NOT 指令

1) 格式

    LD　　　　　　　　B

    LD NOT　　　　　B

PLC 的基本逻辑指令

其中，B 为操作数。LD、LD NOT 指令的梯形图符号如图 2-5 所示。

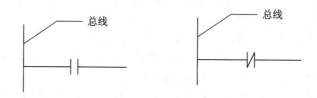

图 2-5　LD、LD NOT 指令的梯形图符号

2) 功能

LD 指令表示常开触点与左侧母线连接。

LD NOT 指令表示常闭触点与左侧母线连接。

3) 说明

(1) LD、LD NOT 指令只能以位为单位进行操作，它们的执行不影响标志位。

(2) 有时也可将 LD、LD NOT 指令称为装载或起始指令，每一个程序的开始都要使用它。

2. AND 和 AND NOT 指令

1) 格式

    AND　　　　　　B

    AND NOT　　　B

AND、AND NOT 指令的梯形图符号如图 2-6 所示。

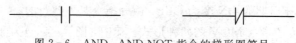

图 2-6　AND、AND NOT 指令的梯形图符号

2) 功能

AND 指令表示常开触点与前面的触点电路相串联，或者说 AND 指令后面的位与其前面的状态进行逻辑"与"运算。

AND NOT 指令表示常闭触点与前面的触点电路相串联，或者说 AND NOT 指令后面的位数取"反"后再与其前面的状态进行逻辑"与"运算。

3）说明

（1）AND、AND NOT 指令只能以位为单位进行操作，它们的执行不影响标志位。

（2）串联触点的个数没有限制。

3. OR 和 OR NOT 指令

1）格式

    OR   B

    OR NOT   B

OR、OR NOT 指令的梯形图符号如图 2-7 所示。

图 2-7　OR、OR NOT 指令的梯形图符号

2）功能

OR 指令表示常开触点与前面的触点电路相并联，或者说 OR 后面的位与其前面的状态进行逻辑"或"运算。

OR NOT 指令表示常闭触点与前面的触点电路相并联，或者说 OR NOT 后面的位数取"反"后再与其前面的状态进行逻辑"或"运算。

3）说明

（1）OR 和 OR NOT 指令只能以位为单位进行操作，且不影响标志位。

（2）并联触点的个数没有限制。

4. OUT 和 OUT NOT 指令

1）格式

    OUT   B

    OUT NOT   B

OUT、OUT NOT 指令的梯形图符号如图 2-8 所示。

图 2-8　OUT、OUT NOT 指令的梯形图符号

2）功能

OUT 指令表示输出逻辑运算结果。

OUT NOT 指令表示将逻辑运算结果取"反"后再输出。

输出位相当于继电器线路中的线圈。若输出位为 PLC 的输出点，则运算结果输出到

PLC 的外部；若输出位为 PLC 的内部继电器，则逻辑运算结果为中间结果，不输出到 PLC 的外部。

3）说明

（1）OUT 和 OUT NOT 指令只能以位为单位进行操作，且不影响标志位。

（2）IR 区中已用作输入通道的位不能作为 OUT 和 OUT NOT 的输出位。

（3）OUT 和 OUT NOT 指令常用于一条梯形图支路的最后，但有时也用于分支点。

（4）线圈并联输出时，可连续使用 OUT 和 OUT NOT 指令。

5. AND LD 和 OR LD 指令

1）格式

    AND LD

    OR LD

AND LD 指令的梯形图符号如图 2-9 所示。

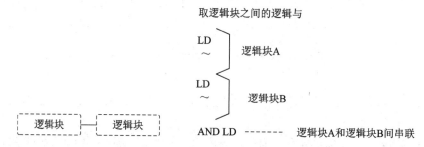

图 2-9　AND LD 指令的梯形图符号

OR LD 指令的梯形图符号如图 2-10 所示。

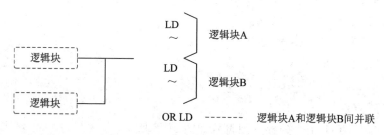

图 2-10　OR LD 指令的梯形图符号

2）功能

AND LD 指令用于逻辑块的串联连接，即对逻辑块进行逻辑"与"操作。每一个逻辑块都以 LD 或 LD NOT 指令开始。AND LD 指令写在串联逻辑块之后，每两个串联逻辑块用一个 AND LD 指令。AND LD 指令单独使用，后面没有操作数。

OR LD 指令用于逻辑块的并联连接，即对逻辑块进行逻辑"或"操作。每一个逻辑块都以 LD 或 LD NOT 指令开始。OR LD 指令写在并联逻辑块之后，每两个并联逻辑块用一个 OR LD 指令。OR LD 指令单独使用，后面没有操作数。

使用这两条指令有分置法和后置法两种方法。两种方法都可以得到相同的运算结果，但使用分置法时触点组数没有限制，而采用后置法时触点组数不能超过 8。AND LD 和 OR

LD 指令的具体应用如图 2-11 所示。

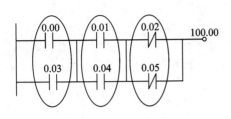
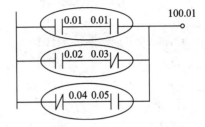

(a) AND LD 指令应用   (b) OR LD 指令应用

图 2-11　AND LD 和 OR LD 指令应用实例梯形图

(1) 图 2-11(a)用分置法实现:

LD	0.00
OR	0.03
LD	0.01
OR	0.04
AND LD	
LD NOT	0.02
OR NOT	0.05
AND LD	
OUT	100.00

(2) 图 2-11(a)用后置法实现:

LD	0.00
OR	0.03
LD	0.01
OR	0.04
LD NOT	0.02
OR NOT	0.05
AND LD	
AND LD	
OUT	100.00

(3) 图 2-11(b)用分置法实现:

LD	0.00
AND	0.01
LD	0.02
AND NOT	0.03
OR LD	
LD NOT	0.04
AND	0.05
OR LD	

OUT	100.01

（4）图 2−11(b)用后置法实现：

LD	0.00
AND	0.01
LD	0.02
AND NOT	0.03
LD NOT	0.04
AND	0.05
OR LD	
OR LD	
OUT	100.01

6. 结束指令 END

1）格式

  END

END 指令的梯形图符号如图 2−12 所示，该指令无操作数。

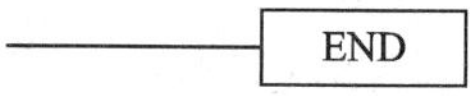

图 2−12　END 指令的梯形图符号

2）功能

END 指令表示程序结束。

3）说明

（1）END 指令用于程序的结尾处，是程序的最后一条指令。如果有子程序，则 END 指令应放在最后一个子程序后。PLC 执行到 END 指令，即认为程序到此结束，后面的指令一概不执行，马上返回到程序的起始处再次开始执行程序，因此，在调试程序时，可以将 END 指令插在各段程序之后，分段进行调试。若整个程序没有 END 指令，则 PLC 不执行程序，并显示出错信息"NO END INST"。

（2）执行 END 指令时，ER、CY、GR、EQ 和 LE 等标志位被置为"OFF"。

⚡ 技能训练考核评分标准

本项工作任务的评分标准如表 2−2 所示。

表 2−2　评 分 标 准

工作任务 1　电动机单向启动、停止的 PLC 控制						
组别：			组员：			
项目	配分	考核要求	扣分标准		扣分记录	得分
电路设计	40 分	根据给定的控制电路图，列出 PLC 输入/输出元件地址分配表，设计梯形图及 PLC 输入/输出接线图。根据梯形图，列出指令表	（1）输入/输出地址遗漏或写错，每处扣 2 分； （2）梯形图表达不正确或画法不规范，每处扣 3 分； （3）接线图表达不正确或画法不规范，每处扣 3 分； （4）指令有错误，每条扣 2 分			

工作任务1 电动机单向启动、停止的PLC控制					
组别:			组员:		
项目	配分	考 核 要 求	扣 分 标 准	扣分记录	得分
安装与接线	30分	按照PLC输入/输出接线图在模拟配线板上正确安装元件,元件在配线板上布置要合理,安装要准确紧固。配线美观,下入线槽中要有端子标号	(1) 元件布置不整齐、不均匀、不合理,每处扣1分; (2) 元件安装不牢固、安装元件时漏装螺钉,每处扣1分; (3) 损坏元件,扣5分; (4) 电动机运行正常,如不按电路图接线,扣1分; (5) 布线不入线槽、不美观,主电路、控制电路每根扣0.5分; (6) 接点松动、露铜过长、反圈、压绝缘层,标记线号不清楚、遗漏或误标,每处扣0.5分; (7) 损伤导线绝缘或线芯,每根扣0.5分; (8) 不按PLC控制I/O接线图接线,每处扣2分		
程序输入与调试	20分	熟练操作键盘,能正确地将所编写的程序下载到PLC;按照被控设备的动作要求进行模拟调试,达到设计要求	(1) 不能熟练录入指令,扣2分; (2) 不会使用删除、插入、修改等命令,每项扣2分; (3) 一次试车不成功扣4分,二次试车不成功扣8分,三次试车不成功扣10分		
安全文明工作	10分	(1) 安全用电,无人为损坏仪器、元器件和设备; (2) 保持环境整洁,秩序井然,操作习惯良好; (3) 小组成员协作和谐,态度正确; (4) 不迟到、不早退、不旷课	(1) 发生安全事故,扣10分; (2) 人为损坏设备、元器件,扣10分; (3) 现场不整洁、工作不文明、团队不协作,扣5分; (4) 不遵守考勤制度,每次扣2~5分		
总分:					

工程素质技能训练

1. 控制要求

三相交流异步电动机的点动控制:

(1) 闭合开关QS,按下启动按钮SB1(不动),KM线圈得电,KM主触点闭合,电机得电启动,同时KM常开触点闭合,灯HL1亮。

(2) 松开按钮SB1,KM线圈失电,接触器各个触点复位,电机停止转动。

电路连接和控制电路如图2-13所示,用PLC控制实现其功能。

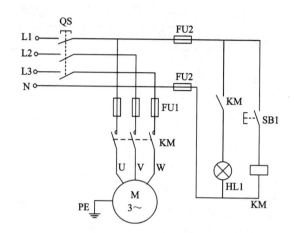

图 2-13 点动控制电路

2. 训练内容

（1）写出 I/O 分配表；

（2）绘制 PLC 控制系统硬件接线图；

（3）根据控制要求，设计梯形图程序；

（4）输入程序并调试；

（5）安装、运行控制系统；

（6）汇总整理文档，保留工程文件。

工作任务 2　电动机正、反转的 PLC 控制

教学导航

【能力目标】

（1）学会 I/O 分配表的设置；

（2）学会绘制 PLC 硬件接线图的方法并能正确接线；

（3）学会 PLC 编程软件的基本操作，掌握用户程序的输入和编辑方法；

（4）完成电机控制装置的设计、装配、调试运行任务。

【知识目标】

（1）熟悉基本逻辑功能指令的用法；

（2）掌握 PLC 控制系统的设计方法；

（3）理解置位和复位指令功能，学会使用置位和复位指令编写控制程序。

任务引入

在生产实际中，各种生产机械常常要求具有上、下、左、右、前、后等相反方向的运动，这就要求电动机能够正、反向运动。三相交流电动机可以借助正、反向接触器改变定子绕组相序来实现动作要求。

如图 2-14 所示为继电器控制三相异步电动机的正、反转控制电路，该控制电路可以

实现电动机正转—停止—反转—停止的控制功能。

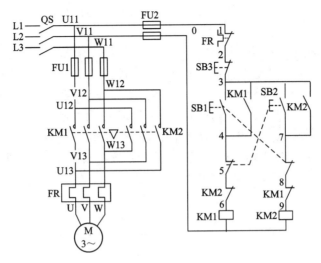

图 2-14 三相异步电动机的正、反转控制电路

继电器控制电路工作原理如图 2-15 所示。

图 2-15 继电器控制电路工作原理

🔨 任务分析 👈

由图 2-14 可知，继电器控制三相异步电动机的正、反转电路，为保证电机正常工作，避免发生两相电源短路事故，可在电机正、反转控制电路中的两个接触器线圈电路中互串一个对方的动断触点，形成相互制约的控制，使得接触器 KM1 和接触器 KM2 不能同

电动机正反转的 PLC 控制

时得电，这对动断触点的联锁称为互锁触点。这些控制要求都应在梯形图中体现出来。

图 2-14 所示继电器控制三相异步电动机的正、反转电路系统功能可以改由 PLC 的指令来实现。

设计 PLC 控制三相异步电动机的正、反转，控制要求如下：

（1）当接通三相电源时，电动机 M 不运转。

（2）当按下启动按钮 SB1 时，电动机 M 连续正转。

（3）当按下启动按钮 SB2 时，电动机 M 连续反转。

（4）当按下停止按钮 SB3 时，电动机 M 停转。

（5）热继电器做过载保护，FR 触点动作，电动机立即停止转动。

任务实施

如图 2-14 所示，当继电器控制三相异步电动机的正、反转电路系统功能由 PLC 控制系统来完成时，仍然需要保留主电路部分，控制电路的功能由 PLC 执行程序取代。在 PLC 的控制系统中，还要求对 PLC 的输入、输出端口进行设置即 I/O 分配，然后根据 I/O 分配情况来完成 PLC 的硬件接线，直到系统调试符合控制要求为止。

电动机正反转控制实训

1. I/O 分配

I/O 分配情况如表 2-3 所示。

表 2-3 I/O 分配表

输　　入		输　　出	
停止按钮 SB1	I0.00	正转接触器 KM1	Q100.00
正转按钮 SB2	I0.01	反转接触器 KM2	Q100.01
反转按钮 SB3	I0.02		

2. PLC 硬件接线

PLC 硬件接线图如图 2-16 所示。为保证电机正常运行，不出现电源短路情况，在 PLC 的输出端口线圈电路中应接上接触器的动断互锁触点。

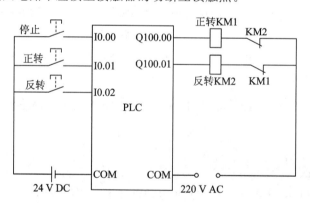

图 2-16　电动机正、反转控制 PLC 硬件接线图

3. 设计梯形图程序

（1）使用一般逻辑指令设计的控制程序如图 2-17 所示。

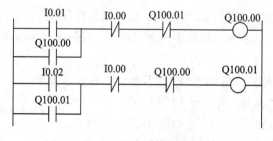

图 2-17　一般逻辑指令控制梯形图

（2）使用置位和复位指令设计的控制程序如图 2-18 所示。

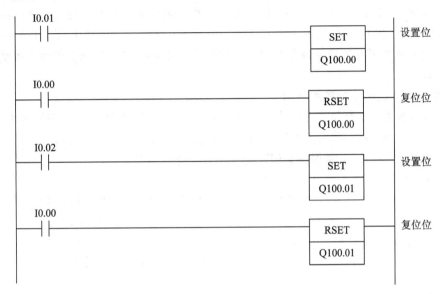

图 2-18　置位、复位指令控制梯形图

4. 系统调试

（1）完成接线，并检查确认接线正确；

（2）输入程序并运行，监控程序运行状态，分析程序运行结果；

（3）程序符合控制要求后再接通主电路试车，进行系统调试，直到最大限度地满足系统的控制要求为止。

知识链接

在程序设计过程中，常常需要对输入、输出继电器或内部存储器的某些位进行置 1 或置 0，欧姆龙 CP1E 型 PLC 指令系统提供了置位和复位指令，从而可以很方便地对多个点进行置 1 或置 0 操作，使 PLC 编程更为灵活和简便。下面对置位指令、复位指令、上升沿微分指令和下降沿微分指令、保持指令的用法和编程应用进行介绍。

一、置位、复位指令(SET、RSET)

1. 格式及功能

（1）置位、复位指令格式：

  SET   N

  RSET N

SET 和 RSET 指令的梯形图符号如图 2-19 所示。

PLC 的常用基本指令

图 2-19　置位(SET)、复位(RSET)指令的梯形图符号

操作数 N 为地址编号，取值区域是 IR、SR、AR、HR、LR。

（2）置位、复位指令的功能：当 SET 指令的执行条件为 ON 时，使指定继电器置位为 ON；当执行条件为 OFF 时，SET 指令不改变指定继电器的状态。当 RSET 指令的执行条件为 ON 时，使指定继电器复位为 OFF；当执行条件为 OFF 时，RSET 指令不改变指定继电器的状态。

2. 置位、复位指令的应用示例

图 2-20 为置位、复位指令的应用示例。在图 2-20 中，当 I0.00 由 OFF 变为 ON 时，Q100.00 被置位为 ON，并保持 ON，即使 I0.00 变为 OFF；当 I0.01 由 OFF 变为 ON 时，Q100.00 被置位为 OFF，并保持 OFF，即使 I0.01 变为 OFF。

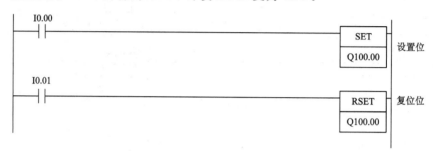

图 2-20　SET 和 RSET 指令的应用示例

二、上升沿微分指令和下降沿微分指令（DIFU、DIFD）

1. 格式及功能

上升沿微分指令为 DIFU 指令，下降沿微分指令为 DIFD 指令。

（1）上升沿微分指令和下降沿微分指令格式：

DIFU　　　　N

DIFD　　　　N

DIFU 和 DIFD 指令的梯形图符号如图 2-21 所示。

图 2-21　DIFU、DIFD 指令的梯形图符号

操作数 N 为地址编号，取值区域是 IR、SR、AR、HR、LR。

（2）上升沿微分指令和下降沿微分指令功能：当执行条件由 OFF 变为 ON 时，上升沿微分指令 DIFU 使指定继电器在一个扫描周期内置位为 ON 状态；当执行条件由 ON 变为 OFF 时，下降沿微分指令 DIFD 使指定继电器在一个扫描周期内置位为 ON 状态。

2. 应用示例

图 2-22 为上升沿微分指令和下降沿微分指令的应用示例。在图 2-22 中，当 I0.00 由 OFF 变为 ON 时，DIFU 输出使 Q100.00 接通为 ON，但接通时间只有一个周期，即只执行一次；当 I0.00 由 ON 变为 OFF 时，DIFD 输出使 Q100.01 接通为 ON，但接通时间只有一个周期，即只执行一次。

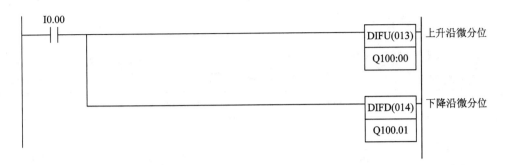

图 2 - 22 DIFU 和 DIFD 指令的应用示例

三、保持指令(KEEP)

1. 格式和功能

(1) 保持指令(KEEP)的格式:

  条件   S

  条件   R

  KEEP   N

KEEP 指令的梯形图符号如图 2-23 所示。该指令有两个执行条件,S 称为置位输入,R 称为复位输入。

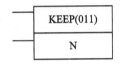

图 2 - 23 KEEP 指令的梯形图符号

操作数 N 为地址编号,取值区域是 IR、SR、AR、HR、LR。

(2) 保持指令(KEEP)的功能:根据两个执行条件,KEEP 指令用来保持指定继电器 N 的 ON 状态或 OFF 状态。当置位输入端为 ON 时,继电器 N 保持为 ON 状态,直至复位输入端为 ON 时使其变为 OFF。复位具有高优先级,当两个输入端同时为 ON 时,继电器 N 处在复位状态 OFF。

2. 应用示例

图 2-24 为保持指令的应用示例。在图 2-24 中,当 I0.00 由 OFF 变为 ON 时,Q100.00 被置位为 ON,并保持 ON,即使 I0.00 变为 OFF。直到当 I0.01 由 OFF 变为 ON 时,Q100.00 被置位为 OFF,并保持 OFF,即使 I0.01 变为 OFF。在用语句表编写程序时,先编置位端,再编复位端,最后编写 KEEP 指令。

图 2 - 24 KEEP 指令的应用示例

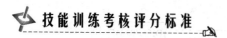

技能训练考核评分标准

本项工作任务的评分标准如表2-4所示。

表2-4 评 分 标 准

工作任务2　电动机正、反转的PLC控制					
组别：　　　　　　　　　　　　　　　组员：					
项目	配分	考核要求	扣分标准	扣分记录	得分
电路设计	40分	根据给定的控制电路图，列出PLC输入/输出元件地址分配表，设计梯形图及PLC输入/输出接线图，根据梯形图列出指令表	(1) 输入/输出地址遗漏或写错，每处扣2分； (2) 梯形图表达不正确或画法不规范，每处扣3分； (3) 接线图表达不正确或画法不规范，每处扣3分； (4) 指令有错误，每条扣2分		
安装与接线	30分	按照PLC输入/输出接线图在模拟配线板上正确安装元件，元件在配线板上布置要合理，安装要准确、紧固。配线美观，下入线槽中要有端子标号	(1) 元件布置不整齐、不均匀、不合理，每处扣1分； (2) 元件安装不牢固、安装元件时漏装螺钉，每处扣1分； (3) 损坏元件，扣5分； (4) 电动机运行正常，如不按电路图接线，扣1分； (5) 布线不入线槽、不美观，主电路、控制电路每根扣0.5分； (6) 接点松动、露铜过长、反圈、压绝缘层，标记线号不清楚、遗漏或误标，每处扣0.5分； (7) 损伤导线绝缘或线芯，每根扣0.5分； (8) 不按PLC控制I/O接线图接线，每处扣2分		
程序输入与调试	20分	熟练操作键盘，能正确地将所编写的程序下载到PLC；按照被控设备的动作要求进行模拟调试，达到设计要求	(1) 不能熟练录入指令，扣2分； (2) 不会使用删除、插入、修改等命令，每项扣2分； (3) 一次试车不成功扣4分，二次试车不成功扣8分，三次试车不成功扣10分		
安全文明工作	10分	(1) 安全用电，无人为损坏仪器、元器件和设备； (2) 保持环境整洁，秩序井然，操作习惯良好； (3) 小组成员协作和谐，态度正确； (4) 不迟到、不早退、不旷课	(1) 发生安全事故，扣10分； (2) 人为损坏设备、元器件，扣10分； (3) 现场不整洁、工作不文明、团队不协作，扣5分； (4) 不遵守考勤制度，每次扣2～5分		
总分：					

1. 控制要求

自动循环控制电路如图 2-25 所示，用 PLC 控制实现其功能。

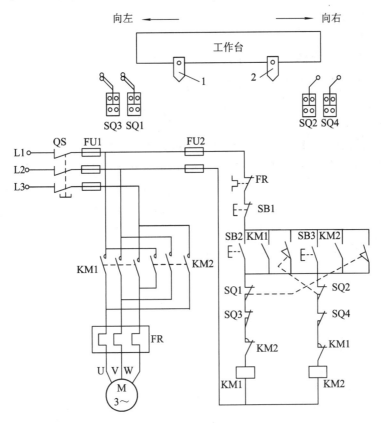

图 2-25　自动循环控制电路

2. 训练内容

(1) 写出 I/O 分配表；

(2) 绘制 PLC 控制系统硬件接线图；

(3) 根据控制要求设计梯形图程序；

(4) 输入、调试程序；

(5) 安装、运行控制系统；

(6) 汇总整理文档，保留工程文件。

工作任务 3　电动机 Y-△降压启动的 PLC 控制

教学导航

【能力目标】

(1) 会进行 PLC 的 I/O 点设置与分配；

（2）学会绘制 PLC 硬件接线图的方法并能正确接线；

（3）了解 Y-△降压启动原理及顺序控制电路的工作原理；

（4）正确安装、调试 Y-△降压启动及顺序控制线路；

（5）对线路出现的故障能正确、快速排除，完成电机控制装置的设计、装配、调试运行任务。

【知识目标】

（1）理解定时器指令的含义；

（2）掌握 PLC 控制系统的设计方法。

⚡ 任务引入 👈

由于三相交流异步电动机直接启动时电流达到额定值的 4～7 倍，电动机功率越大，电网电压波动率也越大，对电动机及机械设备的危害也越大，因此对容量较大的电动机可以采用降压启动来限制启动电流。Y-△降压启动是常见的启动方法，其基本控制线路如图 2-26 所示，它是根据启动过程中的时间变化而利用时间继电器来控制 Y-△切换的。

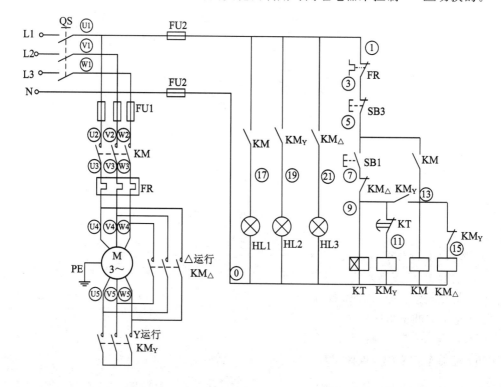

图 2-26　Y-△降压启动控制线路

继电器控制电路工作原理如图 2-27 所示。Y 接法启动如图 2-27（a）所示；当电机转速升高到一定值时，按 SB2 按钮使电机△接法全压运行，如图 2-27（b）所示；当按下 SB3 按钮时，实现停机。

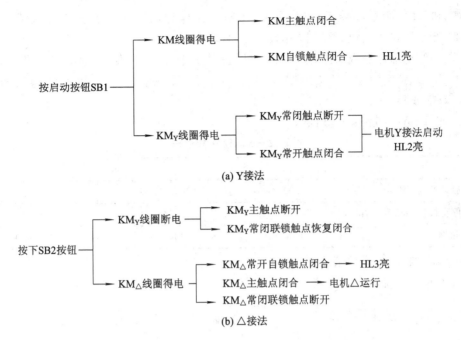

图 2-27 继电器控制电路工作原理

Y-△降压启动的
PLC 控制

任务分析

三相异步电动机采用 Y-△降压启动，由图 2-26 可知，合上电源开关 QS 后，按下启动按钮 SB1，接触器 KM_Y 和时间继电器 KT 的电磁线圈同时获电吸合，KM_Y 的常闭触点断开，使 KM_△ 回路不能通电起到互锁作用，防止 KM、KM_Y 与 KM_△ 同时闭合造成三相直接短路；KM_Y 的常开辅助触点闭合使 KM 线圈得电吸合，KM 常开触点闭合自锁；同时时间继电器开始计时，KM 和 KM_Y 主触点闭合，电动机定子绕组为星形连接，进行降压启动；当到达时间继电器设定的动作时间时，KT 延时常闭触点断开，KM_Y 的电磁线圈断电释放，在 KM_△ 电磁线圈支路上的常闭辅助触点恢复闭合，KM_△ 的电磁线圈通电，主触点闭合，电动机定子绕组由星形连接转换为三角形连接，电动机在额定电压下运行。串联在 KT 线圈支路上的 KM_△ 常闭辅助触点断开，防止 KM_Y 和 KM_△ 同时闭合造成三相直接短路。

电机以 Y-△方式启动，Y 形接法运行 5 s 后转换为△形全压运行。所以，可以利用 PLC 内部的定时器指令来实现定时功能，避免发生直接短路故障。本任务的重点是学习 PLC 中定时器指令的应用。

任务实施

1. Y-△降压启动控制要求

设计 PLC 控制三相异步电动机的 Y-△降压启动，控制要求如下：

（1）当按下启动按钮 SB1，电动机 M 连续运转，电动机 Y 形启动，Y-△降压控制实训即 KM1 和 KM$_Y$ 吸合,5 s 后 KM1 断开,KM$_\triangle$ 吸合,电动机 $\triangle$ 形运行,启动完成。

(2)当按下停止按钮 SB2 时,电动机 M 停转。

(3)热继电器做过载保护,如果电动机超负荷运行,则 FR 触点动作,电动机立即停止运行。

2. I/O 分配

I/O 分配情况如表 2-5 所示。

表 2-5　I/O 分配表

输　　入		输　　出	
启动按钮 SB1	I0.00	电机 KM1	Q100.00
停止按钮 SB2	I0.01	KM$_Y$	Q100.01
热继电器 FR	I0.02	KM$_\triangle$	Q100.02

3. PLC 的 Y-$\triangle$ 硬件接线

Y-$\triangle$ 控制系统的 PLC 硬件接线图如图 2-28 所示。

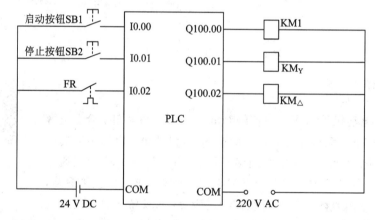

图 2-28　Y-$\triangle$ 控制系统的 PLC 硬件接线图

4. 设计梯形图程序

梯形图程序如图 2-29 所示。

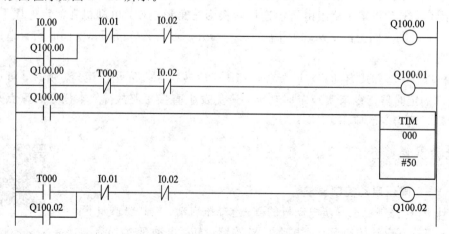

图 2-29　Y-$\triangle$ 梯形图程序

5．系统调试

（1）按图2-28完成接线，并检查、确认接线正确；

（2）输入并运行程序，监控程序运行状态，分析程序运行结果；

（3）程序符合控制要求后再接通主电路试车，并进行系统调试，直到最大限度地满足系统的控制要求为止。

知识链接

在程序设计过程中，常常需要对输入、输出继电器或内部存储器的动作进行时间、先后顺序的控制，欧姆龙CP1E型PLC指令系统提供了定时器指令，从而可以很方便地对多个点进行时间控制，使PLC程序的编程更为灵活和简便。

定时器指令是PLC中的重要基本指令，欧姆龙CP1E型PLC有定时器TIM、高速定时器TIMH两种定时器。欧姆龙CP1E型PLC定时器和计数器都位于TC区，统一编号，每个定时器或计数器分配一个编号，称为TC号。TC号不能重复使用，同一TC号不能既用于定时器又用于计数器。TC号编号范围为000～255，每个定时器都有唯一的编号。分辨率指定时器中能够区分的最小时间增量，即精度，也就是最小的定时单位。具体的定时时间T是由预置值SV和分辨率的乘积决定的。

一、定时器指令（TIM）

1．定时器指令的格式

定时器指令的格式如下：

    TIM   N

               SV

定时器指令的梯形图符号如图2-30所示。

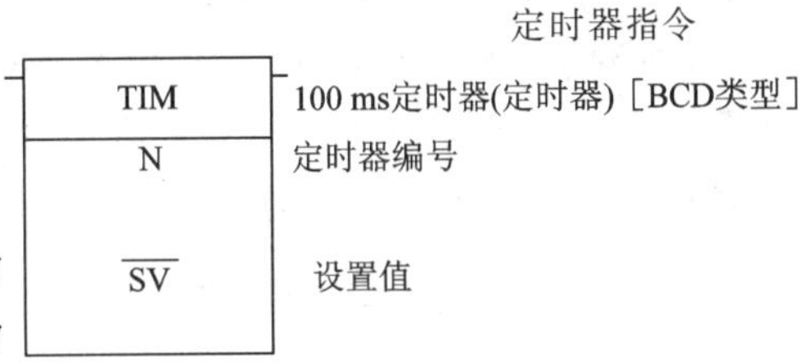

操作数N表示定时器的编号，编号范围为000～255；SV表示定时器的预设值，设定值为BCD码，取值区域是CIO、DM、AR、HR、LR。

TIM	定时器指令
TIM	100 ms定时器(定时器)〔BCD类型〕
N	定时器编号
SV	设置值

图2-30　定时器指令的梯形图符号

TIM定时器的最小定时单位为0.1 s，以0.1 s为单位作一减量定时器。定时范围为0～999.9 s，设定值SV的取值范围为0～9999，实际定时时间为SV×0.1 s。定时器还有一个当前值PV，开始计时PV值递减，一直减到0为止。设定值SV无论是常数还是通道内的内容，都必须是BCD数。

TIM工作过程如图2-31所示。完成标志转为ON前，定时器输入置OFF，如图2-32所示。

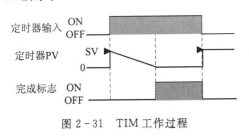

图2-31　TIM工作过程

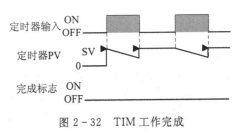

图2-32　TIM工作完成

2. 定时器指令的功能

定时器的基本功能为通电延时。当定时器的输入为 OFF 时，定时器的输出为 OFF；当定时器的输入变为 ON 时，开始定时；定时时间到，定时器的输出变为 ON；若输入继续为 ON，则定时器的输出保持为 ON；当定时器的输入变为 OFF 时，定时器的输出随之变为 OFF。

3. 说明

（1）定时器的设定值可以为某通道中的数据。以通道内容设定 SV 值时，如果在定时过程中改变通道内容，则新的设定值对本次定时不产生影响，只有当 TIM 的输入经过 OFF 后，从下一次定时开始新的设定值才有效。

使用定时器实现脉冲闪烁控制

（2）定时器没有断电保持功能。断电时，定时器复位，不能保持定时器的当前值 PV。

（3）定时器的出错标志位为"P-ER"，当设定值 SV 不是 BCD 数或间接寻址的 DM 通道不存在时，出错标志位"P-ER"置为 ON。

4. 延时接通定时器的应用

延时接通定时器用于单一时间间隔的定时，其应用如图 2-33 所示。

如图 2-33 所示为接通延时定时器，图中定时器 TIM000 在 I0.00 接通时开始计时，计时到预置 3 s 时状态位置 1，其常开触点接通，驱动 Q100.02 输出；其后当前值仍增加，但不影响状态位。当 I0.00 分断时，TIM000 复位，当前值清零，状态位也清零，即恢复原始状态。若 I0.00 接通时间未到预置值就断开，则 TIM000 跟随复位，Q100.02 不会输出。

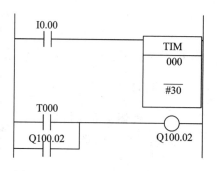

图 2-33 定时器应用示例梯形图

二、高速定时器指令(TIMH)

1. TIMH 指令格式

TIMH   N

                 SV

TIMH 指令的梯形图符号如图 2-34 所示。

操作数 N 表示定时器的编号，编号范围为 000～255。SV 表示定时器的预设值，设定值为 BCD 码，取值区域是 CIO、DM、AR、HR、LR。

TIMH 定时器的最小定时单位为 0.01 s，以 0.01 s 为单位作一减量定时器，定时范围为

高速定时器指令

TIMH(015)	10 ms定时器(高速定时器) [BCD类型]
N	定时器号
SV	设置值

图 2-34 TIMH 定时器指令的梯形图符号

0～99.99 s，设定值 SV 的取值范围为 0～9999，实际定时时间为 SV×0.01 s。设定值 SV 无论是常数还是通道内的内容，都必须是 BCD 数。

TIMH 工作过程与 TIM 工作过程相同，如图 2-31 所示。

完成标志转为 ON 前，定时器输入置 OFF，如图 2-32 所示。

2. 说明

当 TIMH 定时器设定值 SV 不是 BCD 数或间接寻址的 DM 通道不存在时，出错标志位 P－ER 置 ON。

技能训练考核评分标准

本项工作任务的评分标准如表 2-6 所示。

表 2-6 评分标准

工作任务 3 电动机 Y-△降压启动的 PLC 控制					
组别：			组员：		
项目	配分	考核要求	扣分标准	扣分记录	得分
电路设计	40 分	根据给定的控制电路图，列出 PLC 输入/输出元件地址分配表，设计梯形图及 PLC 输入/输出接线图，根据梯形图列出指令表	(1) 输入/输出地址遗漏或写错，每处扣 2 分； (2) 梯形图表达不正确或画法不规范，每处扣 3 分； (3) 接线图表达不正确或画法不规范，每处扣 3 分； (4) 指令有错误，每条扣 2 分		
安装与接线	30 分	按照 PLC 输入/输出接线图在模拟配线板上正确安装元件，元件在配线板上布置要合理，安装要准确、紧固。配线美观，下入线槽中要有端子符号	(1) 元件布置不整齐、不均匀、不合理，每处扣 1 分； (2) 元件安装不牢固、安装元件时漏装螺钉，每处扣 1 分； (3) 损坏元件，扣 5 分； (4) 电动机运行正常，如不按电路图接线，扣 1 分； (5) 布线不入线槽、不美观，主电路、控制电路每根扣 0.5 分； (6) 接点松动、露铜过长、反圈、压绝缘层，标记线号不清楚、遗漏或误标，每处扣 0.5 分； (7) 损伤导线绝缘或线芯，每根扣 0.5 分； (8) 不按 PLC 控制 I/O 接线图接线，每处扣 2 分		
程序输入与调试	20 分	熟练操作键盘，能正确地将所编写的程序下载到 PLC；按照被控设备的动作要求进行模拟调试，达到设计要求	(1) 不能熟练录入指令，扣 2 分； (2) 不会使用删除、插入、修改等命令，每项扣 2 分； (3) 一次试车不成功扣 4 分，二次试车不成功扣 8 分，三次试车不成功扣 10 分		
安全文明工作	10 分	(1) 安全用电，无人为损坏仪器、元器件和设备； (2) 保持环境整洁，秩序井然，操作习惯良好； (3) 小组成员协作和谐，态度正确； (4) 不迟到、不早退、不旷课	(1) 发生安全事故，扣 10 分； (2) 人为损坏设备、元器件，扣 10 分； (3) 现场不整洁、工作不文明、团队不协作，扣 5 分； (4) 不遵守考勤制度，每次扣 2~5 分		
总分：					

1. 控制要求

有 2 台三相异步电动机 M1、M2，三相异步电动 M1 采用 Y -△降压启动，M2 采用直接启动。顺序控制要求如下：

(1) 按下按钮 SB1，电机 M1 以 Y -△方式启动，Y 形接法运行 3 s 后转换为△形全压运行。

(2) 电机 M1 全压运行工作后，M2 启动工作。

(3) 按下停止按钮 SB2，M2 电机立即先停止运行，然后 M1 电机方可停止运行。

2. 训练内容

(1) 写出 I/O 分配表；

(2) 绘制 PLC 控制系统硬件接线图；

(3) 根据控制要求设计梯形图程序；

(4) 输入程序并调试；

(5) 安装、运行控制系统；

(6) 汇总整理文档，保留工程文件。

工作任务 4   电动机带动传送带的 PLC 控制

教学导航

【能力目标】

(1) 学会进行 I/O 分配表的设置；

(2) 学会绘制 PLC 硬件接线图并正确接线；

(3) 学会使用计数器指令编写控制程序的方法；

(4) 完成电机控制装置的设计、装配、调试运行任务。

【知识目标】

(1) 熟悉基本逻辑功能指令的用法；

(2) 理解计数器指令的含义和功能，学会使用计数器指令编写控制程序；

(3) 掌握 PLC 控制系统的设计方法。

任务引入

图 2 - 35 所示为一种典型的传送带控制装置，其工作过程为：按下启动按钮，运货车到位，传送带开始传送工件。件数检测仪用来计量工件数量，当件数检测仪检测到 3 个工件时，推板机推动工件到运货车，此时传送带停止传送。当工件推到运货车上后（行程可以由时间控制）推板机返回，计数器复位，准备重新计数。只有当下一辆运货车到位，并且按下启动按钮后，传送带和推板机才能重新开始工作。

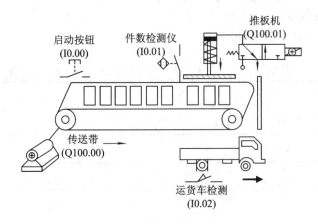

图 2-35 传送带控制装置示意图

⚡ **任务分析**

    分析上述控制要求可以看出，传送带启动条件为启动按钮接通、运货车到位，传送带停止条件为计数器的当前值等于3。推板机推板的行程由定时器的延时时间（10 s）来确定，传送带与推板机之间应有联锁控制功能。计数器的计数脉冲为件数检测仪的信号，计数器复位信号为推板机启动；设定计数器的设定值为3。在本任务中将重点学习计数器指令的应用。

电动机带动传送带的PLC控制

⚡ **任务实施**

1. I/O 分配

    根据控制要求分析输入信号与被控信号，I/O 分配情况如表 2-7 所示。

电动机带动传送带PLC控制实训

表 2-7 I/O 分配表

输	入	输	出
启动按钮 SB1	I0.00	传送带 KM1	Q100.00
件数检测仪 SQ1	I0.01	推板机 KM2	Q100.01
运货车检测 SQ2	I0.02		

2. PLC 硬件接线

PLC 硬件接线图如图 2-36 所示。

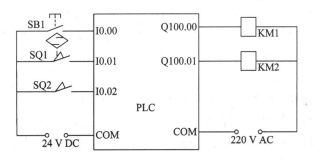

图 2-36 PLC 硬件接线图

3. 设计梯形图程序

梯形图程序如图 2 - 37 所示。

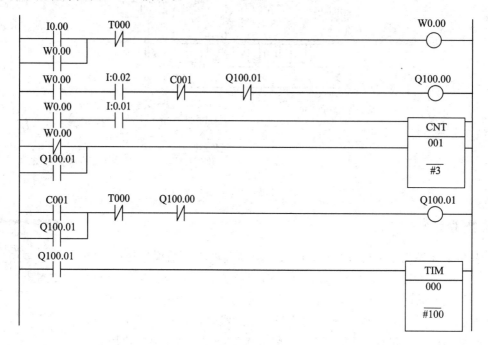

图 2 - 37 梯形图程序

4. 系统调试

（1）按照图 2 - 36 完成接线，并检查、确认接线正确；

（2）输入并运行程序，监控程序运行状态，分析程序运行结果；

（3）程序符合控制要求后再接通主电路试车，进行系统调试，直到最大限度地满足系统的控制要求为止。

知识链接

欧姆龙 CP1E 型 PLC 提供的计数器有计数器指令 CNT 和可逆计数器指令 CNTR。计数器 CNT 和可逆计数器 CNTR 都位于 TC 区，统一编号，每个定时器或计数器分配一个编号，称为 TC 号。TC 号不能重复使用，同一 TC 号不能既用于定时器又用于计数器。TC 号的取值范围为 000～255。

计数器有 TC 号和设定值 SV 两个操作数。SV 可以是常数也可以是通道号。若 SV 是常数，则这两个数必须是 BCD 数，在常数前面要加前缀"♯"；若 SV 是通道号，则通道内的数据作为设定值，也必须是 BCD 数。当 SV 值是由指定的输入通道来进行设置时，可通过连接输入通道的外设（如拨码开关）改变设定值。

计数器除了设定值 SV 外，还有一个当前值 PV。计数器工作是单向减法计数，计数器设定值 SV 要赋给当前值 PV，当前值 PV 递减计数，一直减到零为止。可逆计数器是双向可逆计数器，当前值 PV 既可递增也可递减。通过 TC 号可以得到计数器的当前值 PV，因此 TC 号可以作为很多指令的操作数。

一、计数器指令(CNT)

计数器指令

1. CNT 指令格式

CNT 指令格式为:

    CP   条件

    R   条件

    CNT   N

              SV

N:计数器编号

S:设定值

CNT 指令的梯形图符号如图 2-38 所示。

其中:操作数 N 表示计数器的编号,编号范围为 000～255;SV 表示定计数的设定值;CP 为计数脉冲输入端;R 为复位端。设定值 SV 无论是常数还是通道内的数据,都必须为 BCD 数,取值范围为 0～9999,取值区域是 CID、DM、AR、HR、LR。

图 2-38 计数器指令的梯形图符号

2. 功能

CNT 计数器的工作方式为递减计数。计数器计数时,当前值 PV 开始递减,一直减到 0 为止。CNT 指令的工作过程如图 2-39 所示。

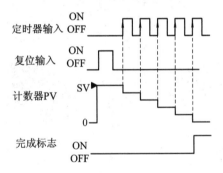

图 2-39 CNT 指令的工作过程

使用计数器控制三盏灯

图 2-40 为计数器应用示例梯形图,在图中,CNT000 的设定值 SV 为 10。当复位端 0.01 为 ON 时,计数器处于复位状态,不能计数,当前值 PV=SV,输出为 OFF;当复位端由 ON 变为 OFF 时,计数器开始计数,当前值 PV 值从设定值 10 开始,每当计数脉冲端 0.00 由 OFF 变为 ON 时减 1,一直到当前值 PV 减至 0,即计满 10 个脉冲时,将不再接收计数脉冲,停止计数,计数器 CNT000 的输出变为 ON,常开触点闭合,使 100.00 得电输出为 ON。若在计数结束以后或在计数过程中复位端 0.01 由 OFF 变为 ON,则计数器立即复位,当前值 PV 恢复到设定值 SV。计数器复位后,输出为 OFF,使 100.00 断电为 OFF。

图 2-40 计数器应用示例程序

计数器容量的扩展

3. 说明

(1) 计数器和定时器的编号是共用的，使用时不能发生冲突，如使用 TIM000，就不能再使用 CNT000。

(2) 计数器具有断电保持功能。断电时，计数器的当前值 PV 保持不变。

(3) 当设定值 SV 不是 BCD 数或间接寻址的 DM 通道不存在时，出错标志位 P－ER 置 ON。

(4) 注意：计数器每次都要先复位后才能开始计数。

二、可逆计数器指令(CNTR)

1. 格式

可逆计数器指令格式如下：

```
II      条件
DI      条件
R       条件
CNT     N
        SV
```

CNTR 指令的梯形图符号如图 2-41 所示。

N：计数器编号
S：设定值

图 2-41　CNTR 指令的梯形图符号

可逆计数器指令

其中：操作数 N 表示计数器的编号，编号范围为 $000 \sim 255$；SV 表示计数器的设定值；II (Increment Input) 为加计数脉冲输入端；DI (Decrement Input) 为减计数脉冲输入端；R 为复位端。设定值 SV 无论是常数还是通道内的数据，都必须为 BCD 数，取值范围为 $0 \sim 9999$，取值区域是 CID、DM、AR、HR、LR。

2. 功能

CNTR 计数器的工作方式为双向可逆计数，当前值 PV 既可递增也可递减。CNTR 指令的工作过程如图 2-42 所示。

3. 说明

(1) 可逆计数器编程时，先编加计数脉冲输入端，再编减计数脉冲输入端，后编复位端，最后编 CNTR 指令。

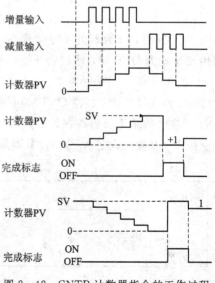

图 2-42　CNTR 计数器指令的工作过程

（2）计数器具有断电保持功能。断电时，计数器的当前值 PV 保持不变。

（3）当设定值 SV 不是 BCD 数或间接寻址的 DM 通道不存在时，出错标志位 P - ER 置 ON。

（4）注意：计数器每次都要先复位后才能开始计数。

⚡ 技能训练考核评分标准

本项工作任务的评分标准如表 2 - 8 所示。

表 2 - 8 评分标准

工作任务 4 电动机带动传送带的 PLC 控制					
组别：		组员：			
项目	配分	考核要求	扣分标准	扣分记录	得分
电路设计	40 分	根据给定的控制电路图，列出 PLC 输入/输出元件地址分配表，设计梯形图及 PLC 输入/输出接线图，根据梯形图列出指令表	（1）输入/输出地址遗漏或写错，每处扣 2 分； （2）梯形图表达不正确或画法不规范，每处扣 3 分； （3）接线图表达不正确或画法不规范，每处扣 3 分； （4）指令有错误，每条扣 2 分		
安装与接线	30 分	按照 PLC 输入/输出接线图在模拟配线板上正确安装元件，元件在配线板上布置要合理，安装要准确紧固。配线美观，下入线槽中要有端子标号	（1）元件布置不整齐、不均匀、不合理，每处扣 1 分； （2）元件安装不牢固、安装元件时漏装螺钉，每处扣 1 分； （3）损坏元件，扣 5 分； （4）电动机运行正常，如不按电路图接线，扣 1 分； （5）布线不入线槽、不美观，主电路、控制电路每根扣 0.5 分； （6）接点松动、露铜过长、反圈、压绝缘层，标记线号不清楚、遗漏或误标，每处扣 0.5 分； （7）损伤导线绝缘或线芯，每根扣 0.5 分； （8）不按 PLC 控制 I/O 接线图接线，每处扣 2 分		
程序输入与调试	20 分	熟练操作键盘，能正确地将所编写的程序下载到 PLC；按照被控设备的动作要求进行模拟调试，达到设计要求	（1）不能熟练录入指令，扣 2 分； （2）不会使用删除、插入、修改等命令，每项扣 2 分； （3）一次试车不成功扣 4 分，二次试车不成功扣 8 分，三次试车不成功扣 10 分		
安全文明工作	10 分	（1）安全用电，无人为损坏仪器、元器件和设备； （2）保持环境整洁，秩序井然，操作习惯良好； （3）小组成员协作和谐，态度正确； （4）不迟到、不早退、不旷课	（1）发生安全事故，扣 10 分； （2）人为损坏设备、元器件，扣 10 分； （3）现场不整洁、工作不文明、团队不协作，扣 5 分； （4）不遵守考勤制度，每次扣 2～5 分		
总分：					

1. 控制要求

按下启动按钮，KM1 通电，电动机正转；经过延时 5 s，KM1 断电，同时 KM2 得电，电动机反转；再经过 6 s 延时，KM2 断电，KM1 通电。这样反复 8 次后电动机停止运转。

2. 训练内容

(1) 写出 I/O 分配表；

(2) 绘出 PLC 控制系统硬件接线图；

(3) 根据控制要求设计梯形图程序；

(4) 输入程序并调试；

(5) 安装、运行控制系统；

(6) 汇总整理文档，保留工程文件。

工作任务 5　运料小车的 PLC 控制

教学导航

【能力目标】

(1) 熟练使用基本指令编写比较复杂的控制程序；

(2) 学会 I/O 分配表的设置，绘制 PLC 硬件接线图的方法并正确接线；

(3) 具备独立分析问题、使用经验设计法编写控制程序的基本技能；

(4) 完成控制装置的设计、装配、调试运行任务。

【知识目标】

(1) 理解 PLC 基本指令的综合应用；

(2) 掌握 PLC 在控制系统应用中的设计方法。

任务引入

针对工业控制企业生产线上运输工程的需要，设计自动生产线上运料小车的自动控制系统的工作过程。一小车运行过程如图 2-43 所示，小车原位在后退终端，当小车压下后限位开关 SQ1 时，按下启动按钮 SB，小车前进；当小车运行至料斗下方时，前限位开关 SQ2 动作，此时料斗打开给小车加料，延时 7 s 后关闭料斗，小车后退返回；SQ1 动作时，打开小车底门卸料，5 s 后结束，完成一次动作。如此循环 3 次后系统停止运行。

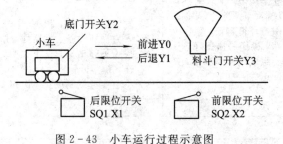

图 2-43　小车运行过程示意图

任务分析

分析上述控制要求可见，初始状态小车停在左侧，后限位开关接通。小车的左右行走由电动机正、反转控制线路来实现，小车底门和料斗翻门的电磁阀用中间继电器控制。小车右行的启动条件为后限位开关接通和启动按钮接通，停止条件为前限位开关接通；料斗翻门打开的条件为前限位开关接通，关闭条件为定时器延时(7 s)时间到。小车左行的启动条件为定时器延时(7 s)时间到，停止条件为后限位开关接通；小车底门打开的条件为后限位开关接通，停止条件为定时器延时(5 s)时间到。小车的左右行走应有联锁控制功能，电动机应设置过载保护装置。通过计数器计数循环 3 次，系统停止运行。

运料小车的 PLC 控制

任务实施

1. I/O 分配

根据控制要求分析输入信号与被控信号，I/O 分配情况如表 2 - 9 所示。

运料小车 PLC 控制实训

表 2 - 9   I/O 分配表

输　　入		输　　出	
后行程开关限位停止 SQ1	I0.00	小车右行接触器 KM1	Q100.00
前行程开关限位停止 SQ2	I0.01	小车左行接触器 KM2	Q100.01
启动按钮 SB	I0.02	翻门 KA1	Q100.02
热继电器 FR	I0.03	底门 KA2	Q100.03

2. PLC 硬件接线

PLC 硬件接线图如图 2 - 44 所示。

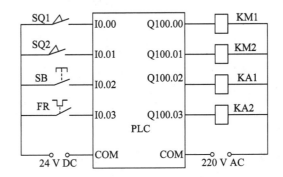

图 2 - 44   PLC 硬件接线图

3. 设计梯形图程序

梯形图程序如图 2 - 45 所示。

4. 系统调试

(1) 按照图 2 - 44 完成接线，并检查确认接线正确；

(2) 输入并运行程序，监控程序运行状态，分析程序运行结果；

（3）程序符合控制要求后再接通主电路试车，进行系统调试，直到最大限度地满足系统的控制要求为止。

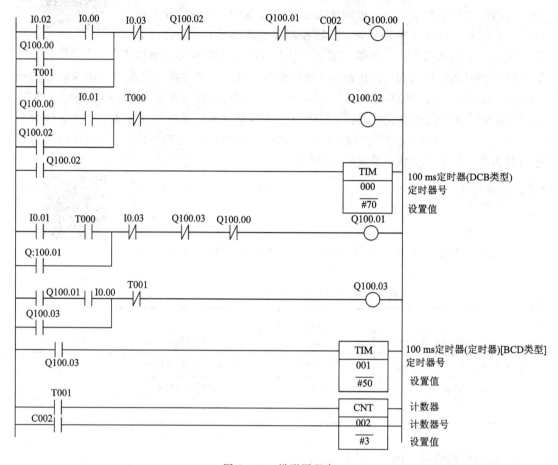

图 2-45　梯形图程序

知识链接

1. 联锁/联锁解除指令(IL、ILC)

（1）IL 和 ILC 指令的格式如下：

IL

ILC

联锁、空操作、故障报警指令

IL 和 ILC 指令的梯形图符号如图 2-46 所示，该指令无操作数。

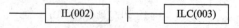

图 2-46　IL 和 ILC 指令的梯形图符号

（2）功能：IL 指令总是和 ILC 指令一起使用，用于处理梯形图中的分支电路。如果 IL 输入条件为 ON，则位于 IL 和 ILC 之间的联锁程序段正常执行，如同程序中没有 IL 和 ILC 一样。IL 和 ILC 指令的工作过程如图 2-47 所示。

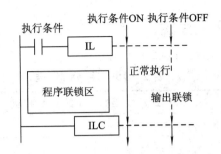

图 2 - 47   IL 和 ILC 指令的工作过程

2. 空操作指令(NOP)

(1) NOP 指令的格式如下:

  NOP

该指令无梯形图符号,无操作数。

(2) 功能:此指令无功能。NOP 不执行任何处理。

3. 故障报警指令(FAL)和严重故障报警指令(FALS)

(1) FAL 和 FALS 指令的格式如下:

  FAL   N

  FALS   N

FAL 指令的梯形图符号如图 2 - 48 所示。FALS 指令的梯形图符号如图 2 - 49 所示。

图2-48   FAL 指令的梯形图符号   图 2 - 49   FALS 指令的梯形图符号

(2) 功能:故障报警指令(FAL)产生或清除用户定义的非致命错误。此错误不会使 PC 停止运行,也会产生系统非致命错误。FAL 指令的功能如图 2 - 50 所示。

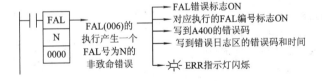

图 2 - 50   故障报警指令(FAL)的功能图

严重故障报警指令(FALS)产生用户定义的致命错误。此错误使 PC 机停止运行,并在系统中产生致命错误。FALS 指令的功能如图 2 - 51 所示。

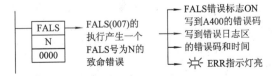

图 2 - 51   严重故障报警指令(FALS)的功能图

本项工作任务的评分标准如表 2-10 所示。

表 2-10 评 分 标 准

工作任务 5 运料小车的 PLC 控制					
组别:			组员:		
项目	配分	考核要求	扣分标准	扣分记录	得分
电路设计	40 分	根据给定的控制电路图,列出 PLC 输入/输出元件地址分配表,设计梯形图及 PLC 输入/输出接线图,根据梯形图列出指令表	(1) 输入/输出地址遗漏或写错,每处扣 2 分; (2) 梯形图表达不正确或画法不规范,每处扣 3 分; (3) 接线图表达不正确或画法不规范,每处扣 3 分; (4) 指令有错误,每条扣 2 分		
安装与接线	30 分	按照 PLC 输入/输出接线图在模拟配线板上正确安装元件,元件在配线板上布置要合理,安装要准确紧固。配线美观,下入线槽中要有端子标号	(1) 元件布置不整齐、不均匀、不合理,每处扣 1 分; (2) 元件安装不牢固、安装元件时漏装螺钉,每处扣 1 分; (3) 损坏元件,扣 5 分; (4) 电动机运行正常,如不按电路图接线,扣 1 分; (5) 布线不入线槽、不美观,主电路、控制电路每根扣 0.5 分; (6) 接点松动、露铜过长、反圈、压绝缘层,标记线号不清楚、遗漏或误标,每处扣 0.5 分; (7) 损伤导线绝缘或线芯,每根扣 0.5 分; (8) 不按 PLC 控制 I/O 接线图接线,每处扣 2 分		
程序输入与调试	20 分	熟练操作键盘,能正确地将所编写的程序下载到 PLC;按照被控设备的动作要求进行模拟调试,达到设计要求	(1) 不能熟练录入指令,扣 2 分; (2) 不会使用删除、插入、修改等命令,每项扣 2 分; (3) 一次调试不成功扣 4 分,二次调试不成功扣 8 分,三次调试不成功扣 10 分		
安全文明工作	10 分	(1) 安全用电,无人为损坏仪器、元器件和设备; (2) 保持环境整洁,秩序井然,操作习惯良好; (3) 小组成员协作和谐,态度正确; (4) 不迟到、不早退、不旷课	(1) 发生安全事故,扣 10 分; (2) 人为损坏设备、元器件,扣 10 分; (3) 现场不整洁、工作不文明、团队不协作,扣 5 分; (4) 不遵守考勤制度,每次扣 2~5 分		
总分:					

在炼油、化工、制药等行业中，多种液体混合是必不可少的工序，而且也是其生产过程中十分重要的组成部分。如图 2-52 所示，以三种液体混合控制为例，其要求是将三种液体按照一定比例混合，在电动机搅拌后要达到一定的温度才能将液体输出容器，并形成循环状态，在按停止按钮后依然要完成本次混合后才能结束。

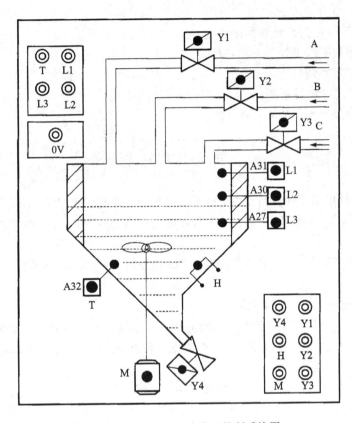

图 2-52　三种液体混合装置控制系统图

1. 控制要求

1）初始状态

在初始状态，容器是空的，Y1、Y2、Y3、Y4 电磁阀和搅拌机均为 OFF，液面传感器 L1、L2、L3 均为 OFF。

2）启动操作

按下"启动"按钮，开始下列操作：

（1）电磁阀 Y1 闭合（Y1＝ON），开始注入液体 A，至液面高度为 L3（L3＝ON）时，停止注入液体 A（Y1＝OFF），同时开启液体 B、电磁阀 Y2（Y2＝ON），注入液体 B，当液面高度为 L2（L2＝ON）时，停止注入液体 B（Y2＝OFF），同时开启液体 C、电磁阀 Y3（Y3＝ON），注入液体 C，当液面高度为 L1（L1＝ON）时，停止注入液体 C（Y3＝OFF）。

（2）停止注入液体 C 时，开启搅拌机 M（M＝ON），搅拌混合时间为 10 s。

（3）停止搅拌后加热器 H 开始加热（H＝ON）。当混合液温度达到某一指定值时，温度传感器 T 动作(T＝ON)，加热器 H 停止加热(H＝OFF)。

（4）开始放出混合液体(Y4＝ON)，至液体高度降为 L3 后，再经 5 s 混合液体停止放出(Y4＝OFF)。

3）停止操作

按下"停止"按钮后，停止操作，回到初始状态。

2．训练内容

（1）写出 I/O 分配表；

（2）绘制 PLC 控制系统硬件接线图；

（3）根据控制要求设计梯形图程序；

（4）输入程序并调试；

（5）安装、运行控制系统；

（6）汇总整理文档，保留工程文件。

思 考 练 习 题

2.1　使用置位指令和复位指令，编写两套程序。控制要求如下：

（1）启动时，电动机 M1 先启动，之后才能启动电动机 M2；停止时，电动机 M1 和 M2 同时停止。

（2）启动时，电动机 M1 和 M2 同时启动；停止时，只有在电动机 M2 停止后，电动机 M1 才能停止。

2.2　请编制一个梯形图程序。

（1）实现使一个开关通电及断电延时的继电器功能。若开关闭合，则输入触点 0.00 由断变通，延时 10 s 后输出继电器 100.00 得电；若 0.00 由通变断，则延时 5 s 后 100.00 断电。

（2）用单个按钮代替开关，第一次按下按钮，延时 10 s 后输出继电器 100.00 得电；第二次按下按钮，延时 5 s 后 100.00 断电。

2.3　使用 SB1 和 SB2 两个按钮构成启保停电路，控制 A 和 B 两个电磁阀。当按下 SB1 时，A 和 B 同时动作；按下 SB2 时，A 先断电，延时 1 s 后，B 也断电。请编制梯形图程序。

2.4　请设计梯形图程序，要求按一下启动按钮后，电动机运转 10 s，停止 5 s，重复此动作 3 次后电动机停止运转。

2.5　设计两台电动机顺序控制 PLC 系统。

控制要求：M1、M2 两台电动机相互协调运转，M1 运转 10 s，停止 5 s；M2 要求与 M1 相反，M1 停止 M2 运行，M1 运行 M2 停止。如此反复动作 5 次，M1 和 M2 均停止。

2.6　当料箱盛料过少时，低限位开关为 ON，报警灯亮，10 s 后自动停止报警，按复位按钮也可停止报警。设计出梯形图程序。

2.7　试设计三种速度电动机 PLC 控制系统的梯形图程序。

控制要求：启动低速运行 3 s，KM1 和 KM2 接通；中速运行 5 s，KM3 接通(KM2 断开)；高速运行 8 s，KM4 和 KM5 接通(KM3 断开)。

2.8 某水处理厂水泵和电动阀控制系统结构如图 2-53 所示。控制要求：按下启动按钮，1 号水泵启动，同时 1 号电动阀打开；5 s 后 2 号电动阀打开，同时 1 号电动阀关闭；再过 5 s 后 2 号水泵打开，3 号、4 号电动阀也同时打开；又过 5 s 后 4 号电动阀关闭，5 号电动阀同时打开。按下停止按钮，2 号水泵关闭，同时 4 号电动阀打开，5 号电动阀关闭；5 s 后 1 号水泵和 2 号、3 号、4 号电动阀关闭。请编制梯形图程序。

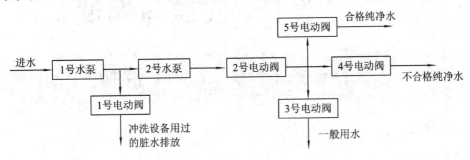

图 2-53　水处理厂控制系统结构图

项目三 灯光系统 PLC 控制的设计、安装与调试

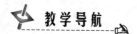 **教学导航**

【能力目标】

(1) 能使用数据传送指令、数据移位指令编写程序；

(2) 能熟练掌握字传送指令和移位寄存器指令的用法；

(3) 能综合应用数据传送指令和数据移位指令实现彩灯控制；

(4) 能独立完成彩灯控制实训装置的设计、接线及调试任务。

【知识目标】

(1) 了解数据传送指令的分类及用法；

(2) 了解数据移位指令的分类及用法；

(3) 掌握使用数据传送指令、数据移位指令编写程序。

任务引入

在日常活中，广告灯到处可见，实现广告灯控制的方式也有很多，如单片机、PLC 等。其中，PLC 控制有较好的稳定性和可维护性，也易于实现改造，因此本任务学习使用 PLC 实现彩灯控制。

任务分析

本任务的具体控制要求如下：按下"启动"按钮，L1 灯亮 1 s 后熄灭，接着 L2 灯亮 1 s 后熄灭，……，L8 灯亮 1 s 后熄灭，L1 灯又亮，如此循环下去。按下"停止"按钮，所有彩灯熄灭，系统停止循环运行。

彩灯控制系统设计

在本任务中，可综合使用数据传送指令和移位指令来实现控制，重点是数据移位指令的类型选择和循环条件的判断。

任务实施

在 PLC 的控制系统中，要求对 PLC 的输入、输出端口进行设置即 I/O 分配，然后根据 I/O 分配情况完成 PLC 的硬件接线，最后进行系统调试。

1. I/O 分配

I/O 分配情况如表 3-1 所示。

表 3-1 I/O 分配表

输　　　　入		输　　　　出	
启动按钮	I0.00	L1	Q100.00
停止按钮	I0.01	L2	Q100.01
		L3	Q100.02
		L4	Q100.03
		L5	Q100.04
		L6	Q100.05
		L7	Q100.06
		L8	Q100.07

2. PLC 硬件接线

PLC 硬件接线图如图 3-1 所示。

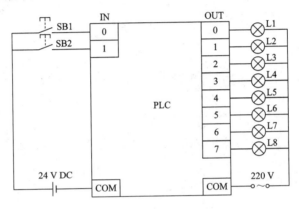

图 3-1 硬件接线图

3. 设计梯形图程序

（1）只使用定时器的控制程序如图 3-2 所示。

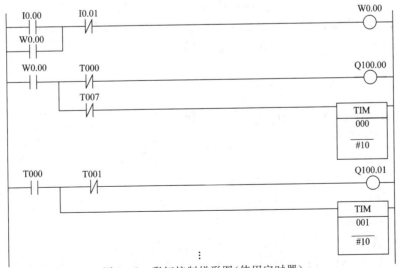

图 3-2 彩灯控制梯形图（使用定时器）

（注：L3~L8 的梯形图程序与 L2 相似，此处省略。）

（2）使用传送指令和移位指令的控制程序如图 3 - 3 所示。

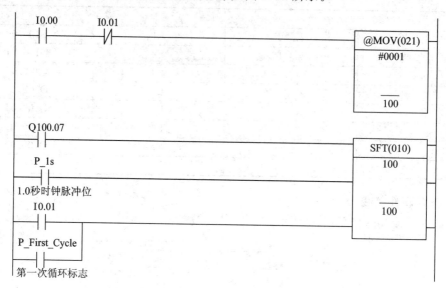

图 3 - 3　彩灯控制梯形图（使用传送指令和移位指令）

4. 系统调试

（1）完成接线并检查，确认接线正确；

（2）输入程序并运行程序，监控程序运行状态，分析程序运行结果。

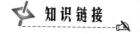 **知识链接**

一、PLC 数据存储

PLC 数据存储

1. 数据存储格式

OMRON PLC 采用通道的概念存储数据。将存储数据的单元称为通道，也叫字。每个存储单元都有一个地址，叫作通道地址，简称通道号。每个通道有 16 位，每个位就是一个"软继电器"，因此一个通道就有 16 个继电器，如图 3 - 4 所示。

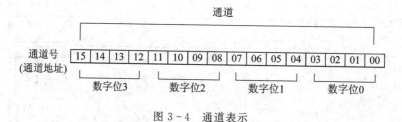

图 3 - 4　通道表示

OMRON PLC 中可通过字地址或位地址指定 I/O 存储器，字地址和位地址的格式为十进制。具体表示如下：

字地址＝（I/O 存储器识别符）＋字编号（十进制）；

位地址＝（I/O 存储器识别符）＋字编号（十进制）＋句点（. ）＋位号（00～15）。

2. 数据区通道表示

OMRON PLC 将整个数据存储器分为以下存储区，分别是输入/输出继电器区、工作区、定时器/计数器区、数据存储区、保持继电器区、辅助记忆存储继电器区。

(1) 输入/输出继电器区(CIO)：PLC 通过输入/输出继电器区中的各个位与外部的输入/输出物理设备建立联系。CP1E 系列 PLC 输入继电器区有 100 个通道，通道号为 0～99，每个通道有 16 个输入继电器，位号为 00～15，因此一个继电器号由两部分组成：通道号和该继电器在通道中的位号，即继电器号＝通道号＋位号。比如某输入继电器编号为0.03，其中前 1 位 0 是通道号，后 2 位 03 是位号。输出继电器区有 100 个通道，通道号为100～199，每个通道有 16 个输入继电器，位号为 00～15，编号方法同输入继电器区。比如某输出继电器编号是 100.02，其中前 3 位 100 是通道号，后 2 位 02 是位号。

(2) 工作区(W)：内部辅助继电器用作中间变量，与输入端、输出端无对应关系，其触点只供内部编程使用。合理利用内部辅助继电器可实现输入与输出之间的复杂变换。CP1E系列 PLC 工作区通道号为 W0～W99，位号为 00～15。

(3) 定时器/计数器区(TC)：定时器用于定时控制，计数器用于记录脉冲的个数，它们在工业控制中经常用到。OMRON PLC 的定时器断电不保持，电源断电时定时器复位。计数器断电能保持，断电后计数值仍保持。CPM1A 和 CQM1H 系列的 PLC 中定时器和计数器采用统一编号，一个编号既可以分配给定时器，也可分配给计数器，但一个编号只能分配一次，不能重复分配。例如，000 若已经分配给定时器(TIM000)，则其他的定时器和计数器便不能再使用 000 这个编号。

CP1E 系列 PLC 的定时器和计数器分别可用 256 个，定时器号为 0～255，计数器号为0～255。TIM 表示定时器，CNT 表示计数器，编号独立。

(4) 数据存储区(DM)：数据存储区提供了在数据处理和计算过程中专门用于存储数据的单元，数据存储器具有断电保持的功能。

CP1E E 型 PLC 数据存储区的通道号为 D0～D2047，CP1E N 型 PLC 数据存储区的通道号为 D0～D8191。

(5) 保持继电器区(HR)：保持继电器在 PLC 电源切断时，仍能记忆原来的 ON/OFF状态，这主要靠 PLC 内的锂电池或大电容器的支持。使用保持继电器可使 PLC 少受断电的影响，保持程序运行的连续性。保持继电器通常有两种用法：一是当以通道为单位用作数据通道时，断电后再恢复供电时数据不会丢失；二是当以继电器为单位与 KEEP 指令配合使用或接成自锁电路，断电后再恢复供电时，继电器能保持断电前的状态。CP1E 系列PLC 的保持继电器区通道号为 H0～H49。

(6) 辅助记忆存储继电器区(A)：A 区继电器用于保存 PLC 的各种工作状态，包括由自诊断、初始设定、控制位和状态数据设定的错误标志。根据该区某些继电器的状态，可了解 PLC 的工作状况。A 区继电器具有掉电保持功能，该区中包含有只读字（A0～A447）、可读/写字（A448～A753），部分字和位由系统自动进行设定，其余则可由用户自行设定和操作。可通过 CX-Programmer 或程序对此区中的字和位进行读/写。不可对 A 区中的读/写位进行连续强制置位/复位。

表 3-2 所列为预先在 CX-Programmer 全局符号表(变量表)中注册作为系统定义符号(变量)的 A 区位和字。

表 3-2　A 区地址分配

字/位	名　称	CX-Programmer 中的名称
A200.11	首循环标志	P_First_Cycle
A200.12	步进标志	P_Step
A200.15	首循环任务标志	P_First_Cycle_Task
A262	最大循环时间	P_Max_Cycle_Time
A264	当前循环时间	P_Cycle_Time_Value
A401.08	循环时间超长标志	P_Cycle_Time_Error
A402.04	电池错误标志	P_Low_Battery
A500.15	输出 OFF 位	P_Output_Off_Bit

二、数据传送指令

传送指令是将源通道数据或常数传送到目的通道，传送后源通道的数据不变。源通道指的是执行指令时数据的来源通道，目的通道指的是执行指令后存放结果的通道。OMRON CP1E 型 PLC 中有多种类型的数据传送指令，如单字传送指令 MOV(21)、双字传送指令 MOVL(498)、取反传送指令 MVN(22)、位传送指令 MOVB(82)、数字传送指令 MOVD(83)、多位传送指令 XFRB(62)、块传送指令 XFER(70)、块设置指令 BSET(71)、数据交换指令 XCHG(73)、单字数据分配指令 DIST(80)、数据调用指令 COLL(81)等。下面主要介绍四种常用指令。

1. 单字传送指令 MOV(21)/ @MOV (21)

（1）指令格式：

MOV(21)

S

D

MOV 指令

MOV 指令的梯形图符号及操作数取值区域如图 3-5 所示。

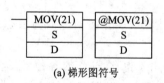

(a) 梯形图符号　　　　　　　　(b) 操作数取值区域

S：源字		
CIO, WR, HR, AR, TC, DM, #		
D：目的字		
CIO, WR, HR, AR, DM		

图 3-5　MOV 指令的梯形图符号及操作数取值区域

（2）MOV 指令功能：非微分形式表示在执行条件为 ON 时，将 S 传送到 D 中，并且在每个扫描周期都执行；微分形式表示在执行条件 OFF 变为 ON 时，将 S 传送到 D 中，并且只在条件满足时执行一次。

例 3.1　图 3-6 是 MOV 指令几种常用形式的应用，分析其功能并区别之。

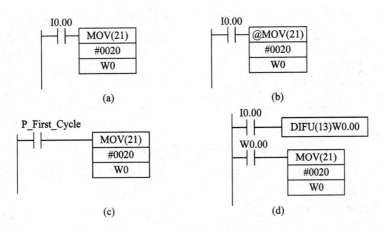

图 3-6　MOV 指令的常用形式

功能分析：图 3-6(a)是当 I0.00 由 OFF 变为 ON 时，在 PLC 的每个扫描周期里都执行一次，将常数 0020 传送到 W0 中；图(b)是当 I0.00 由 OFF 变为 ON 时，只在 PLC 的第一个扫描周期执行一次，将常数 0020 传送到 W0 中；图(c)是在 PLC 上电之后的第一个扫描周期执行一次，将常数 0020 传送到 W0 中；图(d)是当 I0.00 由 OFF 变为 ON 时，只在 PLC 的第一个扫描周期执行一次，将常数 0020 传送到 W0 中。

区别：由上述功能可以看出 MOV 指令的四种形式的区别。图(a)形式只要执行条件为 ON，程序在 PLC 的每个扫描周期都执行；图(b)、(d)形式功能相同，程序只在执行条件由 OFF 变为 ON 时，PLC 的第一个扫描周期执行一次；图(c)在 PLC 上电之后的第一个扫描周期执行一次。

例 3.2　用 MOV 指令实现三台电机同时启停控制。

在本例中，三台电机线圈分别接输出端 100.00、100.01、100.02；I0.00 对应"启动"按钮，I0.01 对应"停止"按钮，参考程序如图 3-7 所示。

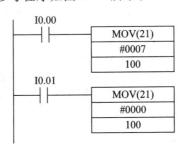

图 3-7　三台电机同时启停参考程序

思考：如果实际电机所接输出端与上述所述不一致，传送所需的常数有无变化？

2. 双字传送指令 MOVL(498)/ @MOVL (498)

（1）指令格式：

　　MOVL(498)

　　　　S

　　　　D

MOVL 指令的梯形图符号及操作数取值区域如图 3-8 所示。

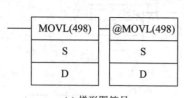

(a) 梯形图符号

S：源首字				
CIO，WR，HR，AR，TC，DM				
D：目的首字				
CIO，WR，HR，AR，DM				

(b) 操作数取值区域

图 3-8　MOVL 指令的梯形图符号及操作数取值区域

（2）MOVL 指令功能：与 MOV 指令功能相似，MOVL 指令是将 S、S+1 两个通道中的内容对应传送到 D、D+1 通道中。

3. 块传送指令 XFER(70)

（1）指令格式：

XFER(70)

　　N

　　S

　　D

块传送、块设置指令

XFER 指令的梯形图符号及操作数取值区域如图 3-9 所示。

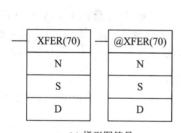

(a) 梯形图符号

N：字数(BCD)				
CIO，WR，HR，AR，TC，DM，#				
S：源首字				
CIO，WR，HR，AR，TC，DM				
D：目的首字				
CIO，WR，HR，AR，TC，DM				

(b) 操作数取值区域

图 3-9　XFER 指令的梯形图符号及操作数取值区域

（2）XFER 指令功能：在执行条件为 ON 时，将 N 个连续通道中的数据传送到另外 N 个连续通道中，比如 S~S+N-1 中数据已知，具体传送过程如图 3-10 所示。需要注意的是，S 和 D 可以同在一个区域，但是两个数据块不能占用相同的通道，并且 S、S+N-1 与 D、D+N-1 不能超出所在区域。

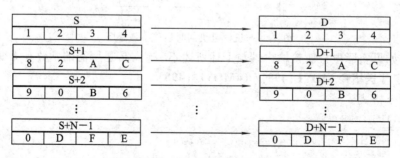

图 3-10　XFER 指令传送过程示例

4. 块设置指令 BSET(71)

(1) 指令格式:

BSET(71)
  S
  St
  E

BSET 指令的梯形图符号及操作数取值区域如图 3-11 所示。

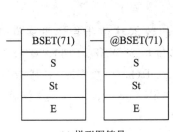

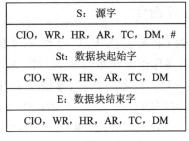

S: 源字
CIO, WR, HR, AR, TC, DM, #
St: 数据块起始字
CIO, WR, HR, AR, TC, DM
E: 数据块结束字
CIO, WR, HR, AR, TC, DM

(a) 梯形图符号　　　　　　　(b) 操作数取值区域

图 3-11　BSET 指令的梯形图符号及操作数取值区域

(2) BSET 指令功能: 在执行条件为 ON 时, 将 S 传送到从 St 到 E 的各通道中。St 和 E 必须在同一区域, 并且 St≤E。需要注意的是, MOV 可以改变 TC 的设定值, BSET 既可以改变 TC 的设定值, 也可以改变 TC 的当前值。

例 3.3　分析图 3-12 中使用@BSET 指令的程序功能。

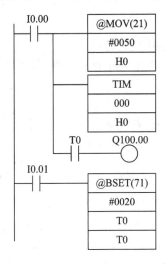

图 3-12　使用@BSET 指令的程序

功能分析: @BSET 指令的第二、第三操作数都是 T0, 即执行@BSET 指令, 只将数据传送到 T0 中。在 I0.01 为 OFF、I0.00 为 ON 时, 执行一次 MOV 指令将♯0050 传送到通道 H0 中。自此 TIM 000 以设定值 5 s 定时, 经过 5 s, 定时器 TIM000 为 ON 并保持, 线圈 Q100.00 也变为 ON 且保持。

如果在执行程序过程中, 当需要改变定时器 TIM000 的当前值时, 可通过执行

@BSET指令来实现。例如，在 TIM000 的当前值为 0036 时，令 00001 ON 一次，执行一次 @BSET 指令将♯0050 传送到 TIM000 中，TIM000 的当前值立即变为 0020。自此，TIM000 的当前值从 0020 开始，每隔 0.1 s 减 1，一直减到 0000 为止。由于 H0 中的数据没有改变，在下一次定时器 TIM000 工作时，其定时值仍然是 0050。本例是利用@BSET 指令改变定时器的当前值。

另外，使用 BSET 指令也可以改变 TIM 的设定值。在本例中，令 BSET 指令的第二、三操作数为 H0，执行@BSET 指令后，TIM000 的设定值就为 0020 了。

三、数据移位指令

OMRON CP1E 系列 PLC 提供了 8 种类型的数据移位指令，即移位寄存器指令 SFT(10)、可逆移位寄存器指令 SFTR(84)、字移位指令 WSFT(16)、算术左/右移指令 ASL(25)/ASR(26)、循环左/右移指令 ROL(27)/ROR(28)、数字左/右移指令 SLD(74)/SRD(75)、左/右移 N 位指令 NASL(580)/NASR(581)、双字左/右移 N 位指令 NSLL(582)/NSRL(583)。下面介绍 6 种常用指令。

1. 移位寄存器指令 SFT(10)

(1) 指令格式：

IN(移位数据输入)

SP(移位脉冲输入)

R(复位端)

SFT(10)

    St

    E

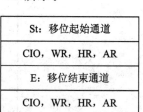

移位寄存器指令 SFT

St：移位起始通道；E：移位结束通道。

SFT 指令的梯形图符号及操作数取值区域如图 3-13 所示。

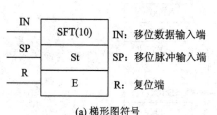

St：移位起始通道
CIO、WR、HR、AR
E：移位结束通道
CIO、WR、HR、AR

(a) 梯形图符号   (b) 操作数取值区域

图 3-13　SFT 指令的梯形图符号及操作数取值区域

(2) SFT 指令功能：当复位端 R 为 OFF 时，在 SP 端每个移位脉冲上升沿的作用下，移位寄存器 St~E 中的数据以位为单位依次左移一位，E 通道中数据的最高位溢出丢失，St 通道中的最低位移入 IN 端的数据；当复位端 R 为 ON 时，St~E 的所有通道数据复位为零，且移位指令不执行。

移位寄存器指令 SFT 的用法：在移位脉冲作用下，St~E 中的所有数据左移过程如图 3-14 所示。

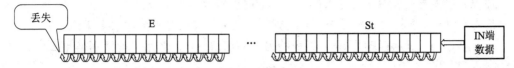

图 3-14 SFT 指令用法示意图

注意：没有移位脉冲时不执行移位；移位寄存器具有保持功能。

例 3.4 如图 3-15 所示为 SFT 指令应用举例。

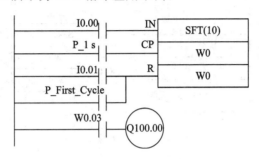

图 3-15 SFT 指令应用举例

在图 3-15 中，SFT 的两个操作数都是 W0，表示是只由 W0 通道组成的 16 位移位寄存器。

移位寄存器的工作时序如图 3-16 所示。

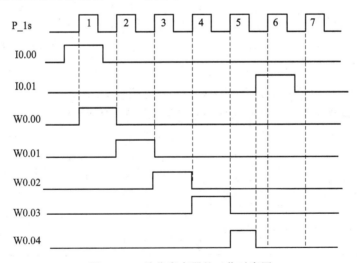

图 3-16 移位寄存器的工作时序图

功能分析：在本例中，P_1s 作为移位脉冲，0.00 的 ON、OFF 状态作为移入数据，用 P_First_Cycle 对寄存器进行上电复位，0.01 的 ON 可使寄存器 W0 复位。由图 3-16 可以看出，在 PLC 上电之后，W0 通道中所有位均为 OFF，当 0.01 为 OFF，在 SP 端输入的 P_1s 的第 1 个移位脉冲输入后，0.00 的 ON 状态移入 W0.00，W0.00 变为 ON，原来的 OFF 移入 W0.01，依次左移。在 P_1s 的第 2 个移位脉冲输入后，由于 0.00 已变为 OFF，此时 W0.00 变为 OFF，W0.00 原来的 ON 则移入 W0.01，依次左移。同理，在第 4 个移位脉冲输入后 W0.03 变为 ON，于是 100.0 变为 ON。在第 5 个移位脉冲输入时 W0.03 变为 OFF，于是 100.0 也变为 OFF。

注意: 在移位过程中,只要 0.01 为 ON,移位寄存器即复位。

思考: (1)如果将常开触点 W0.03 与 0.00 并联,移位过程会如何变化?

(2)图 3-17 所示程序是 SFT 指令的另一种用法,与上例用法的区别是什么?

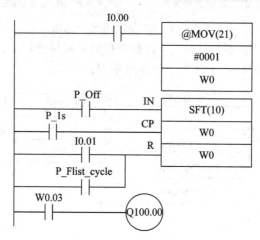

图 3-17 SFT 指令应用

2. 可逆移位寄存器指令 SFTR(84)

(1)指令格式:

SFTR(84)

    C

    St

    E

可逆移位寄存器指令 SFTR

C:控制字;St:移位起始通道;E:移位结束通道。

SFTR 指令的梯形图符号及操作数取值区域如图 3-18 所示。

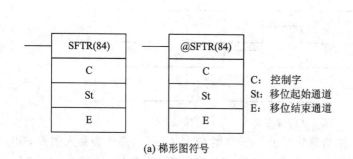

C:控制字
CIO, WR, HR, AR, DM, #
St:移位起始通道
CIO, WR, HR, AR, DM
E:移位结束通道
CIO, WR, HR, AR, DM

(a)梯形图符号   (b)操作数取值区域

图 3-18 SFTR 指令的梯形图符号及操作数取值区域

(2)SFTR 指令功能:当执行条件为 ON 时,根据控制通道 C 的内容,在 St~E 通道内,执行左移或右移位操作。

(3)SFTR 的用法:

① 控制通道 C 的含义如图 3-19 所示。

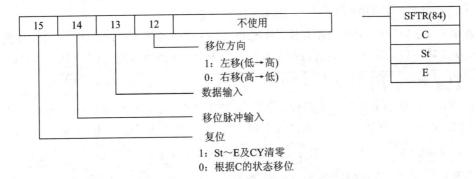

图 3 - 19 SFTR 指令控制通道 C 的含义

② 左移、右移位的控制。通道 C 之 bit 15 为 0 时，在移位脉冲的作用下，根据 C 之 bit 12 的状态进行左移或右移；C 之 bit 12 为 1 左移：每个扫描周期，从 St 到 E 按位依次左移一位，C 之 bit13 的数据移入 St 之 bit 0 中，E 之 bit15 的数据移入 CY 中；C 之 bit 12 为 0 右移：每个扫描周期，从 E 到 St 按位依次右移一位，C 之 bit13 的数据移入 E 之 bit15 中，St 之 bit0 的数据移入 CY 中；在执行条件为 OFF 时停止工作，此时若 C 之 bit15 为 1，St 到 E 及 CY 仍保持原状态不变。

例 3.5 SFTR 指令应用举例，如图 3 - 20 所示。

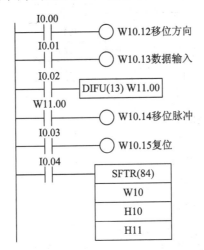

图 3 - 20 SFTR 指令应用举例 1

功能分析： 图中，W10 是控制字，其 bit12～bit15 的状态是由 I0.00～I0.03 的状态决定的。其作用分别如下：

若 I0.00 为 ON，则 W10.12 为 1，执行左移操作；若 I0.00 为 OFF，则 W10.12 为 0，执行右移操作。

若 I0.01 为 ON，则 W10.13 为 1，即输入数据为 1；若 I0.01 为 OFF，则 W10.13 为 0，即输入数据为 0。

本例中 I0.02 的微分信号作为移位脉冲信号，即每当 I0.02 由 OFF 变为 ON 时，W11.00 和 W10.14 都会 ON 一个扫描周期，形成移位脉冲。如果直接以 I0.02 作为移位脉冲，当 I0.02 为 ON 时，每个扫描周期都要进行一次移位，这将会造成移位失控。

若 I0.03 为 ON，则 W10.15 为 ON，H10～H11 及 CY 位清 0；若 I0.03 为 OFF，则

W10.15 为 OFF，此时根据 W10.12 的状态执行移位操作。

若 W10.12 为 ON，则执行左移位，每当 I0.02 由 OFF 变为 ON 时，H10～H11 中的数据按位依次左移一位。W10.13 的状态进入 H10.00，H11.15 的数据进入 CY，如下所示。

$$\boxed{CY} \leftarrow \boxed{H11.15\sim H11.00} \leftarrow \boxed{H10.15\sim H10.00} \leftarrow \boxed{W10.13}$$

若 W10.12 为 OFF 则执行右移位，每当 I0.02 由 OFF 变为 ON 时，H10～H11 中的数据按位依次右移一位。W10.13 的状态进入 H11.15，H10.00 的数据进入 CY，如下所示。

$$\boxed{W10.13} \rightarrow \boxed{H11.15\sim H11.00} \rightarrow \boxed{H10.15\sim H10.00} \rightarrow \boxed{CY}$$

思考： 图 3-21 所示程序是 SFTR 指令的另一种用法，与例 3.5 用法的区别是什么？I0.02 是否能直接作为脉冲控制信号？

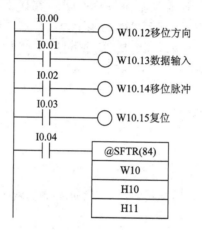

图 3-21　SFTR 指令应用举例 2

3. 字移位指令 WSFT(16)

（1）指令格式：

```
WSFT(16)    @WSFT(16)
   S            S
   St           St
   E            E
```

字移位指令、算术左右移指令

S：移位数据；St：移位起始通道；E：移位结束通道。

WSFT 指令的梯形图符号及操作数取值区域如图 3-22 所示。

(a) 梯形图符号　　　　　　　　　　(b) 操作数取值区域

图 3-22　WSFT 指令的梯形图符号及操作数取值区域

(2) WSFT 指令功能：当执行条件为 ON 时，将 S 通道移入 St 通道，将 St～E 中的内容以字为单位依次左移，过程如下：

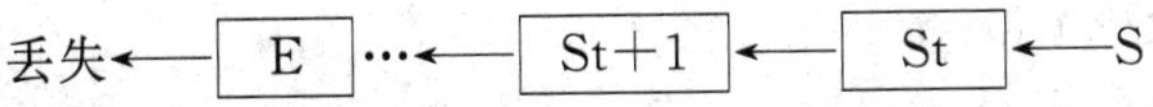

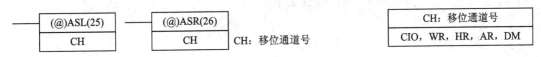

4. 算术左/右移指令 ASL(25)/ASR(26)

(1) 指令格式：

算术左移　　　　　算术右移

ASL(25)　　　　　ASR(26)

　　CH　　　　　　　CH

CH：移位通道号。

ASL/ASR 指令的梯形图符号及操作数取值区域如图 3-23 所示。

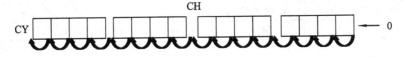

(a) 梯形图符号　　　　　　　　　　　　(b) 操作数取值区域

图 3-23　ASL/ASR 指令的梯形图符号及操作数取值区域

(2) ASL/ASR 指令功能：

ASL 指令功能：当执行条件为 ON 时，执行指令将 CH 中的数据以位为单位依次左移 1 位，最高位移入 CY，最低位补 0，如图 3-24 所示。

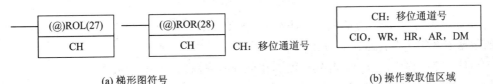

图 3-24　ASL 指令移位过程

ASR 指令与 ASL 指令的使用方法相似，只是当执行条件为 ON 时，执行指令将 CH 中的数据以位为单位依次右移 1 位，最高位补 0，最低位移入 CY。

5. 循环左/右移指令 ROL(27)/ROR(28)

(1) 指令格式：

循环左移　　　　　循环右移

ROL(27)　　　　　ROR(28)

　　CH　　　　　　　CH

循环左右移、数字左右移指令

CH：移位通道号。

ROL/ROR 指令的梯形图符号及操作数取值区域如图 3-25 所示。

(a) 梯形图符号　　　　　　　　　　　　(b) 操作数取值区域

图 3-25　ROL/ROR 指令的梯形图符号及操作数取值区域

（2）ROL/ROR 指令功能：

ROL 指令功能：当执行条件为 ON 时，执行指令将 CH 中的数据及 CY 中的数据以位为单位依次循环左移位 1 位，如图 3 - 26 所示。

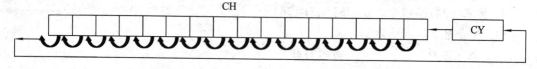

图 3 - 26　ROL 指令移位过程

ROR 指令与 ROL 指令的使用方法相似，只是当执行条件为 ON 时，执行指令将 CH 中的数据及 CY 中的数据以位为单位依次循环右移 1 位。

6. 数字左/右移指令 SLD(74)/SRD(75)

（1）指令格式：

数字左移　　　数字右移

SLD(74)　　　SRD(75)

St　　　　　　St

E　　　　　　E

St：移位起始通道；E：移位结束通道。

SLD/SRD 指令的梯形图符号及操作数取值区域如图 3 - 27 所示。

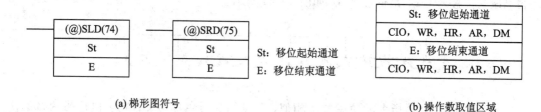

(a) 梯形图符号　　　　　　　　　　　　(b) 操作数取值区域

图 3 - 27　SLD/SRD 指令的梯形图符号及操作数取值区域

（2）SLD/SRD 指令功能：

SLD 指令功能：当执行条件为 ON 时，执行指令将 St～E 中的数据以数字为单位依次左移 1 位，最高位溢出，最低位补 0，如图 3 - 28 所示。

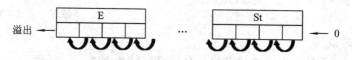

图 3 - 28　SLD 指令移位过程

SRD 指令与 SLD 指令的使用方法相似，只是当执行条件为 ON 时，执行指令将 St～E 中的数据以数字为单位依次右移 1 位，最高位补 0，最低位溢出。

小结：使用移位指令时，要根据以下几个方面来选择不同的移位指令。

① 需要移位的单位是位、数字还是字；

② 需要单向移位还是循环移位；

③ 是否需要标志位 CY 参与移位。

技能训练考核评分标准

本项工作任务的评分标准如表 3-3 所示。

表 3-3 评 分 标 准

工作任务 1 彩灯的 PLC 控制					
组别：			组员：		
项目	配分	考 核 要 求	扣 分 标 准	扣分记录	得分
电路设计	40分	根据给定的控制电路图，列出 PLC 输入/输出元件地址分配表，设计梯形图及 PLC 输入/输出接线图，根据梯形图列出指令表	(1) 输入/输出地址遗漏或写错，每处扣2分； (2) 梯形图表达不正确或画法不规范，每处扣3分； (3) 接线图表达不正确或画法不规范，每处扣3分； (4) 指令有错误，每条扣2分		
安装与接线	30分	按照 PLC 输入/输出接线图在模拟配线板上正确安装元件，元件在配线板上布置要合理，安装要准确紧固。配线美观，下入线槽中要有端子标号	(1) 元件布置不整齐、不均匀、不合理，每处扣1分； (2) 元件安装不牢固、安装元件时漏装螺钉，每处扣1分； (3) 损坏元件，扣5分； (4) 彩灯运行正常，如不按电路图接线，扣1分； (5) 布线不入线槽、不美观，主电路、控制电路每根扣0.5分； (6) 接点松动、露铜过长、反圈、压绝缘层，标记线号不清楚、遗漏或误标，每处扣0.5分； (7) 损伤导线绝缘或线芯，每根扣0.5分； (8) 不按 PLC 控制 I/O 接线图接线，每处扣2分		
程序输入与调试	20分	熟练操作键盘，能正确地将所编写的程序下载到 PLC；按照被控设备的动作要求进行模拟调试，达到设计要求	(1) 不能熟练录入指令，扣2分； (2) 不会使用删除、插入、修改等命令，每项扣2分； (3) 一次调试不成功扣4分，二次调试不成功扣8分，三次调试不成功扣10分		
安全文明工作	10分	(1) 安全用电，无人为损坏仪器、元器件和设备； (2) 保持环境整洁，秩序井然，操作习惯良好； (3) 小组成员协作和谐，态度正确； (4) 不迟到、不早退、不旷课	(1) 发生安全事故，扣10分； (2) 人为损坏设备、元器件，扣10分； (3) 现场不整洁、工作不文明、团队不协作，扣5分； (4) 不遵守考勤制度，每次扣2~5分		
总分：					

103

训练 1：用 PLC 实现 8 盏灯的控制

1. 控制要求

按下"启动"按钮 SB1，L1 和 L3 点亮，再按下 SB1，依次左移两位点亮，当 L5 和 L7 点亮时，再按下 SB1，L7 和 L1 点亮，再按下 SB1，L1 和 L3 点亮，系统循环运行。任意时刻按下 SB2，彩灯全部点亮，按下 SB3，彩灯全部熄灭，系统停止循环运行。

2. 训练内容

（1）分析任务，弄清彩灯的移位过程；

（2）写出 I/O 分配表；

（3）绘出 PLC 控制系统硬件接线图；

（4）根据控制要求设计梯形图程序；

（5）输入程序并调试；

（6）汇总整理文档，保留工程文件。

训练 2：用 SFTR 指令实现喷泉的控制

1. 控制要求

有 10 个喷泉头"一"字排开。系统启动后，喷泉头要求每间隔 1 s 从左到右依次喷出水来，全部喷出 10 s 后停止，然后系统从右到左依次喷水，如此循环。10 个喷泉头由 10 个继电器控制，继电器得电，相应的喷泉头喷水。

2. 训练内容

（1）分析任务，弄清喷泉各喷头循环移位过程；

（2）写出 I/O 分配表；

（3）绘出 PLC 控制系统硬件接线图；

（4）根据控制要求设计梯形图程序；

（5）输入程序并调试；

（6）汇总整理文档，保留工程文件。

3. 参考程序

（1）I/O 分配如表 3－4 所示。

表 3－4　I/O 分配

输　入　端		输　出　端	
I0.00	启动	Q100.00	喷泉头 1
I0.01	停止	Q100.01	喷泉头 2
		…	…
		Q100.09	喷泉头 10

（2）参考梯形图程序如图 3－29 所示。

注：为了节省篇幅，梯形图程序只编出 4 个输出，读者在实验验证时要把其余的补上。

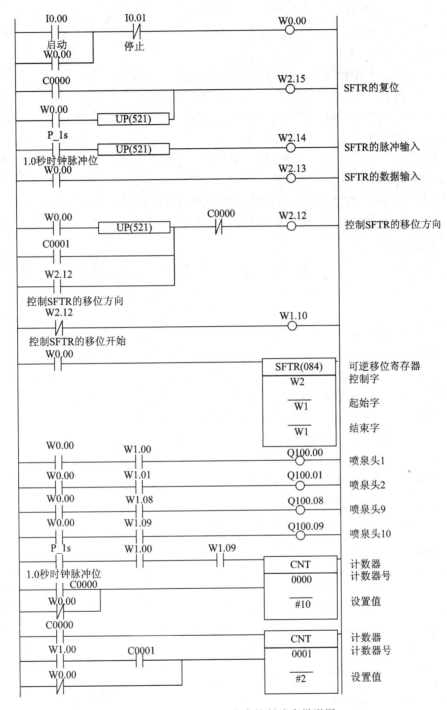

图 3-29 用 SFTR 指令控制喷泉梯形图

（3）程序分析：本程序编程的关键是控制字 W2 高 4 位（即 W2.15、W2.14、W2.13、W2.12）的编程控制。

系统启动时及喷泉从左向右执行一次后（即 C0 得电）都要对 SFTR 指令进行复位。

W2.14 作 SFTR 的脉冲输入时，一定要注意，如果 W2.14 的脉冲宽度等于或超过了两个扫描周期，则 SFTR 将在一个脉冲时间里作多次移位。为了避免这种情况，P_1s 后加了一个上升沿微分指令，使得 W2.14 的脉冲宽度仅为一个扫描周期，保证了 SFTR 在一个脉冲时间里只作一次移位。

W2.13 作 SFTR 的数据输入端，系统启动后为"1"。

编程控制 SFTR 向左移还是向右移是本程序的难点。系统启动后，SFTR 应向左移，因此程序中 W0.00 上升沿脉冲使 W2.12 得电为"1"，W2.12 自锁。系统喷泉从左向右执行一次后 C0 得电，解除了 W2.12 的自锁，W2.12 由"1"变为"0"，SFTR 向右移。当系统喷泉从左向右、从右向左执行一次后(即一个周期)C1 得电，W2.12 得电为"1"，SFTR 向左移。如此循环控制。

注意：C0 和 C1 的得电时间不能相同，C1 的得电时间必须大于 C0 的得电时间，否则无法使 W2.12 得电。所以为了延长 C1 的得电时间，在它的复位端串上了 W1.00。

工作任务 2 　交通灯的 PLC 控制

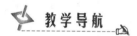

教学导航

【能力目标】

(1) 会用时序图设计法进行 PLC 程序设计；

(2) 会用输入比较指令和无符号单字比较指令；

(3) 能综合应用比较指令和定时器指令实现交通灯控制；

(4) 能独立完成交通灯控制实训装置的设计、接线及调试任务。

【知识目标】

(1) 掌握时序图设计法的用法和设计步骤；

(2) 了解比较指令的分类、功能及用法；

(3) 理解使用输入比较指令和无符号单/双字比较指令编写程序。

任务引入

十字路口的交通灯示意图如图 3-30 所示。控制要求如下：按下"启动"按钮 SB1 后，东西绿灯(G)亮 20 s 后灭，黄灯(Y)亮 5 s 后闪 5 s 灭，红灯(R)亮 30 s 后绿灯又亮，20 s 后灭，依次循环；分别对应东西方向绿、黄、红灯亮的情况南北红灯亮 30 s，接着绿灯亮 20 s 后灭；黄灯亮 5 s 后闪 5 s 灭，红灯又亮并循环；当按下"停止"按钮 SB2 时，系统停止运行。

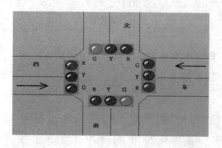

交通信号灯控制系统设计

图 3-30　十字路口交通灯示意图

任务分析

如果 PLC 各输出信号的状态变化有一定的时间顺序，可用时序图设计法来设计程序。因为用时序图法画出各输出信号的时序后，很容易理顺各状态转换的时刻和转换的条件，从而可以建立清晰的设计思路。在本任务中，如果用 PLC 的基本逻辑指令编程来解决一些问题，程序结构会比较复杂，并且不易理解，这时用时序图法来设计 PLC 程序是个有效的方法。

在本任务中，首先根据控制要求画出各输出信号的时序，然后综合定时器指令和比较指令来实现控制，重点是比较指令的选择和使用方法。

任务实施

根据控制要求，本任务中 PLC 接收的输入信号有两个：启动按钮 SB1 和系统停止按钮 SB2；进行控制的输出信号有 6 个，分别为：东西方向红、黄、绿灯，南北方向红、黄、绿灯。下面进行具体设计。

1. I/O 分配

I/O 分配情况如表 3-5 所示。

表 3-5　I/O 分配表

输　　入		输　　出	
启动按钮	I0.00	东西绿灯	Q100.00
停止按钮	I0.01	东西黄灯	Q100.01
		东西红灯	Q100.02
		南北绿灯	Q100.03
		南北黄灯	Q100.04
		南北红灯	Q100.05

2. PLC 硬件接线

PLC 硬件接线图如图 3-31 所示。

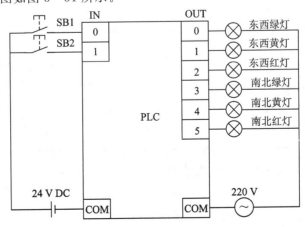

图 3-31　硬件接线图

3. 设计梯形图程序

（1）根据控制要求，画出各方向绿、黄、红灯的工作时序图，如图 3 - 32 所示。

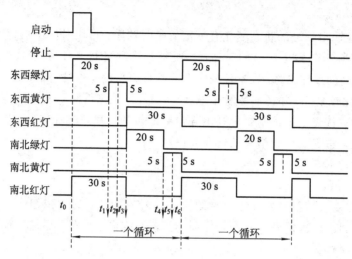

图 3 - 32　各方向绿、黄、红灯的工作时序图

由时序图可以看出各输出信号之间的时间关系。图中，东西方向绿灯和黄灯亮的时间区间与南北方向红灯亮的时间区间相同，同时东西方向黄灯换红灯前闪烁；东西方向红灯亮的时间区间与南北方向绿灯和黄灯亮的时间区间一致，同时南北方向黄灯换红灯前闪烁。另外从时序图中可以看出，在一个循环内共有 6 个时间段，在每个时间段的分界点（t_1，t_2，t_3，t_4，t_5，t_6）对应信号灯的状态将发生变化。

（2）根据上述分析，6 个时间段可以由 6 个定时器确定或者可通过 1 个定时器和比较指令的方法来确定。下面以第二种方法来实现。定时器个数为 1 个，编号为 TIM000，其对应时间区间功能明细表如表 3 - 6 所示。

表 3 - 6　定时器功能明细表

定时器	$t_{0(0\,s)}$	$t_{1(20\,s)}$	$t_{2(25\,s)}$	$t_{3(30\,s)}$	$t_{4(50\,s)}$	$t_{5(55\,s)}$	$t_{6(60\,s)}$
TIM000 定时 60 s	开始定时，东西绿灯亮，南北红灯亮	东西绿灯灭，黄灯亮	东西黄灯闪	东西黄灯灭红灯亮，南北红灯灭绿灯亮	南北绿灯灭，黄灯亮	南北黄灯闪	定时到输出 ON 并自复位，开始下一个循环定时，且南北黄灭红亮，东西红灭绿亮

（3）根据定时器功能明细表和 I/O 分配，编写梯形图程序，如图 3 - 33 所示。

4. 系统调试

（1）完成接线并检查，确认接线正确；

（2）输入程序并运行，监控程序运行状态，分析程序运行结果。

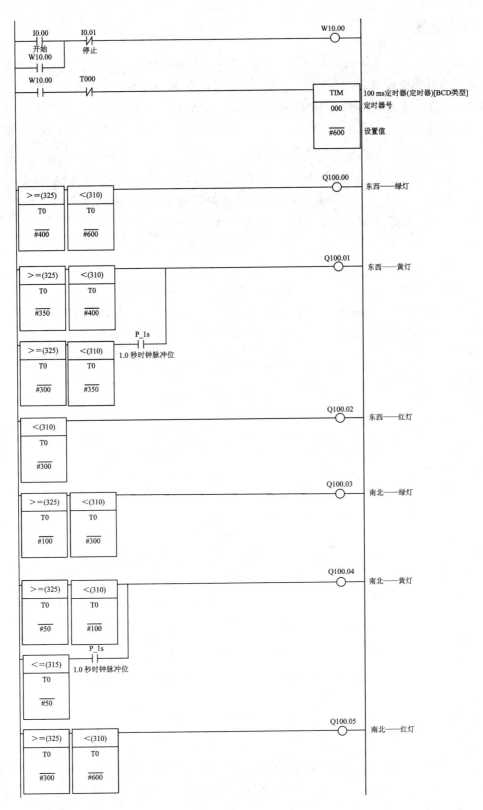

图 3-33　交通灯控制梯形图

知识链接

本任务主要讲述比较指令的格式、功能及应用。OMRON CP1E 系列 PLC 常用的比较指令包括符号类比较指令、无符号比较指令、双字长无符号比较指令、表比较指令、区域比较指令、块比较指令以及时刻类比较指令等，下面分别进行介绍。

1. 符号类比较指令

符号类比较指令是将指令的两个操作数（常数或指定字的内容）按照指令的符号进行比较，比较结果为"真"时，逻辑导通执行下一步程序。该类指令实际相当于一个接触器，满足条件时接触器接通，不满足时断开，其逻辑连接方式可分为 LD 型、AND 型和 OR 型三种。

符号类比较指令

符号比较有以下四种：

无符号	LD，AND，OR ＋＝，＜＞，＜，＜＝，＞，＞＝
双字长，无符号	LD，AND，OR ＋＝，＜＞，＜，＜＝，＞，＞＝ ＋L
带符号	LD，AND，OR ＋＝，＜＞，＜，＜＝，＞，＞＝ ＋S
双字长，带符号	LD，AND，OR ＋＝，＜＞，＜，＜＝，＞，＞＝ ＋SL

（1）指令格式：

符号＋选项

  S1

  S2

其中：＝、＜＞、＜、＜＝、＞、＞＝为算术标志符号；S（带符号）、L（双字）为选项；S1、S2 为比较数 1 和比较数 2。

符号类指令的梯形图符号及操作数取值区域如图 3-34 所示。

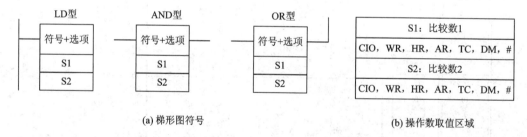

(a) 梯形图符号   (b) 操作数取值区域

图 3-34 符号类指令的梯形图符号及操作数取值区域

说明：若符号类指令选项是 L，则操作数 S1、S2 表示比较数 1、2 的首字，且两个操作数不能取常数。

（2）符号类指令功能：当执行条件为 ON 时，按照符号和选项设定方式对 S1 和 S2 两个比较数（常数或指定单、双字的内容）进行比较，满足条件时输出为 ON（能流导通）。

输入比较指令（无符号）对两个数值（常数与/或指定字的内容）进行比较。比较结果为"真"时，形成一个 ON 执行条件。输入比较指令可用于对单字长或双字长的无符号或带符号数据进行比较。符号比较指令的工作过程如图 3-35 所示。

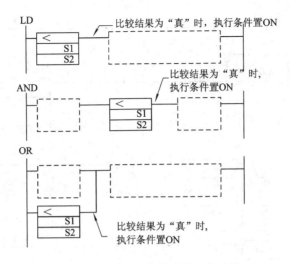

图 3-35　符号比较指令的工作过程

2. 无符号比较指令 CMP(20)

(1) 指令格式：

　　CMP(20)

　　　　S1

　　　　S2

无符号比较指令

S1、S2：比较数 1 和比较数 2。

CMP 指令的梯形图符号及操作数取值区域如图 3-36 所示。

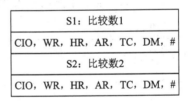

S1：比较数1
CIO，WR，HR，AR，TC，DM，#
S2：比较数2
CIO，WR，HR，AR，TC，DM，#

(a) 梯形图符号　　　　　　(b) 操作数取值区域

图 3-36　CMP 指令的梯形图符号及操作数取值区域

(2) CMP 指令功能：当执行条件为 ON 时，将 S1 和 S2 中的无符号二进制值（常数或指定字的内容）进行比较，并将比较结果送到各标志位。

当 S1>S2 时，标志位 P_GT 置位为 ON；当 S1=S2 时，标志位 P_EQ 置位为 ON；当 S1<S2 时，标志位 P_LT 置位为 ON。

例 3.6　用一个定时器实现 3 个彩灯的控制。

控制要求：按下启动按钮，L1 灯亮，10 s 后 L1 灯灭 L2 灯亮，20 s 后 L3 灯也亮，直到按下停止按钮 3 个灯全灭。下面给出了两种方法的编程，参考程序如图 3-37 和图 3-38 所示。

方法一：采用符号比较指令与 1 个定时器实现 3 个彩灯的控制，梯形图如图 3-37 所示。

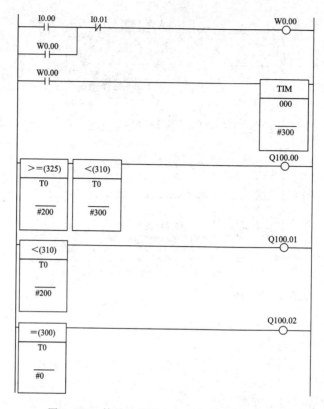

图 3-37　符号比较指令实现 3 个彩灯的控制

方法二：采用 CMP 指令与 1 个定时器实现 3 个彩灯的控制，梯形图如图 3-38 所示。

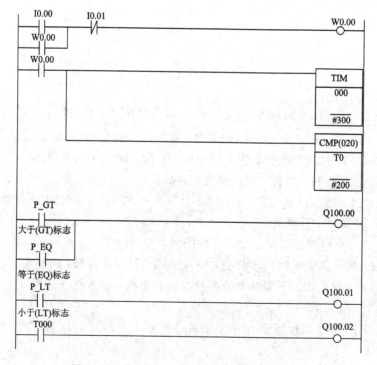

图 3-38　CMP 指令实现 3 个彩灯的控制程序

思考:(1)本例中 I/O 如何分配?

(2)由本例可见,配合符号比较指令或 CMP 指令均可实现用一个定时器控制多个输出位,两者有何区别?

例 3.7 用 CMP 指令实现一个按钮控制电机启保停控制。

可采用计数器与 CMP 指令来实现,参考梯形图程序如图 3-39 所示。(I/O 分配略)

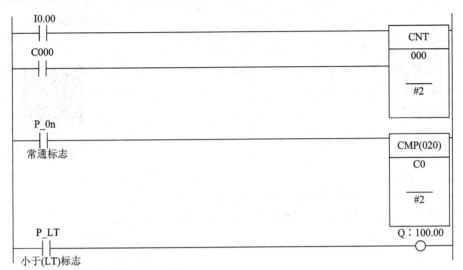

图 3-39 CMP 指令与计数器指令的电机启保停控制程序

3. 双字长无符号比较指令 CMPL(60)

(1)指令格式:

CMPL(60)

    S1

    S2

S1、S2:比较数 1 和比较数 2。

CMPL 指令的梯形图符号及操作数取值区域如图 3-40 所示。

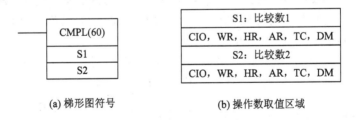

(a) 梯形图符号   (b) 操作数取值区域

图 3-40 CMPL 指令的梯形图符号及操作数取值区域

(2)CMPL 指令功能:CMPL 指令功能与 CMP 指令功能相似,当执行条件为 ON 时,将通道 S1+1、S1 与 S2+1、S2 构成的两个双字长无符号二进制值(常数或指定字的内容)进行比较,并将比较结果送到各标志位。

当(S1+1、S1)>(S2+1、S2)时,标志位 P_GT 置位 ON;

当(S1+1、S1)=(S2+1、S2)时,标志位 P_EQ 置位 ON;

当(S1+1、S1)<(S2+1、S2)时,标志位 P_LT 置位 ON。

比较两个双字长无符号二进制值(常数与/或指定字的内容),并将结果输出到辅助区中的算术标志。CMPL指令的工作过程如图3-41所示。

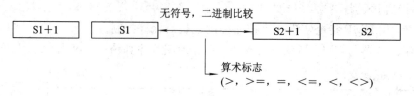

图3-41 CMPL指令的工作过程

4. 表比较指令 TCMP(85)

(1)指令格式:

```
TCMP(85)
    C
    T
    R
```

表比较与块比较指令

C:比较数据;T:数据表的起始通道;R:结果通道。

TCMP指令的梯形图符号及操作数取值区域如图3-42所示。

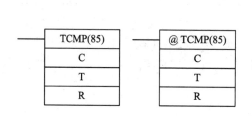

(a) 梯形图符号

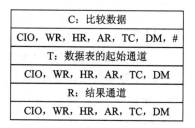

(b) 操作数取值区域

图3-42 TCMP指令的梯形图符号及操作数取值区域

(2)TCMP指令功能:当执行条件为ON时,将C与数据表T、T+1、T+2、…、T+15中的16个数据逐一进行比较,当C与表中某个通道的数据相同时,则结果通道R中对应的位置为1,否则置0。将源数据与16个字进行比较,并当结果一致时,将相应位转为ON。TCMP指令的工作过程如图3-43所示。

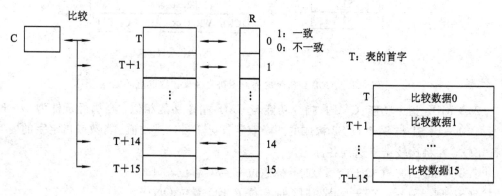

图3-43 TCMP指令的工作过程

例 3.8 TCMP 指令应用举例。

已知 H0~H15 构成的数据表中的数据已提前写入,分析图 3-44 所示程序执行完之后,H19 通道中每一位的状态。

程序执行过程如图 3-45 所示,根据表中预先写入的数据,执行完程序之后,H19.02 为 ON。

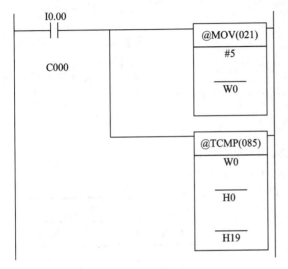

图 3-44 使用 TCMP 指令程序

数据表	结果通道	对应位状态
H000 0101	H01900	0
H001 0151	H01901	0
H002 0005 ⇒	H01902 ⇒	1
⋮	⋮	⋮
H015 0605	H01915	0

图 3-45 TCMP 指令执行过程

5. 区域比较指令 ZCP(88)

(1) ZCP 指令格式:

ZCP(88)

  C

  LL

  UL

C:比较数据;LL:下限范围;R:结果通道。

ZCP 指令的梯形图符号及操作数取值区域如图 3-46 所示。

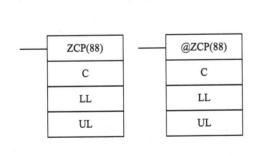

C:比较数据
CIO, WR, HR, AR, TC, DM, #
LL:下限范围
CIO, WR, HR, AR, TC, DM, #
UL:上限范围
CIO, WR, HR, AR, TC, DM, #

(a) 梯形图符号　　　　　　　　　(b) 操作数取值区域

图 3-46 ZCP 指令的梯形图符号及操作数取值区域

（2）ZCP指令功能：当执行条件为ON时，C中16位无符号二进制值（字内容或常数）与上、下限范围（LL与UL）设定的上、下限值（常数或指定字的内容）进行比较，并将比较结果传送到各标志位。

当LL≤C≤UL时，标志位P_EQ置位ON；

当C＞UL时，标志位P_GT置位ON；

当C＜LL时，标志位P_LT置位ON。

6. 块比较指令 BCMP(68)

（1）BCMP指令格式：

BCMP(68)

    C

    B

    R

C：比较数据；B：数据块的起始通道；R：结果通道。

BCMP指令的梯形图符号及操作数取值区域如图3-47所示。

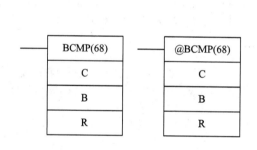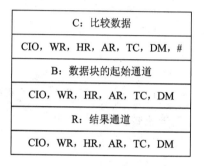

C：比较数据
CIO，WR，HR，AR，TC，DM，#
B：数据块的起始通道
CIO，WR，HR，AR，TC，DM
R：结果通道
CIO，WR，HR，AR，TC，DM

(a) 梯形图符号   (b) 操作数取值区域

图3-47　BCMP指令的梯形图符号及操作数取值区域

（2）BCMP指令功能：数据块由B、B+1、B+2、…、B+31共32个通道构成，每两个相邻通道为一组，前一个为上限，后一个为下限，上限值应大于等于下限值，共构成16个比较区域。当执行条件为ON时，将C与16个数据区域逐一进行比较，若C处于某一个区域，则结果通道R中对应的位置为1，否则置0。比较区域与R位的对应关系如下所示：

比较区域	R
B≤C≤B+1	bit00 置1
B+2≤C≤B+3	bit01 置1
B+4≤C≤B+5	bit02 置1
…	…
B+30≤C≤B+31	bit15 置1

比较源数据与16组比较数据（16个上下限范围），当在取值范围内时，可将结果字中的相应位转为ON。BCMP指令的工作过程如图3-48所示。

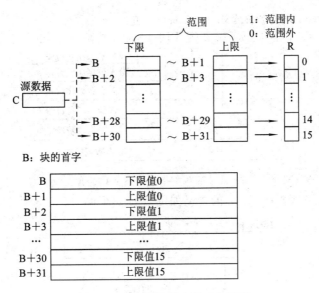

图 3-48　BCMP 指令的工作过程

7. 时刻类比较指令

时刻类比较指令是将指令的两个时刻操作数的内容按照符号进行比较,比较结果为"真"时,逻辑导通执行下一步程序。该类指令实际相当于一个接触器,满足条件时接触器接通,不满足时断开,所以其逻辑连接方式也有三种,分别为 LD 型、AND 型和 OR 型。

(1)指令格式:

　　符号
　　C
　　S1
　　S2

符号:=DT、<>DT、<DT、<=DT、>DT、>=DT 为符号;控制字为 C;当前时刻首通道、比较时刻首通道分别为 S1、S2。

时刻类比较指令的梯形图符号及操作数取值区域如图 3-49 所示。

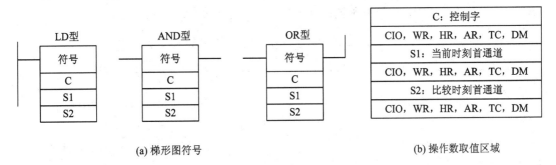

(a)梯形图符号　　　　　　　　　　　　　　　　　(b)操作数取值区域

图 3-49　时刻类指令的梯形图符号及操作数取值区域

(2)时刻类比较指令各操作数的含义:

① 控制字 C 的含义:当数据比较设定位为"0"时,表示比较的时间类型有效,为"1"时表示比较的时间类型无效,如图 3-50 所示。

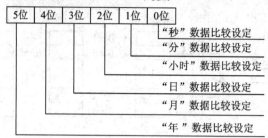

图 3-50　时刻类指令控制字 C 的含义

② S1～ S1＋2 与 S2～ S2＋2 的含义如图 3-51 所示。

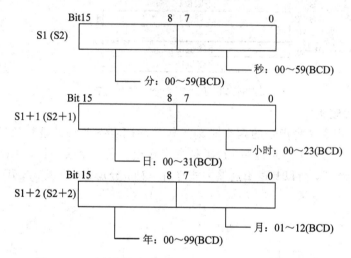

图 3-51　时刻类指令 S1～ S1＋2 与 S2～ S2＋2 的含义

（3）时刻类比较指令的功能：当执行条件为 ON 时，根据控制字 C 中的内容和指令符号，对当前时刻和比较时刻的时间类型对应的值进行比较，当比较结果为"真"时，指令结果输出为 1，否则输出为 0。C 的位 00～05 决定了时间数据是否在比较中被屏蔽。位 00～05 分别屏蔽秒、分、小时、日、月和年。如果 6 值都被屏蔽，指令将不会执行，执行条件置 OFF，错误标志置 ON。时刻类比较指令的工作过程如图 3-52 所示。

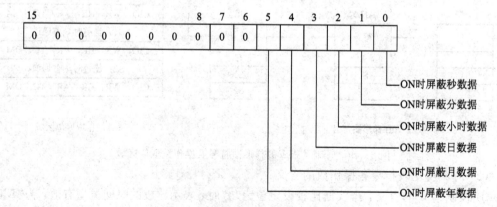

图 3-52　时刻类比较指令的工作过程

本项工作任务的评分标准如表3-7所示。

表 3-7 评分标准

工作任务2 交通灯的 PLC 控制					
组别：			组员：		
项目	配分	考核要求	扣分标准	扣分记录	得分
电路设计	40分	根据给定的控制电路图，列出 PLC 输入/输出元件地址分配表，设计梯形图及 PLC 输入/输出接线图，根据梯形图列出指令表	(1) 输入/输出地址遗漏或写错，每处扣2分； (2) 梯形图表达不正确或画法不规范，每处扣3分； (3) 接线图表达不正确或画法不规范，每处扣3分； (4) 指令有错误，每条扣2分		
安装与接线	30分	按照 PLC 输入/输出接线图在模拟配线板上正确安装元件，元件在配线板上布置要合理，安装要准确紧固。配线美观，下入线槽中要有端子标号	(1) 元件布置不整齐、不均匀、不合理，每处扣1分； (2) 元件安装不牢固、安装元件时漏装螺钉，每处扣1分； (3) 损坏元件，扣5分； (4) 交通灯运行正常，如不按电路图接线，扣1分； (5) 布线不入线槽、不美观，主电路、控制电路每根扣0.5分； (6) 接点松动、露铜过长、反圈、压绝缘层，标记线号不清楚、遗漏或误标，每处扣0.5分； (7) 损伤导线绝缘或线芯，每根扣0.5分； (8) 不按 PLC 控制 I/O 接线图接线，每处扣2分		
程序输入与调试	20分	熟练操作键盘，能正确地将所编写的程序下载到 PLC；按照被控设备的动作要求进行模拟调试，达到设计要求	(1) 不能熟练录入指令，扣2分； (2) 不会使用删除、插入、修改等命令，每项扣2分； (3) 一次调试不成功扣4分，二次调试不成功扣8分，三次调试不成功扣10分		
安全文明工作	10分	(1) 安全用电，无人为损坏仪器、元器件和设备； (2) 保持环境整洁，秩序井然，操作习惯良好； (3) 小组成员协作和谐，态度正确； (4) 不迟到、不早退、不旷课	(1) 发生安全事故，扣10分； (2) 人为损坏设备、元器件，扣10分； (3) 现场不整洁、工作不文明、团队不协作，扣5分； (4) 不遵守考勤制度，每次扣2~5分		
总分：					

1．控制要求

广告牌控制，具体要求如下：某广告牌上有 6 个字，按下启动按钮 SB1 后每个字依次显示 10 s，然后全灭，2 s 后再从第一个字开始显示，依次循环。循环 5 次后系统自动停止。

2．训练内容

（1）分析任务，理清广告牌控制系统各输出信号的时序关系；

（2）画出输出信号工作时序图，确定输出信号的状态转换条件和关系；

（3）确定定时器的数量和设定值，并列出功能表；

（4）写出 I/O 分配表，并根据控制要求设计梯形图程序；

（5）输入程序并调试；

（6）汇总整理文档，保留工程文件。

工作任务 3　抢答器的 PLC 控制

教学导航

【能力目标】

（1）会用数据传送指令与数据比较指令；

（2）会用七段译码指令（SDEC）；

（3）能综合应用传送指令和七段译码指令实现抢答器控制；

（4）能独立完成抢答器控制实训装置的设计、接线及调试任务。

【知识目标】

（1）理解常用数据转换指令的含义、功能及用法；

（2）掌握传送指令与数据转换指令配合使用的方法与技巧；

（3）掌握传送指令与数据比较指令配合使用的方法与技巧；

（4）掌握使用七段译码指令来编写抢答器程序。

任务引入

作为一个准确、快速、公正的裁判员，抢答器成了各种竞赛或娱乐节目中必不可少的重要设备。它的任务是从若干名参赛者中确定最先按抢答器的抢答者，这样其准确性和灵活性才能得到体现。因此，如何设计与控制抢答器很重要。一般来说，用 PLC 来控制抢答器是目前比较常见的方法，根据抢答过程中答题者动作的快慢，综合运用 PLC 中的传送指令与七段译码指令来实现控制。本任务以四组抢答器为例来进行分析设计，常见的抢答器系统示意图如图 3-53 所示。

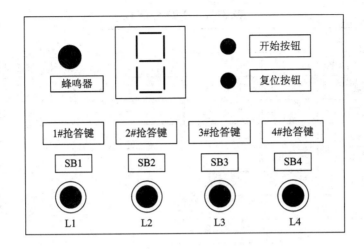

图 3-53 抢答器系统示意图

任务分析

四组抢答器控制要求：

（1）系统初始上电后，主持人在总控制台上单击"开始按钮"后，允许各队人员开始抢答，即各队人员此时按键有效。

四组抢答器
控制系统设计

（2）在抢答过程中，1～4 组中的任何一队抢先按下各自的抢答键（SB1、SB2、SB3、SB4）后，该组对应指示灯（L1、L2、L3、L4）点亮，LED 数码管显示当前抢答成功的组号，并使蜂鸣器发出响声，持续 2 s 后停止，同时锁住抢答器，使其他组按键无效，直至本次抢答完毕。

（3）主持人对抢答状态确认后，单击"复位按钮"，系统又开始新一轮抢答，直至有小组抢答成功。

在本任务中，四组抢答台使用的 SB1～SB4 抢答按键、主持人操作的开始按钮及复位按钮，都是作为 PLC 的输入信号，4 组指示灯 L1～L4、七段数码管的七段 a～g 及蜂鸣器作为 PLC 的输出信号。因此在该系统中，PLC 的输入信号有 6 个，输出信号有 12 个。同时为了保证只有最先抢到组被显示，各抢答器之间应设置互锁。此外，复位按钮的作用有两个：一是复位抢答器，二是复位七段数码管，从而为下次的抢答做准备。

从上述分析可知，综合使用数据传送指令和七段译码指令可有效实现抢答器系统控制。

任务实施

根据控制要求，本任务中 PLC 接收的这个系统中，其输入信号有 6 个，输出信号有 12 个。下面进行具体设计。

四组抢答器实训

1. I/O 分配

I/O 分配情况如表 3-8 所示。

表 3 - 8   I/O 分配表

输　　入		输　　出	
开始按钮	I0.00	字段 a	Q100.00
1♯抢答按键	I0.01	字段 b	Q100.01
2♯抢答按键	I0.02	字段 c	Q100.02
3♯抢答按键	I0.03	字段 d	Q100.03
4♯抢答按键	I0.04	字段 e	Q100.04
复位按钮	I0.05	字段 f	Q100.05
		字段 g	Q100.06
		蜂鸣器	Q101.00
		L1	Q101.01
		L2	Q101.02
		L3	Q101.03
		L4	Q101.04

2. PLC 硬件接线

PLC 硬件接线图如图 3 - 54 所示。

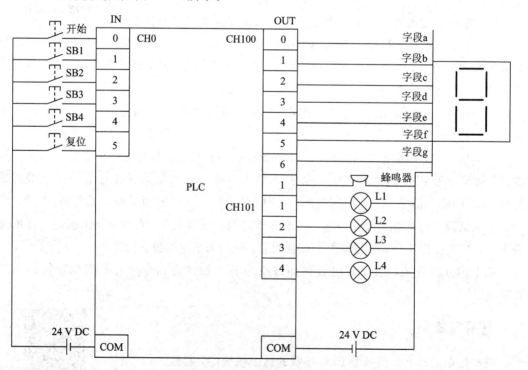

图 3 - 54   硬件接线图

3. 设计梯形图程序

根据控制要求设计的梯形图程序如图 3 - 55 所示。

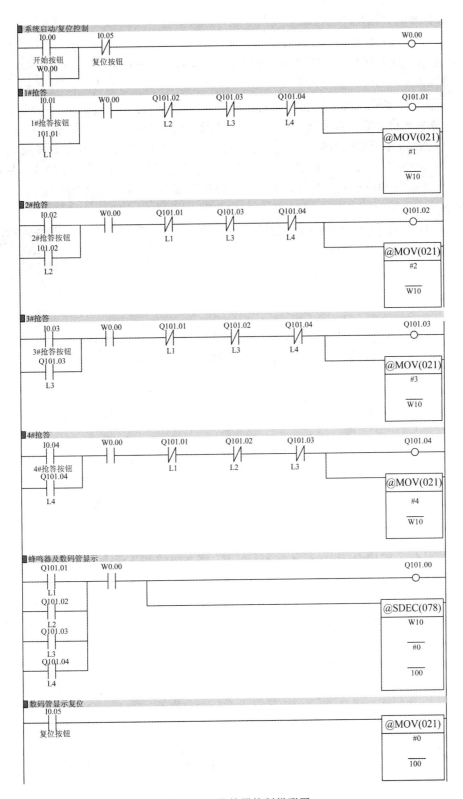

图 3−55 抢答器控制梯形图

4. 系统调试

（1）完成接线并检查确认接线正确；

（2）输入程序并运行，监控程序运行状态，分析程序运行结果。

⚡ **知识链接** 👆
- - - - - - - - - - - - - - - -

本任务主要讲述数据转换指令的格式、功能及应用。OMRON CP1E 系列 PLC 中数据转换指令包括单/双字 BCD 码→二进制转换指令、单/双字二进制→BCD 码转换指令、数据译码指令（4→16/8→256）、数据编码指令（16→4/256→8）、二进制求补指令、ASCII 码转换指令、ASCII 码→十六进制转换指令、七段译码指令等。这里主要介绍以下几种常用转换指令。

1. BCD→二进制转换指令 BIN(23)

（1）指令格式：

　　BIN(23)
　　　　S
　　　　R

S：源通道（BCD 数）；R：结果通道（二进制数）。

BIN 指令的梯形图符号及操作数取值区域如图 3-56 所示。

BIN 指令

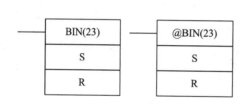

S：源通道(BCD数)		
CIO，WR，HR，AR，TC，DM		
R：结果通道(二进制数)		
CIO，WR，HR，AR，DM		

(a) 梯形图符号　　　　　　　　(b) 操作数取值区域

图 3-56　BIN 指令的梯形图符号及操作数取值区域

（2）BIN 指令的功能：当执行条件为 ON 时，将 S 中的 BCD 码转换成二进制数（S 中的内容保持不变），并将结果存入 R 中。

转换原理：4 位 BCD 码分解为若干个 2^n 的十进制数的和，根据分解式中每一项的状态，对结果通道中的对应位置 1 或者置 0，最后结果通道中存放的数据就是转换成的二进制数。

下面以图 3-57 所示程序为例，说明执行 BIN 指令的具体转换过程及转换原理。

图 3-57(a) 是使用 @BIN 指令的程序，图 3-57(b) 是执行完程序后源通道和结果通道中的数据。具体过程：当 0.00 由 OFF 变为 ON 时，执行一次 @MOV 指令，将 BCD 码 ♯4321 传送到源通道 W0 中，再执行一次 @BIN 指令，将 W0 中的 BCD 码转换成二进制数，并存放到结果通道 D0 中，转换前、后 W0 中存放的内容不变。因为分解后 $4321=4096+128+64+32+1=2^{12}+2^7+2^6+2^5+2^0$，所以，结果通道 D0 中的对应位 bit12、bit7、bit6、bit5、bit0 为 1，其他位为 0。

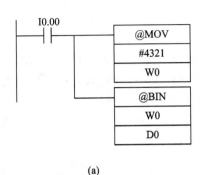

	第3位	第2位	第1位	第0位	
	$2^{15}2^{14}2^{13}2^{12}$	$2^{11}2^{10}2^{9}2^{8}$	$2^{7}2^{6}2^{5}2^{4}$	$2^{3}2^{2}2^{1}2^{0}$	源通道
	0 1 0 0	0 0 1 1	0 0 1 0	0 0 0 1	W0

	第3位	第2位	第1位	第0位	
	$2^{15}2^{14}2^{13}2^{12}$	$2^{11}2^{10}2^{9}2^{8}$	$2^{7}2^{6}2^{5}2^{4}$	$2^{3}2^{2}2^{1}2^{0}$	结果通道
	0 0 0 1	0 0 0 0	1 1 1 0	0 0 0 1	D0

(a)   (b)

图 3-57　BIN 指令的应用示例

2. 二进制→BCD 转换指令 BCD(24)

(1) 指令格式：

　　BCD(24)

　　　　S

　　　　R

S：源通道(二进制数)；R：结果通道(BCD 数)。

BCD 指令的梯形图符号及操作数取值区域如图 3-58 所示。

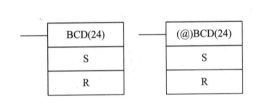
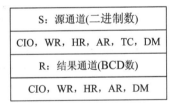

S：源通道(二进制数)		
CIO，WR，HR，AR，TC，DM		
R：结果通道(BCD数)		
CIO，WR，HR，AR，DM		

(a) 梯形图符号　　　　　　　　　　(b) 操作数取值区域

图 3-58　BCD 指令的梯形图符号及操作数取值区域

(2) BCD 指令的功能：当执行条件为 ON 时，将 S 中的二进制数转换成 BCD 码(S 中的内容保持不变)，并将结果存入 R 中。

转换原理：二进制数转换成对应的十进制数，然后把十进制数用 BCD 码来表示，得到的结果由低位向高位，与结果通道的每一位对应(其余位用 0 表示)，那么最后结果通道中存放的数据就是转换成的 BCD 数。

下面以图 3-59 所示程序为例，说明执行 BCD 指令的具体转换过程及转换原理。

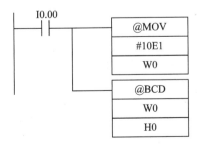

	第3位	第2位	第1位	第0位	
	$2^{15}2^{14}2^{13}2^{12}$	$2^{11}2^{10}2^{9}2^{8}$	$2^{7}2^{6}2^{5}2^{4}$	$2^{3}2^{2}2^{1}2^{0}$	源通道
	0 0 0 1	0 0 0 0	1 1 1 0	0 0 0 1	W0

	第3位	第2位	第1位	第0位	
	$2^{15}2^{14}2^{13}2^{12}$	$2^{11}2^{10}2^{9}2^{8}$	$2^{7}2^{6}2^{5}2^{4}$	$2^{3}2^{2}2^{1}2^{0}$	结果通道
	0 1 0 0	0 0 1 1	0 0 1 0	0 0 0 1	H0

(a)   (b)

图 3-59　BCD 指令的应用示例

图 3-59(a)是使用@BCD 指令的程序,图 3-59(b)是程序执行完之后源通道和结果通道中的数据。具体过程:二进制数 0001 0000 1110 0001 用十六进制数表示为♯10E1,当 0.00 由 OFF 变为 ON 时,执行一次@MOV 指令将二进制数♯10E1 传送到源通道 W0 中,再执行一次@BCD 指令将 W0 中的二进制数转换成 BCD 数,并存放到结果通道 H0 中。转换前、后 W0 中存放的数据不变。由于二进制数 0001 0000 1110 0001 对应的十进制数为 $2^{12}+2^7+2^6+2^5+2^0=4321$,将 4321 用 BCD 码表示为 0100 0011 0010 0001,所以结果通道 H0 中的对应位 bit14、bit9、bit8、bit5、bit0 为 1,其他位为 0。

3. 数据译码指令 MLPX(76)

(1) 指令格式:

MLPX(76)

    S

    C

    R

数据译码指令

S:源通道;C:控制字;R:结果通道。

MLPX 指令的梯形图符号及操作数取值区域如图 3-60 所示,控制字 C 的含义如图 3-61所示。

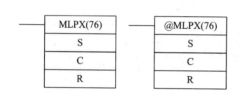

(a) 梯形图符号

(b) 操作数取值区域

图 3-60　MLPX 指令的梯形图符号及操作数取值区域

C:控制字

● 4→16 位译码

● 8→256 位转换

图 3-61　控制字 C 的含义

（2）MLPX 指令的功能：当执行条件为 ON 时，将 S 中指定的数字进行译码，由 C 确定译码的方式、译码的起始数字及译码的数目。

① 4→16 译码：将源通道 S 中要译码的数字转化为十进制数 0～15，再将结果通道中与该十进制数对应的位置 1，其余位为 0。最多译码 4 个，最多占用 R～R+3 共 4 个结果通道，图 3-62 为译码结果存放示意图。

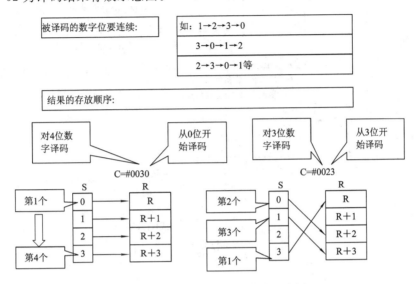

图 3-62　4→16 译码结果存放示意图

② 8→256 译码：与 4→16 译码过程相似，将源通道 S 中要译码的字节转化为十进制数 0～256，再将结果通道中与该十进制数对应的位置 1，其余位为 0。最多译码 4 个，最多占用 R～R+15、R+16～R+31 两组通道。

4. 数据编码指令 DMPX(77)

（1）指令格式：

DMPX(77)
　　S
　　R
　　C

数据编码指令

S：源首通道；R：结果通道；C：控制字。

DMPX 指令的梯形图符号及操作数取值区域如图 3-63 所示，控制字 C 的含义如图 3-64 所示。

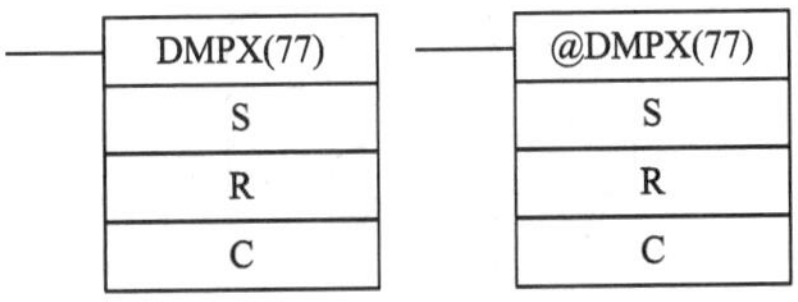

S：源首通道		
CIO, WR, HR, AR, TC, DM		
R：结果通道		
CIO, WR, HR, AR, DM		
C：控制字		
CIO, WR, HR, AR, TC, DM, #		

```
──┤ DMPX(77) ├──    ──┤ @DMPX(77) ├──
    │    S     │        │    S      │
    │    R     │        │    R      │
    │    C     │        │    C      │
```

(a) 梯形图符号　　　　　　　　(b) 操作数取值区域

图 3-63　DMPX 指令的梯形图符号及操作数取值区域

127

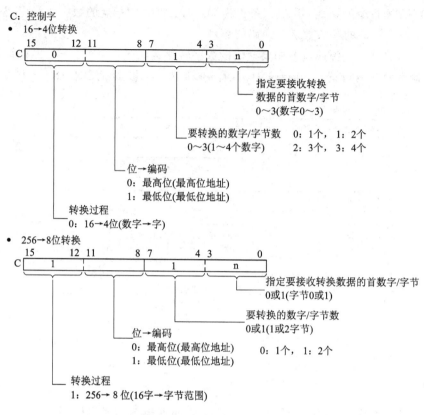

图 3-64　控制字 C 的含义

（2）DMPX 指令的功能：当执行条件为 ON 时，将 S 中指定的数字进行编码，由 C 确定编码的方式、编码结果通道的首字位及编码的通道数目。

① 16→4 编码：由被编码的最多 4 个通道中为 ON 的最高/低位的位号，分别编为一个十六进制数，再将结果送到结果通道指定的（由 C 指定）的数字位，图 3-65 为编码结果存放示意图。

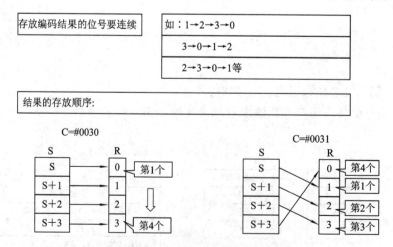

图 3-65　16→4 编码结果存放示意图

② 256→8 编码：与 16→4 编码过程相似，将最多两组连续 16 个通道 256 位通道中为 ON 的最高位/低位位号，分别编为一个字节的十六进制数，再分别送到结果通道指定的字节。

5．七段译码指令 SDEC(78)

七段译码指令

（1）指令格式：

SDEC(78)

　　　　S

　　　　C

　　　　R

S：源通道；C：控制字；R：结果通道。

SDEC 指令的梯形图符号及操作数取值区域如图 3－66 所示，控制字 C 的含义如图 3－67 所示。

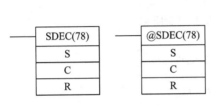

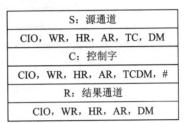

(a) 梯形图符号　　　　　　　　　　(b) 操作数取值区域

图 3－66　SDEC 指令的梯形图符号及操作数取值区域

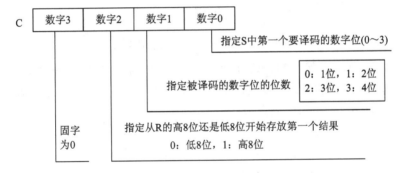

图 3－67　控制字 C 的含义

（2）SDEC 指令的功能：当执行条件为 ON 时，将 S 中的数字进行译码，由 C 确定要译码的起始数字位及译码的位数。译码结果存放在 R 中，由 C 确定是从 R 的低 8 位还是高 8 位开始存放，一次最多可对 S 中的 4 个数字进行转换，若 C 中指定的是从 R 的高 8 位开始存放，则最多可占 3 个结果通道。R 中的 bit07 和 bit15 不用，bit00～bit06 和 bit08～bit14 分别对应数码管的 a、b、c、d、e、f、g 段，若 bit00～06 及 bit08～14 某位为 1，则对应数码管的段发光。译码结果在 R 中的存放顺序示意图如图 3－68 所示。

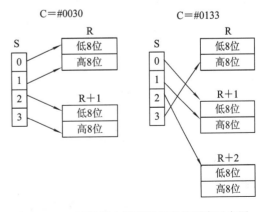

图 3－68　SDEC 指令译码结果存放顺序示意图

例 3.9 SDEC 指令应用举例。如图 3-69 所示，已知 H0 中已预先写入常数 1673，程序执行完之后，判断 H1 中的内容。

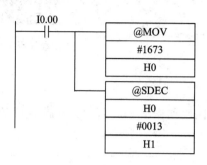

七段数码管实现数字显示

图 3-69 SDEC 指令举例

功能分析：SDEC 指令控制字 C 分析如图 3-70 所示。

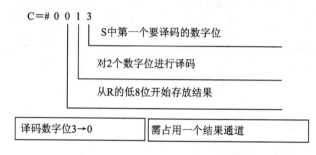

图 3-70 SDEC 指令控制字 C 分析

设源通道 H0 中内容为 1673(BCD)，根据控制字 C 的指定内容可知要译码的首字是源通道中第 3 位数字"1"(对应 b、c 段应该是 1)，并且结果要存放在结果通道的低 8 位，所以 H1 的低 8 位是 0000 0110(bit7 固定为 0)。

译码的第二个字是源通道中第 0 位数字"3"(对应 a、b、c、d、g 段是 1)，并且第二个译码结果要存放在结果通道的高 8 位，所以 H1 的高 8 位是 0100 1111(bit15 固定为 0)。源通道数字与译码结果通道的对应关系如图 3-71 所示。

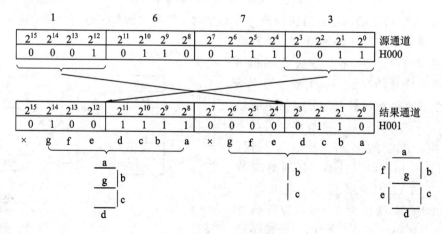

图 3-71 源通道数字与译码结果通道的对应关系

由以上分析可知：H1 中的内容为 0100 1111 0000 0110，用十六进制可表示为 4F06。

6. ASCII 码转换指令 ASC(86)

ASCII 转换指令

(1) 指令格式：

ASC(86)

    S

    C

    R

S：源通道；C：控制字；R：结果首通道。

ASC 指令的梯形图符号及操作数取值区域如图 3-72 所示，控制字 C 的含义如图 3-73 所示。

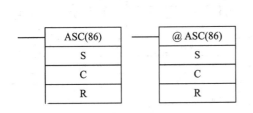

(a) 梯形图符号

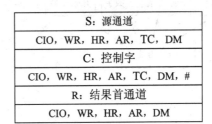

(b) 操作数取值区域

图 3-72　ASC 指令的梯形图符号及操作数取值区域

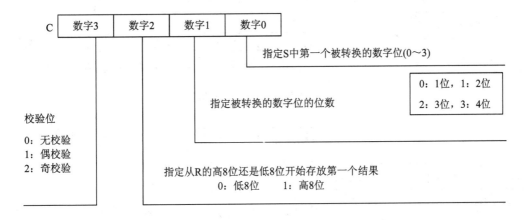

图 3-73　控制字 C 的含义

(2) ASC 指令的功能：当执行条件为 ON 时，根据 C 的内容，将 S 中指定的数字转换成 ASCII 码，并将结果存放在以 R 为首通道的结果通道中。图 3-74 为 ASCII 码转换结果存放示意图。其中，图 (a) 所示为无校验转换时数字的转换过程，图 (b) 所示为偶校验转换时数字的转换过程，图 (c) 所示为奇校验且要求结果从 R 低 8 位存放时数字的转换过程，图 (d) 所示为奇校验且要求结果从 R 高 8 位存放时数字的转换过程。

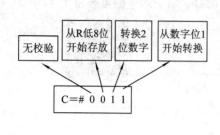
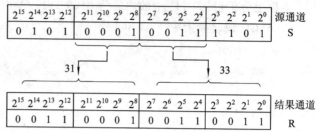

(a) 无校验转换

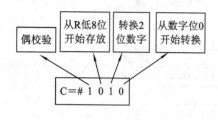
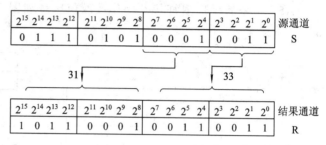

(b) 偶校验转换

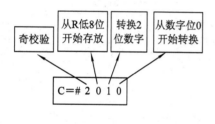
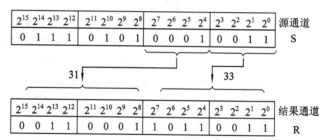

(c) 奇校验转换(结果从R低8位开始存放)

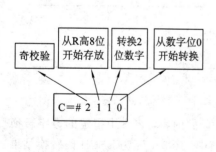
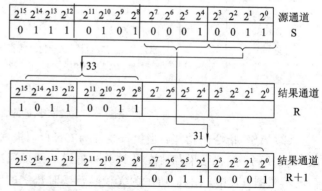

(d) 奇校验转换(结果从R高8位开始存放)

图 3-74　ASCII 码转换结果存放示意图

（3）校验位的用法：结果通道的 bit00～06 及 bit08～14 是存放结果，bit07 和 bit15 是校验位。若设置不校验，则 bit07 和 bit15 为 0；若设置奇校验，则校验位与 ASCII 码中的 1 的总数应为奇数，否则 bit07 和 bit15 为 1；若设置偶校验，则校验位与 ASCII 码中的 1 的总数应为偶数，否则 bit07 和 bit15 为 1。

7. ASCII 码→十六进制转换指令 HEX(162)

（1）指令格式：

HEX(162)

    S

    C

    R

S：源通道；C：控制字；R：结果通道。

HEX 指令的梯形图符号及操作数取值区域如图 3-75 所示，控制字 C 的含义如图 3-76 所示。

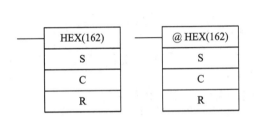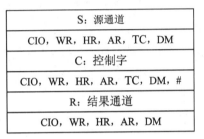

(a) 梯形图符号   (b) 操作数取值区域

图 3-75　HEX 指令的梯形图符号及操作数取值区域

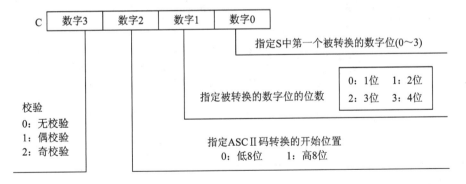

图 3-76　控制字 C 的含义

（2）HEX 指令的功能：当执行条件为 ON 时，根据 C 的内容，将 S 中最多 4 字节的 ASCII 数据转换成相应的十六进制数，并将结果存放在结果通道中。

技能训练考核评分标准

本项工作任务的评分标准如表 3-9 所示。

表 3-9　评 分 标 准

项目	配分	考核要求	扣分标准	扣分记录	得分
		工作任务3　抢答器的PLC控制			
		组别：　　　　　　　　　　组员：			
电路设计	40分	根据给定的控制电路图，列出PLC输入/输出元件地址分配表，设计梯形图及PLC输入/输出接线图，根据梯形图列出指令表	(1)输入/输出地址遗漏或写错，每处扣2分； (2)梯形图表达不正确或画法不规范，每处扣3分； (3)接线图表达不正确或画法不规范，每处扣3分； (4)指令有错误，每条扣2分		
安装与接线	30分	按照PLC输入/输出接线图在模拟配线板上正确安装元件，元件在配线板上布置要合理，安装要准确紧固。配线美观，下入线槽中要有端子标号	(1)元件布置不整齐、不均匀、不合理，每处扣1分； (2)元件安装不牢固、安装元件时漏装螺钉，每处扣1分； (3)损坏元件，扣5分； (4)抢答器运行正常，如不按电路图接线，扣1分； (5)布线不入线槽、不美观，主电路、控制电路每根扣0.5分； (6)接点松动、露铜过长、反圈、压绝缘层，标记线号不清楚、遗漏或误标，每处扣0.5分； (7)损伤导线绝缘或线芯，每根扣0.5分； (8)不按PLC控制I/O接线图接线，每处扣2分		
程序输入与调试	20分	熟练操作键盘，能正确地将所编写的程序下载到PLC；按照被控设备的动作要求进行模拟调试，达到设计要求	(1)不能熟练录入指令，扣2分； (2)不会使用删除、插入、修改等命令，每项扣2分； (3)一次调试不成功扣4分，二次调试不成功扣8分，三次调试不成功扣10分		
安全文明工作	10分	(1)安全用电，无人为损坏仪器、元器件和设备； (2)保持环境整洁，秩序井然，操作习惯良好； (3)小组成员协作和谐，态度正确； (4)不迟到、不早退、不旷课	(1)发生安全事故，扣10分； (2)人为损坏设备、元器件，扣10分； (3)现场不整洁、工作不文明、团队不协作，扣5分； (4)不遵守考勤制度，每次扣2～5分		
总分：					

✕ 工程素质技能训练 👉

1. 控制要求

一台运料小车，可在1#～4#工位之间自动移动，只要对应工位有呼叫信号，小车便会自动向呼叫工位移动，并在到达呼叫工位后自动停止，示意图如图3-77所示。设SB1为启动信号，SB2为停止信号，SQ1、SQ2、SQ3、SQ4为小车位置检测信号，SB3、SB4、SB5、SB6为呼叫位置检测信号。在发生呼叫时，数码显示器上显示呼叫位置编号。

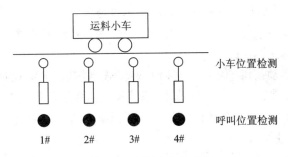

图 3-77 运料小车示意图

2. 训练内容

(1) 分析任务，小车在运行过程中位置与呼叫信号的关系；

(2) 写出 I/O 分配表，并根据控制要求设计梯形图程序；

(3) 输入程序并调试；

(4) 汇总整理文档，保留工程文件。

思考练习题

3.1　3 台电机，当按下启动按钮时，3 台电机依次延时 10 s 后启动，请使用定时器指令、比较指令配合或者计数器指令与比较指令配合来编写梯形图程序，并给出 PLC 的 I/O 分配表。

3.2　要求用数据传送指令编程，实现 4 台电机同时启动、同时停止控制。

3.3　若有 4 个按钮分别对应数字 4、5、6、7，请使用数据传送指令与七段译码指令配合或数据编码指令与七段译码指令配合实现控制，并将数字通过数码管显示出来。请给出 PLC 的 I/O 分配表，并编写梯形图程序。

3.4　10 盏彩灯控制。

控制要求：

(1) 按下按钮 SB1，10 盏灯全亮；按下按钮 SB2，奇数灯亮；按下按钮 SB3，偶数灯亮；按下 SB4，所有灯全灭。试设计硬件接线电路图，并编写梯形图程序(传送指令)。

(2) 按下启动按钮 SB1，L1 灯亮，之后每按一次控制按钮 SB2，彩灯依次左移一位并循环。按下停止按钮 SB3，所有彩灯熄灭。试设计硬件接线电路图，并编写梯形图程序(传送指令与移位指令配合使用)。

3.5　设计 3 路抢答器系统。

控制要求：抢答台分别有按键和指示灯，裁判员台有指示灯和复位按钮，按下抢答按键进行抢答，抢答成功有 2 s 声音报警。

3.6　试用时序图设计法实现两台电机顺序控制。

控制要求：两台电机相互协调运转，按下启动按钮 SB1 后，M1 转 10 s 后停止 5 s；M2 与 M1 相反，即 M1 停止时 M2 转，M1 运行时 M2 停止，并且如此反复动作 3 次，M1 和 M2 都停止。请给出 PLC 的 I/O 分配表，并编写梯形图程序。

3.7　一个传送过程中需要传送工件，数量是 20 个。传送带上有一个光电传感器对工件进行计数。当工件数小于 15 时，指示灯常亮；当工件数等于或大于 15 时，指示灯闪烁；

当工件数为 20 时，10 s 后传送带停止，同时指示灯熄灭。

试设计上述系统，给出 PLC 的 I/O 分配表，并编写梯形图程序。

3.8 采用 PLC 实现交通灯控制。

控制要求：设置启动按钮 SB1、停止按钮 SB2、强制按钮 SB3、循环选择开关 S。当按下 SB1 后，交通灯系统正常工作；按下 SB2 后，系统停止，所有灯灭；按下强制按钮 SB3，东西南北黄、绿灯灭，红灯亮；按下循环开关 S，可以设定系统是单次运行还是连续循环运行。

交通灯正常运行过程如下：

南北方向：南北红灯亮并保持 25 s 灭，绿灯亮 20 s 闪 3 s 灭黄灯亮，2 s 后灭红灯又亮，完成一个循环。

对应东西方向：南北方向红灯亮时东西绿灯亮 20 s，闪 3 s 后黄灯亮，2 s 黄灯灭红灯亮，25 s 后绿灯又亮，完成一个循环。

请给出 PLC 的 I/O 分配表，并编写梯形图程序。

3.9 用 PLC 控制喷泉程序。

控制要求：有 10 个喷泉头 "一" 字排开。系统启动后，喷泉头要求每间隔 1 s 从左到右依次喷出水来，全部喷出 10 s 后停止，然后系统又从左到右依次喷水，如此循环。10 个喷泉头由 10 个继电器控制，继电器得电，相应的喷泉头喷水。

请给出 PLC 的 I/O 分配表，并编写梯形图程序。

3.10 产品检测控制程序。

控制要求：如图 3-78 所示，图中传感器 0.01 用于检验产品的好坏，当 0.01 为 "ON" 时，表示产品是好的，否则为坏的。速度检测器 0.00 测量流水线的速度，每得到一个脉冲，代表产品向前移动一段距离 d。速度检测器与传感器 0.01 共同作用，可以决定哪个产品好坏。若是坏的产品，则 100.00 为 "OFF"，并控制推杆将坏的产品推到滑道上，同时传感器 0.02 会检测到这个坏的产品已经到了滑道上，并使推杆退回。

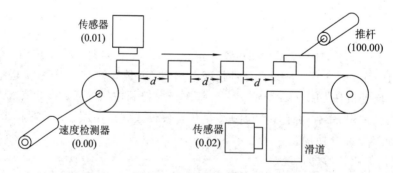

图 3-78 产品检测装置示意图

3.11 三组抢答器控制系统设计。控制要求：

(1) 在主持人侧设置有 LED 及抢答器的启动（允许抢答）、复位、清零、加分和减分按钮。选手侧各设置 1 个抢答按钮及指示灯。

(2) 抢到的选手，相应的指示灯亮，主持人侧的 LED 显示该选手的编号，在回答问题剩最后一分钟时，LED 转为倒计时显示，倒计时结束，显示该抢答者的分数。

(3) 主持人按下复位按钮，LED 灭。

请给出 PLC 的 I/O 分配表，并编写梯形图程序。

项目四　机电一体化设备的 PLC 控制系统设计、安装与调试

工作任务 1　机械手的 PLC 控制

教学导航

【能力目标】

(1) 会使用子程序、跳转指令进行编程；

(2) 掌握绘制 PLC 硬件接线图的方法并能正确接线；

(3) 具有分析较复杂控制系统的能力；

(4) 能完成机电控制系统装置的设计、装配、调试运行任务。

【知识目标】

(1) 掌握子程序指令、跳转指令的应用；

(2) 掌握多种工作方式程序的设计方法，能编写控制程序。

任务引入

在机电一体化控制系统中很多工作要用到机械手，机械手动作一般采用气动方式进行，动作的顺序用 PLC 控制。机械手工作示意图如图 4-1 所示。

机械手 PLC 控制设计

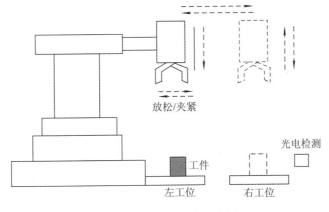

图 4-1　机械手工作示意图

1. 控制要求

(1) 工作方式可设置为自动/手动、连续/单周期、回原点；

(2) 要有必要的电气联锁和保护功能；

（3）自动循环时应按上述顺序动作。

2. 工作内容

（1）初始状态。机械手在原点位置时，压左限位为 ON，压上限位为 ON，机械手松开。

（2）启动运行。按下启动按钮，机械手按照下降→夹紧（延时 1.5 s）→上升→右移→下降→松开（延时 1.5 s）→上升→左移的顺序依次从左到右转送工件。下降/上升、左移/右移、夹紧/松开使用电磁阀控制。

（3）停止操作。按下停止按钮，机械手完成当前工作过程，停在原点位置。

任务分析

根据控制要求，按照工作方式可将控制程序分为三部分：第一部分为自动程序，包括连续和单周期两种控制方式；第二部分为手动程序；第三部分为自动回原点程序。

任务实施

机械手 PLC 控制实训

机械手控制系统设有手动、单周期、连续和回原点四种工作方式，机械手在最上面和最左边松开时，系统处于原点状态（或称初始状态）。

1. I/O 分配

I/O 分配情况如表 4-1 所示。

表 4-1 I/O 分配表

输　　　入		输　　　出	
输入量	PLC 端子	输出量	PLC 端子
启动按钮	I0.00	下降电磁阀线圈	Q100.00
停止按钮	I0.01	上升电磁阀线圈	Q100.01
下限	I0.03	紧/松电磁阀线圈	Q100.02
上限	I0.04	右行电磁阀线圈	Q100.03
右限	I0.05	左行电磁阀线圈	Q100.04
左限	I0.06	原位指示灯	Q100.05
光电开关	I0.07	夹紧指示灯	Q100.06
升/降选择	I1.00	放松指示灯	Q100.07
松/紧选择	I1.01		
左/右选择	I1.02		
手动方式	I1.03		
单步方式	I1.04		
单周期方式	I1.05		
连续方式	I1.06		

2. PLC 硬件接线

PLC 硬件接线图如图 4 - 2 所示。

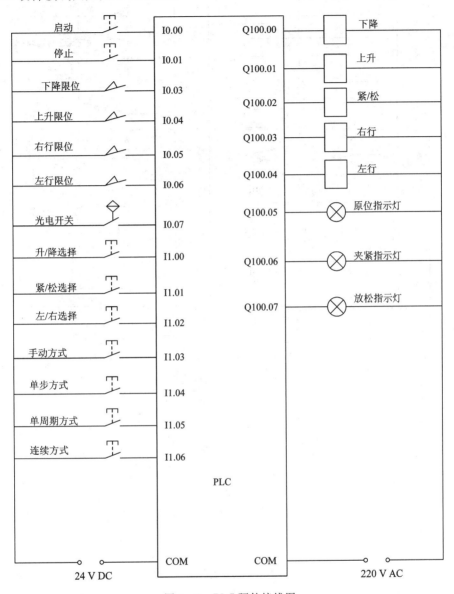

图 4 - 2　PLC 硬件接线图

3. 设计梯形图程序

在进行程序设计之前，要根据控制要求先画出机械手的动作流程图，如图 4 - 3 所示。在流程图中，能清楚地看到机械手每一步的动作内容及每步间的转换关系。

再根据流程图设计出程序的总体方案，如图 4 - 4 所示。可以看出，图中把整个程序分为手动和自动两部分。

手动控制机械手的升/降、左/右行、工件的夹紧/放松操作，是通过开关、启动和停止按钮的配合来完成的。根据要求设计的手动控制梯形图程序如图 4 - 5 所示。

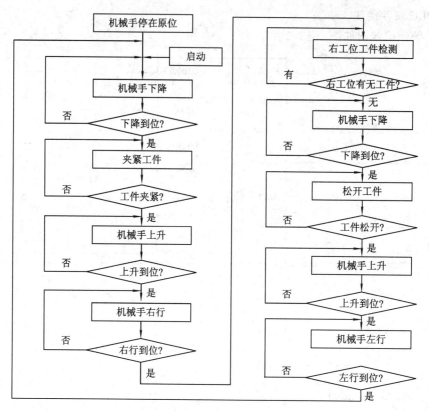

图 4-3　机械手运行流程图

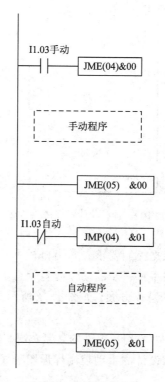

图 4-4　程序总体方案

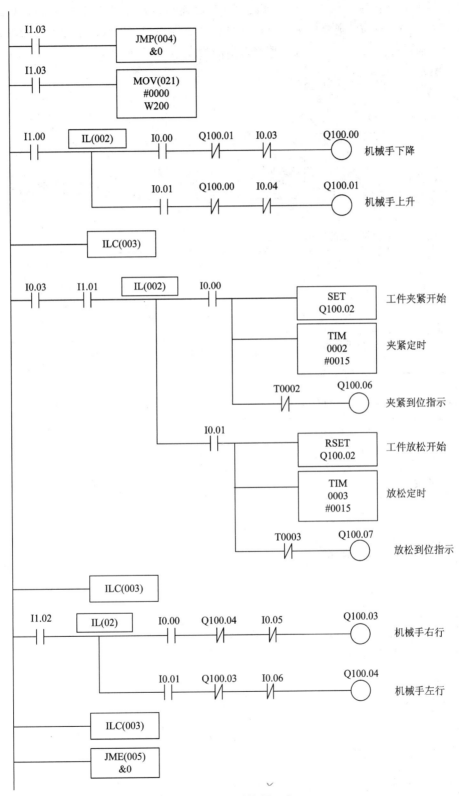

图 4-5 手动控制程序

机械手的自动控制需要工作在连续运行方式。连续运行方式的启动必须从原位开始，如果机械手未停在原位，则要用手动操作让机械手返回原位。当机械手返回原位时，原位指示灯亮。根据控制要求设计的自动控制梯形图程序如图 4 - 6 所示。

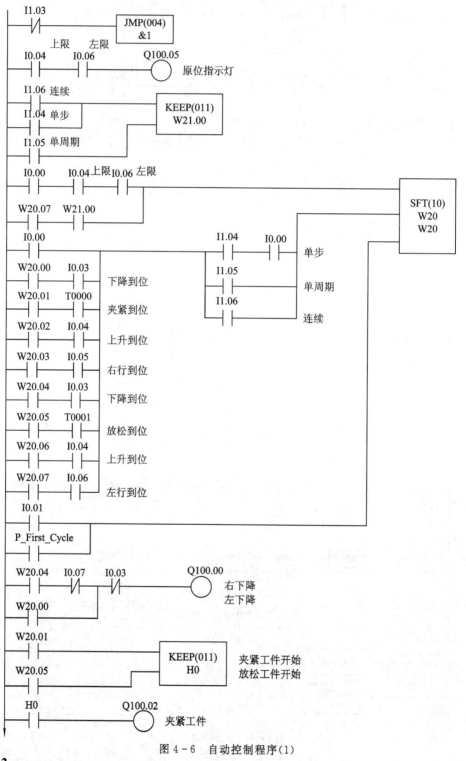

图 4 - 6　自动控制程序(1)

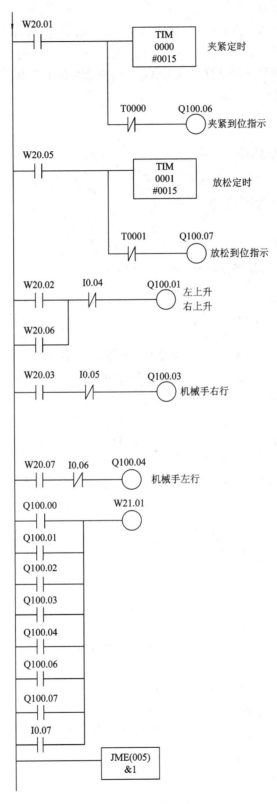

图 4-6 自动控制程序(2)

4. 系统运行调试

（1）根据 PLC 的 I/O 硬件接线图完成接线安装，检查并确认接线正确；

（2）输入并下载运行程序，监控程序运行状态，分析程序运行结果；

（3）针对程序运行情况，进行系统调试，直到符合系统的控制要求为止。

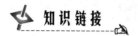 **知识链接**

跳转指令

一、跳转指令(JMP/JME)

1. 跳转指令格式

跳转指令的格式如下：

    JMP   N

    JME   N

JMP 和 JME 指令的梯形图符号如图 4-7 所示。

图 4-7　JMP 和 JME 指令的梯形图符号

JMP 表示开始跳转的地方，JME 表示跳转指令的目的地。其中，操作数 N 表示跳转编号，编号范围为 00～49。

2. 跳转指令的功能

当 JMP(004)的执行条件为 OFF 时，程序执行直接跳转至与 JMP(004)指令相同编号的第一个 JME(005)指令，跳过 JMP 和 JME 之间的程序段，转去执行 JME 后面的程序；当 JMP(004)的执行条件为 ON 时，JMP 和 JME 之间的程序段将被执行，程序如同没有跳转指令一样执行，如图 4-8 所示。指令 JMP(004)和 JME(005)通常成对使用。

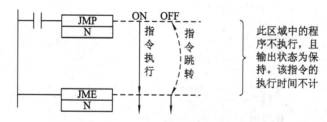

图 4-8　JMP 和 JME 指令的功能

3. 说明

（1）JMP 和 JME 指令用于控制程序流向。

（2）多个 JMP 可以共用一个 JME。

（3）JMP 和 JME 跳转指令可以嵌套使用，但必须是不同跳转号的嵌套。

二、子程序控制指令

在编程时，有的程序段可能要多次重复使用，这样的程序段可以

子程序控制指令

作为一个子程序，在满足一定条件时，中断主程序而转去执行子程序，子程序执行完毕，再返回断点处继续执行主程序。另外，有的程序段不仅要多次使用，而且要求程序段的结构不变，只是改变输入和输出的操作数。这样的程序可以作为子程序，在满足执行条件时，中断主程序的执行而转去执行子程序，并且每次调用时赋予该子程序不同的输入和输出操作数，子程序执行完毕再返回断点处继续执行主程序。

调用子程序和跳转指令都能改变程序的流向，利用这类指令可以实现某些特殊的控制，并具有简化编程、减少程序扫描时间的作用。OMRON CP1E 系列 PLC 中子程序控制指令有子程序调用指令 SBS(91)、子程序定义指令 SBN(92)、子程序返回指令 RET(93)。

程序中需要多次执行的程序段可以编成一个子程序，主程序可以重复调用子程序。在主程序调用子程序时，CPU 中断主程序的执行转去执行子程序中的指令，子程序执行完毕后，从调用子程序指令的下一条指令开始执行。

1. 子程序调用指令(SBS)

(1) 指令格式：

    SBS   N

SBS 指令的梯形图符号如图 4-9 所示。

其中，操作数 N 表示子程序的编号，编号范围为 00～49。

(2) 功能：SBS 指令可在主程序中调用子程序。当执行条件为 ON 时，SBS 调用编号为 N 的子程序。在非微分形式下，若执行条件一直为 ON，则每次扫描都要

图 4-9　SBS 指令的梯形图符号

调用一次子程序 N。如果要求执行条件由 OFF 变为 ON，只调用一次子程序 N，则可以使用微分形式@SBS N 指令。

SBS 指令的功能如图 4-10 所示。在主程序中将 SBS 放在要求执行子程序的地方。执行该指令时，便会调用编号为 N 的子程序，即 SBN 和 RET 指令之间的程序，执行完毕后返回到 SBS 指令的下一条指令，继续执行主程序。

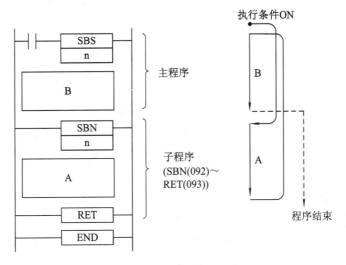

图 4-10　SBS 指令的功能

主程序可以无限次调用子程序。子程序可以嵌套调用,但不能超过 16 级。

(3)说明:有下列情况之一时出错标志位 P - ER 为 ON,此时该指令不执行。

① 被调用的子程序不存在。

② 子程序自调用。

③ 嵌套调用超过 16 级。

2. 子程序定义和子程序返回指令(SBN/RET)

(1)指令格式:

    SBN   N

    RET

SBN 和 RET 指令的梯形图符号如图 4 - 11 所示。

图 4 - 11 SBN 和 RET 指令的梯形图符号

其中,操作数 N 表示子程序的编号,编号范围为 00~49,RET 指令无操作数。

(2)功能:SBN 表示指定子程序号的子程序的开始,RET 表示子程序结束,这两个指令是子程序定义指令和子程序返回指令。SBN 和 RET 指令一起使用,SBN 用于每段子程序的开始,定义子程序的编号为 N。RET 用于每段子程序的结尾,表示子程序的结束。两条指令都不需要执行条件,直接与母线连接。

SBN 和 RET 指令的功能如图 4 - 12 所示。所有的子程序都必须放在主程序之后、END 之前。END 必须放置于最后一个子程序的后面,即最后一个 RET 之后。如果错误地将 SBN 放在主程序中,它将屏蔽此点,即当遇到 SBN 指令时,程序将返回到起始点。

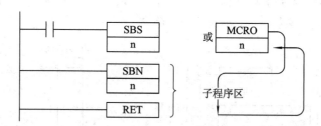

图 4 - 12 SBN 和 RET 指令的功能

SBS 是子程序调用指令,SBN 和 RET 是子程序开始指令和子程序返回指令。所编写的子程序应该在指令 SBN 和 RET 之间。主程序中,在需要调用子程序的地方安排 SBS 指令。若使用非微分指令 SBS,则在执行条件满足时,每个扫描周期都调用一次子程序;若使用微分形式,则只在执行条件由 OFF 变 ON 时调用一次子程序。

特别要注意,在编写程序时,所有子程序必须放在主程序之后、END 之前,否则,当 CPU 扫描程序时,只要见到 SBN 指令就会认为主程序结束。子程序调用过程如图 4 - 13 所示。

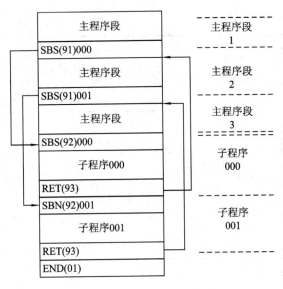

图 4 - 13　子程序调用过程

例 4.1　子程序调用举例如图 4 - 14 所示，试分析程序功能。

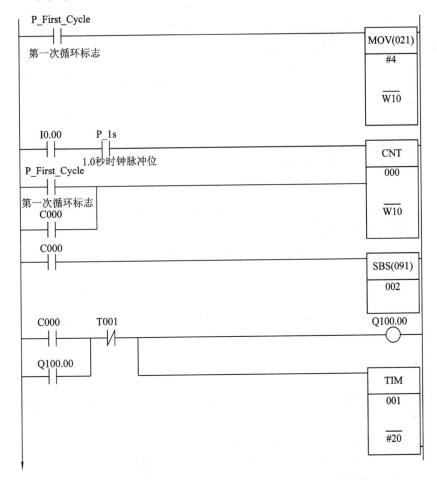

图 4 - 14　子程序调用示例(1)

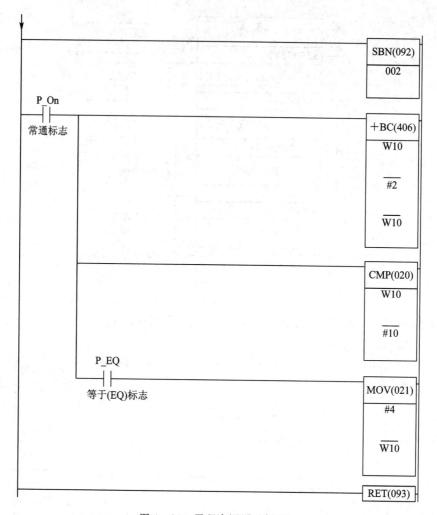

图 4 - 14　子程序调用示例(2)

功能分析：PLC 上电后经过 4 s，CNT000 ON 一个扫描周期，使 100.00 ON(ON 2 s)并第一次调用编号为 002 的子程序。

子程序 002 的功能：首先将 W10 的内容加♯2，然后将 W10 的内容与♯10 进行比较，若等于♯10，则向 W10 传送♯4。

每当计数器 CNT000 ON 时，其设定值就加♯2。所以，100.00 ON 的时间总是 2 s，而 OFF 的时间依次增加 2 s，当第 4 次调用子程序时，CNT000 的设定值又变为♯4，且重复前面程序的执行过程。

三、步进指令

步进指令 STEP 和 SNXT 总是一起使用，以便在一个大型程序中的程序段之间设置断点。每个程序段称为一步，是作为一个整体执行的，一个程序段通常对应实际应用中的一个过程。用步进指令可以按照指定的顺序执行各个程序段，上一程序段执行完以后再执行下一段。在下一段程序段执行之前，CPU 将通过断点复位上一段使用的定时器和数据区，在步

步进指令

程序段里可以重复使用 PLC 的内部资源。

1. 步进指令的格式

步进指令的格式如下：

    STEP   B

    SNXT   B

STEP 指令定义步的开始时，指定控制位。定义步的末尾时，不指定控制位。STEP 指令的梯形图符号如图 4-15 所示。

图 4-15　TEP 指令的梯形图符号

其中，操作数 B 为控制位号，是一个位地址号，表示步序号。

SNXT 指令用来启动步号为 B 的程序段。SNXT 指令的梯形图符号如图 4-16 所示。

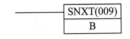

图 4-16　NXT 指令的梯形图符号

2. 功能

STEP 指令用来定义一个程序段的开始，它无需执行条件，其执行与否是由控制位来决定的。SNXT 指令用来启动步号为 B 的程序段，SNXT 指令必须写进程序中，并置于 STEP 之前的位置。

(1) STEP(008)指令列以下两种方式的作用取决于它的位置和控制位是否被指定。

① 开始一个指定的步。

② 结束该步程序区(例如步执行)。

(2) SNXT(009)指令用于下列三种情况：

① 开始步程序执行。

② 继续到下一个步的控制位。

③ 结束步程序执行。

步进指令编程应用

3. 说明

(1) B 的取值必须在同一个字中，并且要连续。

(2) 如果控制位 B 在 HR 或 AR 区中，则可以进行掉电保护。

(3) 步程序段的内部编程同普通程序一样，但指令 END、IL/ILC、JMP/JME、SBN 不能用在步程序段中。

◆ **技能训练考核评分标准**

本项工作任务的评分标准如表 4-2 所示。

表 4-2 评 分 标 准

项目	配分	考核要求	扣分标准	扣分记录	得分
工作任务 1　机械手的 PLC 控制					
组别：			组员：		
电路设计	40 分	根据给定的控制电路图，列出 PLC 输入/输出元件地址分配表，设计梯形图及 PLC 输入/输出接线图，根据梯形图列出指令表	(1) 输入/输出地址遗漏或写错，每处扣 2 分； (2) 梯形图表达不正确或画法不规范，每处扣 3 分； (3) 接线图表达不正确或画法不规范，每处扣 3 分； (4) 指令有错误，每条扣 2 分		
安装与接线	30 分	按照 PLC 输入/输出接线图在模拟配线板上正确安装元件，元件在配线板上布置要合理，安装要准确紧固。配线美观，下入线槽中要有端子标号	(1) 元件布置不整齐、不均匀、不合理，每处扣 1 分； (2) 元件安装不牢固、安装元件时漏装螺钉，每处扣 1 分； (3) 损坏元件，扣 5 分； (4) 电动机运行正常，如不按电路图接线，扣 1 分； (5) 布线不入线槽、不美观，主电路、控制电路每根扣 0.5 分； (6) 接点松动、露铜过长、反圈、压绝缘层，标记线号不清楚、遗漏或误标，每处扣 0.5 分； (7) 损伤导线绝缘或线芯，每根扣 0.5 分； (8) 不按 PLC 控制 I/O 接线图接线，每处扣 2 分		
程序输入与调试	20 分	熟练操作，能正确地将所编写的程序下载到 PLC；按照被控设备的动作要求进行模拟调试，直至达到设计要求	(1) 不能熟练录入指令，扣 2 分； (2) 不会使用删除、插入、修改等命令，每项扣 2 分； (3) 一次试车不成功扣 4 分，二次试车不成功扣 8 分，三次试车不成功扣 10 分		
安全文明工作	10 分	(1) 安全用电，无人为损坏仪器、元器件和设备； (2) 保持环境整洁，秩序井然，操作习惯良好； (3) 小组成员协作和谐，态度正确； (4) 不迟到、不早退、不旷课	(1) 发生安全事故，扣 10 分； (2) 人为损坏设备、元器件，扣 10 分； (3) 现场不整洁、工作不文明、团队不协作，扣 5 分； (4) 不遵守考勤制度，每次扣 2～5 分		
总分：					

✎ 工程素质技能训练

1. 控制要求

　　某台设备具有自动和手动两种操作方式，SB3 是操作方式选择开关，当 SB3 处于断开状态时，选择手动方式；当 SB3 处于接通状态时，选择自动方式。不同操作方式的过程如下所述：

（1）手动方式：按下启动按钮 SB2，电动机运转；按下停止按钮 SB1，电动机停止运转。

（2）自动方式：按下启动按钮 SB2，电动机运转 1 min 后自动停止；按下停止按钮 SB1，电动机立即停止运转。

2. 训练内容

（1）写出 I/O 分配表；

（2）绘制 PLC 控制系统硬件接线图；

（3）根据控制要求设计梯形图程序；

（4）输入程序并调试；

（5）安装、运行控制系统；

（6）汇总整理文档，保留工程文件。

工作任务 2　自动售货机的 PLC 控制

　**教学导航**

【能力目标】

（1）能完成 PLC 组成系统的硬件接线；

（2）会用高速计数器指令进行定位控制编程；

（3）能用高速脉冲输出指令对步进电机的控制进行编程；

（4）能完成自动售货机控制系统装置的设计、装配、调试运行任务。

【知识目标】

（1）掌握高速计数器指令的功能及应用；

（2）掌握高速脉冲输出指令的使用方法；

（3）理解中断指令的应用。

任务引入

自动售货机目前应用很广泛。自动售货机控制系统由储货仓储、出物控制系统、取物口和数显区、投币口、退币口等构成。自动售货机系统实物结构示意图如图 4-17 所示。

自动售货机的
PLC 控制

用 PLC 对自动售货机进行控制，控制要求如下：

（1）自动售货机可投入 1 元、5 元、10 元人民币。

（2）自动售货机可售果汁和啤酒两种饮料，果汁每瓶 12 元，啤酒每瓶 15 元。

（3）当投入的人民币总值等于或超过 12 元时，果汁指示灯亮；当投入的人民币总值等于或超过 15 元时，果汁和啤酒指示灯都亮。

（4）当果汁指示灯亮时，按果汁按钮，售货机输出果汁。

（5）当啤酒指示灯亮时，按啤酒按钮，售货机输出啤酒。

（6）若投入人民币总值超过按钮所需的钱数（果汁 12 元，啤酒 15 元），则售货机计算出余额，并且以币值为 1 元的人民币退还，退出多余的钱。

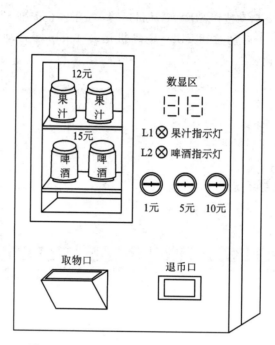

图 4-17 自动售货机系统实物结构示意图

任务分析

要实现自动售货机工作内容的控制要求,售货机应该有计算投入币值,确认可以购买的饮料种类,根据选择输出饮料,并计算余额,根据余额输出硬币退还给消费者等功能。自动售货机功能图如图 4-18 所示。

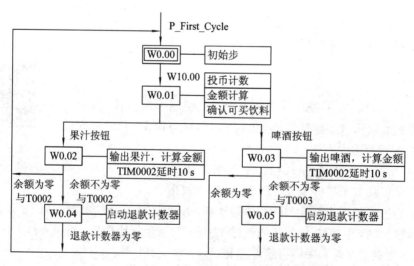

图 4-18 自动售货机的功能图

任务实施

根据自动售货机控制动作要求,实现生活中的自动售货机工作过程。

1. I/O 分配

I/O 分配情况如表 4 - 3 所示。

表 4 - 3 I/O 分配表

输　入		输　出	
输入量	PLC 端子	输出量	PLC 端子
1 元人民币计数	I0.01	果汁指示灯	Q100.00
5 元人民币计数	I0.02	啤酒指示灯	Q100.01
10 元人民币计数	I0.03	输出果汁	Q100.02
果汁选择按钮	I0.04	输出啤酒	Q100.03
啤酒选择按钮	I0.06		
找钱 1 元人民币计数	I0.07		
启动按钮	I1.00		
停止按钮	I1.01		

2. 绘制硬件电路接线图

PLC 硬件接线图如图 4 - 19 所示。

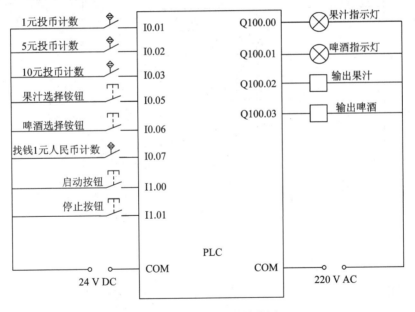

图 4 - 19 PLC 硬件接线图

3. 设计梯形图程序

梯形图中使用的 DM 数据区如表 4 - 4 所示。

表 4 - 4 DM 数据区分配

内容	5 元人民币总钱数	10 元人民币总钱数	5 元和 10 元人民币总钱数	1 元、5 元和 10 元人民币总钱数	余额
数据区	D5	D10	D15	D16	D20

根据控制要求编写梯形图程序，如图 4 - 20 所示。

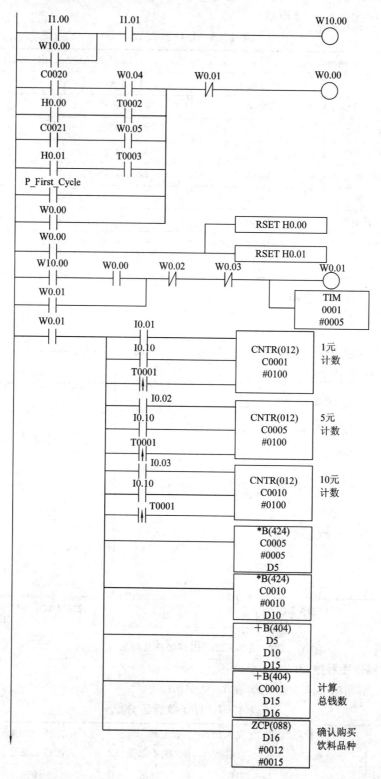

图 4 - 20　自动售货机梯形图(1)

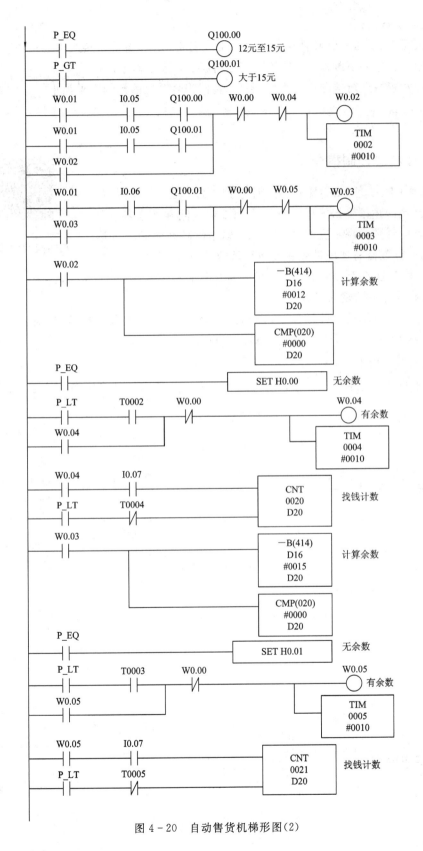

图 4 - 20　自动售货机梯形图(2)

4. 系统运行调试

（1）根据 PLC 的 I/O 硬件接线图完成接线安装，并检查确认接线正确；

（2）输入程序并下载运行，监控程序运行状态，分析程序运行结果；

（3）针对程序运行情况进行系统调试，直到符合系统的控制要求为止。

知识链接

一、高速计数器控制指令

欧姆龙 CP1E 型 PLC 具有高速计数器功能。普通计数器对外部事件计数的频率受扫描周期及输入滤波器时间常数限制，而高速计数器的计数频率不受两者的影响，单相最高计数频率可达 5 kHz。高速计数器有递增计数和递减计数两种模式，与中断功能

高速计数器控制指令

一起使用，可实现不受扫描周期影响的目标值比较控制和区域比较控制。

1. 高速计数器的输入模式

脉冲编码器发出的脉冲信号输入到高速计数器，其输入有四种模式：增量脉冲输入、位相差输入（4×）、增/减脉冲输入、脉冲＋方向输入。

1）增量脉冲输入

增量脉冲输入对单相脉冲输入信号进行计数。此模式仅可使用加法计数，如图 4-21 所示。

增加计数的条件

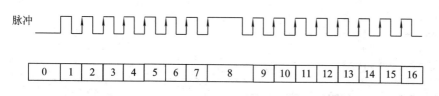

脉冲	计数值
OFF→ON	增加
ON	无变更
ON→OFF	无变更
OFF	无变更

• 仅对上升沿进行计数

图 4-21 增量脉冲输入模式

2）位相差输入（4×）

位相差输入使用 2 相的信号（A 相和 B 相），并根据位相差（4×）的状态进行增/减计数，如图 4-22 所示。

增加/减少计数的条件

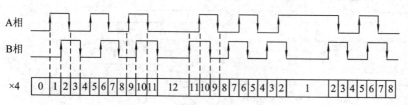

A相	B相	计数值
ON→OFF	OFF	增加
ON	OFF→ON	增加
ON→OFF	ON	增加
OFF	ON→OFF	增加
OFF	OFF→ON	减少
OFF→ON	ON	减少
ON	ON→OFF	减少
ON→OFF	OFF	减少

图 4-22 位相差输入模式（4×）

3）增/减脉冲输入

增/减脉冲输入使用增量脉冲和减量脉冲这 2 个信号进行计数，如图 4-23 所示。

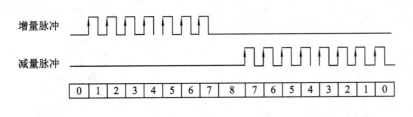

增加/减少计数的条件

增量脉冲	减量脉冲	计数值
OFF→ON	OFF	减少
ON	OFF→ON	增加
ON→OFF	ON	无变更
OFF	ON→OFF	无变更
OFF	OFF→ON	增加
OFF→ON	ON	减少
ON	ON→OFF	无变更
ON→OFF	OFF	无变更

· 增量脉冲时计数器增加计数，减量脉冲时
　计数器减少计数
· 仅对上升沿进行计数

图 4-23　增/减脉冲输入模式

4）脉冲＋方向输入

脉冲＋方向输入使用方向信号和脉冲信号，根据方向信号的状态（ON/OFF）进行增加/减少计数，如图 4-24 所示。

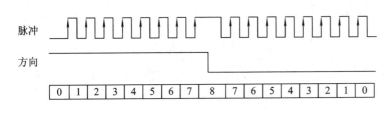

增加/减少计数的条件

方向	脉冲	计数值
OFF→ON	OFF	无变更
ON	OFF→ON	增加
ON→OFF	ON	无变更
OFF	ON→OFF	无变更
OFF	OFF→ON	减少
OFF→ON	ON	无变更
ON	ON→OFF	无变更
ON→OFF	OFF	无变更

· 方向信号为ON时计数器增加计数，方向
　信号为OFF时计数器减少计数
· 仅对上升沿进行计数

图 4-24　脉冲＋方向输入模式

2. 高速计数器的复位方式

将高速计数器的当前值（PV）设定为 0 时，即称为复位。高速计数器的复位有以下两种方式。

1）Z 相信号＋软件复位

在相应高速计数器复位位（A531.00～A531.05）置 ON 的状态下，当 Z 相信号（复位输入）从 OFF 转为 ON 时，对高速计数器当前值（PV）进行复位。CPU 单元只在整个处理过程中在 PLC 循环开始时对高速计数器复位标志的 ON 状态认可。因此，当梯形图程序中复位位置 ON 时，Z 相信号要一直到下一 PLC 循环时才生效。Z 相信号＋软件复位过程如图 4-25 所示。

注：如果指定一增量计数器，则不可使用 Z 相信号，仅可使用软件复位。

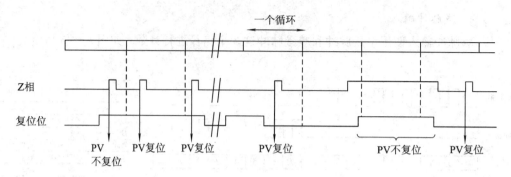

图 4-25   Z 相信号＋软件复位过程

2）软件复位

当相应高速计数器复位位（A531.00～A531.05）置 ON 时，对高速计数器当前值（PV）进行复位。CPU 单元只在整个处理中在 PLC 循环的开始时对高速计数器复位标志的 OFF →ON 切换认可，同时执行复位处理。因此，同一循环内的中途变更将无法得到执行。软件复位过程如图 4-26 所示。

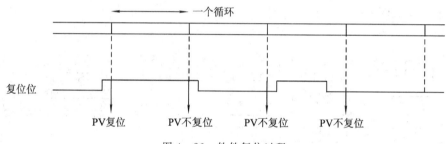

图 4-26   软件复位过程

当计数器复位时可将比较运行设定为停止或继续。通过此操作，当计数器复位时，可从计数器当前值为 0 的状态开始再次进行比较运行。

3. 高速计数器的设定

高速计数器在使用前必须先进行设定，即对高速计数器的输入设定、计数模式及复位方式进行设定。CIO0 端子台的端子 00～06 可用于高速计数器，高速计数器 0～5 对应端子 00～06。如果指定了增量脉冲输入，则仅可使用软件复位。当 PLC 设置传送后，必须要重启电源，以使高速计数器设定生效。具体设定选项如表 4-5 所示。

表 4-5   高速计数器设定选项

项　目		设　　定
使用高速计数器 0～5	使用高速计数器	对各计数器，选择"使用高速计算器"（Use high speed counter）选项
	计数模式	选择线性模式或环形模式
	循环计算最大值 （环形计数最大值）	如果选择了环形模式，则设定环形计数最大值 0～4 294 967 295 十进制
	复位	·Z 相和软件复位　　　　　　·软件复位 ·Z 相和软件复位（连续比较）　·软件复位（连续比较）
	输入设定	·位相差输入（4×）　　　　　·脉冲＋方向输入 ·增/减脉冲输入　　　　　　　·增量脉冲输入

4. 高速计数器的计数模式

高速计数器可选择使用线性模式和环形模式两种计数模式。其中，线性模式为在固定范围内进行计数，环形模式为在任意设定的最大值范围内进行计数。

1）线性模式

可在上/下限值的范围内，对输入脉冲进行计数。如果脉冲计数超出了上/下限值，则会发生上溢/下溢的情况并停止计数，如图4-27所示。

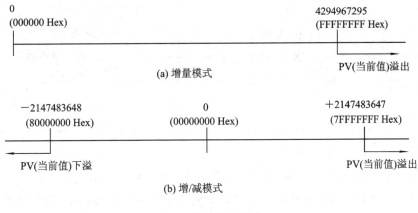

图4-27 线性模式

2）环形模式

在设定范围内的循环中对输入脉冲进行计数。如果增量计数值到达了环形计数最大值，则将自动复位为0后再继续增量计数；如果减量计数值到达了0，则将自动复位为环形计数最大值后再继续减量计数。因此，在环形模式下，不会发生计数上溢/下溢的情况，如图4-28所示。

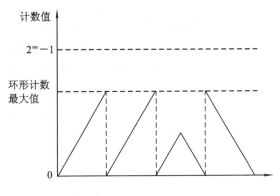

图4-28 环形模式

通过PLC设置对环形计数最大值(Circular Max. Count)进行设定。环形计数最大值的设定范围为00000001～FFFFFFFF hex(1～4 294 967 295 十进制)。

5. 高速计数器的中断功能

CP1E型PLC的CPU单元的所有型号都可使用高速计数器中断功能。对以CPU单元内置高速计数器输入的脉冲进行计数，当计数值到达预设值或进入预设范围(目标值或区域比较)时执行中断任务。通过CTBL指令，可对中断任务0～15进行分配，对高速计数器的比较值与中断任务(0～15)启动进行设定,如表 4 - 6 所示。通过 INI 指令开始比较,可在使用 CTBL 指令登记比较值的同时开始比较。

表 4 - 6　高速计数器的中断设定

PLC 设置的 "内置输入"(Built-in)选项卡设定		指令	CTBL 端口指定(C1)	中断任务编号
高速计数器 0	选中"使用高速计数器"	CTBL	♯0000	0～15(由用户指定)
高速计数器 1			♯0001	
高速计数器 2			♯0002	
高速计数器 3			♯0003	
高速计数器 4			♯0004	
高速计数器 5			♯0005	

1) 高速计数器当前值比较的方式

高速计数器当前值(PV)比较有目标值比较和范围比较两种方式。

(1) 目标值比较。当高速计数器当前值(PV)与表中登录的目标值一致时,将开始执行指定的中断任务。将比较条件(目标值、计数方向)及中断任务编号的组合登录到比较表,当高速计数器的当前值(PV)与登录的目标值一致时,将执行指定的中断任务。目标值比较根据比较表中的设定顺序执行。完成一次比较表的循环执行后,再次返回比较表开头并等待下一次的首目标值一致。

最多可将 6 个目标值(1～6)登录到比较表。对于各个目标值,可逐个登录中断任务。即使在目标值比较运行中高速计数器当前值(PV)发生了变更,也会按照已变更的值执行目标值一致比较。

(2) 范围比较。当高速计数器当前值(PV)在上/下限值指定的范围内时,执行指定的中断任务。对应相应的中断任务编号,将比较条件(范围的上/下限值)登录在比较表中。当高速计数器当前值(PV)在指定范围内(下限值≤ PV (当前值)≤上限值)时,将执行指定的中断任务一次。

可在比较表中登录 6 个范围(上/下限值),范围可重叠,并可对各范围分别登录不同的中断任务。计数器当前值(PV)与 6 个范围的值进行比较,每次循环中进行一次,仅当比较条件符合时,执行中断任务一次。

2) 高速计数器中断功能的指令

CP1E 型 PLC 与高速计数器中断功能有关的指令有三条,分别介绍如下:

(1) 比较表指令(CTBL)。通过 CTBL 指令比较高速计数器(0～5)的当前值(PV)与目标值或范围,当指定条件符合时,执行相应的中断任务(0～15)。

① CTBL 指令的格式如下:

```
CTBL    P
        C
        TB
```

比较表指令(CTBL)的梯形图符号如图 4-29 所示。

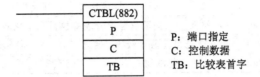

图 4-29 CTBL 指令的梯形图符号

② CTBL 指令的功能。当执行条件为 ON 时,登记一个用于高速计数器的比较表,根据 C 的值,同高速计数器的当前值比较可以立即启动,也可以用 INI 指令单独启动。登记比较表,并对高速计数器 0～5 的当前值(PV)执行比较。当执行条件置 ON 时,将执行 0～15 之间的中断任务。CTBL 指令的功能如图 4-30 所示。

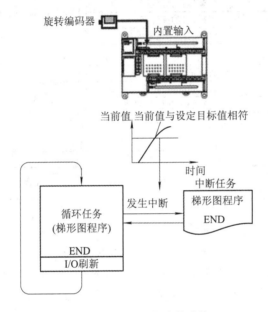

图 4-30 CTBL 指令的功能

CTBL 指令操作数 P:端口指定,如表 4-7 所示。

表 4-7 操作数 P 端口指定

0000 hex	高速计数器 0
0001 hex	高速计数器 1
0002 hex	高速计数器 2
0003 hex	高速计数器 3
0004 hex	高速计数器 4
0005 hex	高速计数器 5

操作数 C:控制数据,如表 4-8 所示。

表 4－8　操作数 C 控制数据

0000 hex	登记目标值比较表并开始比较
0001 hex	登记范围比较表并执行一个比较
0002 hex	登记目标值比较表。通过 INT(880)指令开始比较
0003 hex	登记范围比较表。通过 INT(880)指令开始比较

操作数 TB：比较表首字。比较表的结构取决于执行的比较类型。

对于目标值比较，比较表的长度由 TB 中指定的目标值决定，如图 4－31 所示，表的长度为 4～19 字。

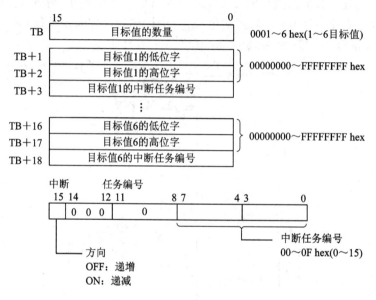

图 4－31　目标值比较表首字

对于范围比较，比较表总是包含 6 个范围。如图 4－32 所示，表的长度为 30 字。如果无需设定 6 个范围，则将所有未使用范围的中断任务编号设为 FFFFhex。

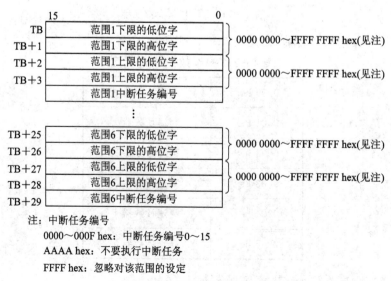

注：中断任务编号

0000～000F hex：中断任务编号0～15

AAAA hex：不要执行中断任务

FFFF hex：忽略对该范围的设定

图 4－32　范围比较表首字

注：必须将任一范围的上限设为大于或等于下限。

③ 说明。有下列情况之一时出错标志位 25503 为 ON，此时该指令不执行。

a. 高速计数器的设置有错误。

b. 间接寻址 DM 通道不存在。

c. 比较表超出数据区边界，或比较表的设置有错误。

d. 当主程序中执行脉冲 I/O 或高速计数器指令时，中断子程序中执行了 INI 指令。

（2）操作模式控制指令（INI）。INI 指令可用于通过高速计数器比较表开始和停止比较。通过 INI 指令开始和停止比较前，先通过 CTBL 指令登录目标值和区域比较表。如果在登录比较表的同时开始比较，则高速计数器中断将始终为有效，无须使用 INI 指令，只需变更高速计数器的当前值（PV）。

① INI 指令的格式如下：

INI   P
         C
         NV

INI 指令的梯形图符号如图 4-33 所示。

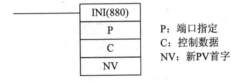

P：端口指定
C：控制数据
NV：新PV首字

图 4-33 INI 指令的梯形图符号

② 功能。当执行条件为 ON 时，INI 指令用于控制高速计数器的操作或停止脉冲输出，其功能由控制字 C 的值来决定。

INI 指令的功能如图 4-34 所示。

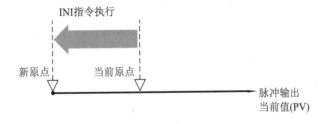

图 4-34 INI 指令的功能

INI(880)指令可用于执行以下操作：

a. 开始或停止高速计数器当前值（PV）与通过 CTBL 登记的目标值进行比较。

b. 变更高速计数器的 PV 值。

c. 变更脉冲输出的 PV 值（原点固定为 0）。

d. 停止脉冲输出。

例如：将当前位置设定为原点，如图 4-35 所示。

INI 指令操作数 P：端口指定，如表 4-9 所示。

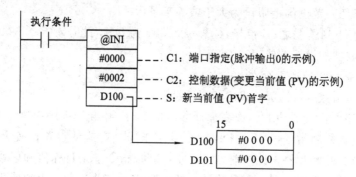

图 4 - 35 将当前位置设定为原点

表 4 - 9 操作数 P 端口指定

0000 hex	脉冲输出 0
0001 hex	脉冲输出 1
0010 hex	高速计数器 0
0011 hex	高速计数器 1
0012 hex	高速计数器 2
0013 hex	高速计数器 3
0014 hex	高速计数器 4
0015 hex	高速计数器 5
1000 hex	PWM(891)输出 0

操作数 C：控制数据，如表 4 - 10 所示。

表 4 - 10 操作数 C 控制数据

0000 hex	开始比较
0001 hex	停止比较
0002 hex	变更当前值(PV)
0003 hex	停止脉冲输出

NV：新当前值(PV)首字。

如果 C 为 0002hex（即变更当前值(PV)），NV 和 NV＋1 保存新 PV；若 C 不为 0002hex，则忽略任何 NV 和 NV＋1 中的值，如图 4 - 36 所示。

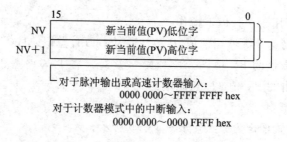

图 4 - 36 新当前值(PV)首字

③ 说明。有下列情况之一时出错标志位 25503 为 ON，此时该指令不执行。

a. 操作数设置有错误。

b. 间接寻址 DM 通道不存在。

c. NV+1 超出取值区域。

d. 当主程序中执行脉冲 I/O 或高速计数器指令时，中断子程序中执行了 INI 指令。

（3）当前值读出指令（PRV）。高速计数器的当前值存放在 248CH、249CH 中的内容也可以用 PRV 指令读出。

① PRV 指令的格式如下：

    PRV

       P

       C

       D

当前值读出指令的梯形图符号如图 4-37 所示。

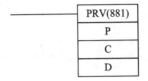

P：端口指定
C：控制数据
D：目的首字

图 4-37　PRV 指令的梯形图符号

② PRV 指令的功能。当执行条件为 ON 时，高速计数器的当前值读出并传送至目的地的通道 D、D+1 中，低 4 位数存放在 D 中，高 4 位数存放在 D+1 中。

PRV 指令操作数 P：端口指定，如表 4-9 所示。

操作数 C：控制数据，如表 4-11 所示。

表 4-11　操作数 C 控制数据

0000 hex	读取当前值（PV）
0001 hex	读取状态
0002 hex	读取范围比较结果
00□3 hex	P=0000 或 0001：读取脉冲输出 0 或脉冲输出 1 的输出频率 C=0003 hex P=0010：读取高速计数器输入 0 的频率 C=0013 hex：10 ms 采样方式 C=0023 hex：100 ms 采样方式 C=0033 hex：1 s 采样方式

操作数 D：目的首字，如图 4-38 所示。

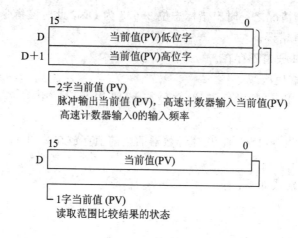

图 4 - 38　目的首字

③ 说明。有下列情况之一时出错标志位 25503 为 ON，此时该指令不执行。

a. 操作数设置有错误。

b. 间接寻址 DM 通道不存在。

c. D+1 超出取值区域。

d. 当主程序中执行脉冲 I/O 或高速计数器指令时，中断子程序中执行了 INI 指令。

二、脉冲输出控制指令

欧姆龙 PLC 具有单相脉冲输出的功能，可以从 0000 或 0001 某一点输出脉冲。脉冲输出可以设置成连续模式或独立模式。在连续模式下，由指令控制脉冲输出停止；在独立模式下，当输出的脉冲数达到指定的数目时，脉冲输出停止。

脉冲输出控制指令

1. 设置脉冲指令（PULS）

PULS 指令设定输出脉冲编号。通过在单独模式下使用 SPED（885）或 ACC（888）指令，在程序中开始实际的脉冲输出。PULS 指令的梯形图符号如图 4 - 39 所示。

PULS 指令操作数 P：端口指定，如表 4 - 12 所示。

表 4 - 12　操作数 P 端口指定

0000 hex	脉冲输出 0
0001 hex	脉冲输出 1

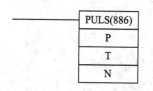

P：端口指定
T：脉冲类型
N：脉冲编号

图 4 - 39　PULS 指令的梯形图符号

操作数 T：脉冲类型，如表 4 - 13 所示。

表 4 - 13　操作数 T 脉冲类型

0000 hex	相对
0001 hex	绝对

操作数 N：脉冲编号，如图 4 - 40 所示。

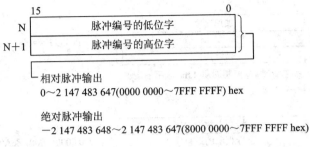

图 4 - 40　脉冲编号

2. 脉冲输出指令(PLS2)

脉冲输出指令(PLS2)的梯形图符号如图 4 - 41 所示。

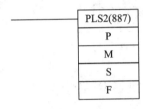

图 4 - 41　PLS2 指令的梯形图符号

根据时间图表执行梯形位置控制，设定目标频率、起始频率、加/减速率和方向，如图 4 - 42 所示。

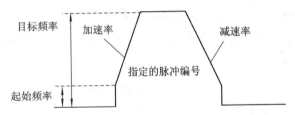

图 4 - 42　执行梯形位置控制

PLS2 指令操作数 P：端口指定，如表 4 - 12 所示。

操作数 M：输出模式，如图 4 - 43 所示。

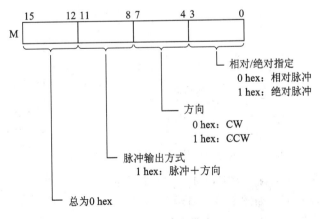

图 4 - 43　输出模式

操作数 S：设定表首字，如图 4-44 所示。

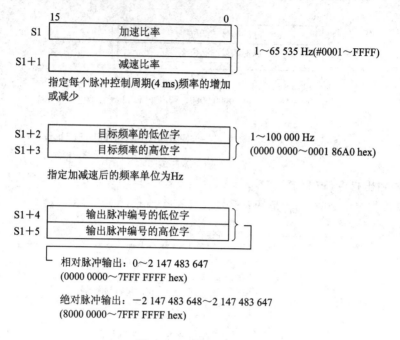

图 4-44 设定表首字

操作数 F：起始频率首字。在 F 和 F+1 中给出起始频率，如图 4-45 所示。

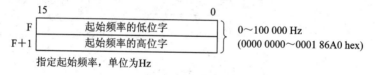

图 4-45 起始频率首字

3. 速度输出指令(SPED)

SPED 指令的梯形图符号如图 4-46 所示。

SPED 指令对指定端口设定输出脉冲频率，开始不带加减速的脉冲输出，如图 4-47 所示。

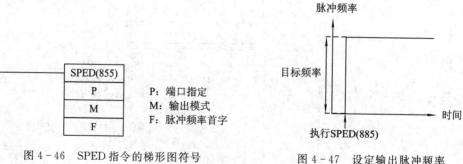

图 4-46 SPED 指令的梯形图符号

图 4-47 设定输出脉冲频率

SPED 指令操作数 P：端口指定，如表 4-12 所示。

操作数 M：输出模式，如图 4-48 所示。

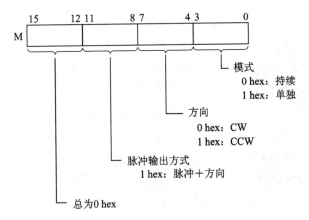

图 4-48　输出模式

操作数 F：脉冲频率首字。脉冲频率 F 和 F+1 的值如图 4-49 所示，单位为 Hz。

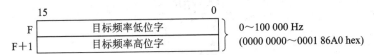

图 4-49　脉冲频率首字

4. 加速控制指令(ACC)

ACC 指令的梯形图符号如图 4-50 所示。

ACC 指令使用指定的加减速率在指定频率下输出脉冲到指定输出端口，如图 4-51 所示。

图 4-50　ACC 指令的梯形图符号

图 4-51　加/减速率示意图

ACC 指令操作数 P：端口指定，如表 4-12 所示。

操作数 M：输出模式，如图 4-48 所示。

操作数 S：设定表首字，如图 4-52 所示。

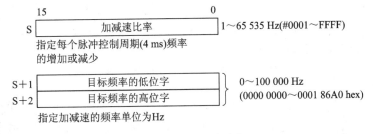

图 4-52　设定表首字

5. 可变占空比脉冲指令(PWM)

PWM 指令的梯形图符号如图 4-53 所示。

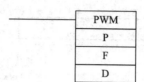

PWM
P
F
D

P：端口指定
F：频率
D：占空比

图 4-53 PWM 指令的梯形图符号

PWM 脉冲指令可按指定占空比输出。占空比是指在一个脉冲周期内脉冲的 ON 时间与 OFF 时间的比率。使用 PWM 指令从内置输出中产生 PWM 脉冲，在脉冲输出期间可以变更占空比，如图 4-54 所示。

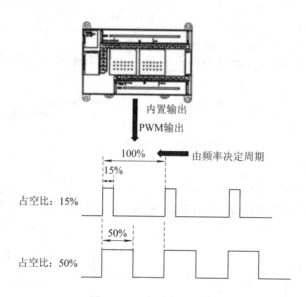

图 4-54 变更占空比脉冲

PWM 指令操作数 P：端口指定，如表 4-14 所示。

表 4-14 操作数 P 端口指定

1000 hex	PWM 输出 0(占空比：以 1% 为单位，频率为 0.1 Hz)
1100 hex	PWM 输出 0(占空比：以 1% 为单位，频率为 1 Hz)

操作数 F：频率。F 为在 2.0 和 6 553.5 Hz 之间(单位为 0.1 Hz，0014～FFFF hex)，或 2 和 32 000 Hz 之间(单位为 2 Hz，0002～7D00hex)指定 PWM 的频率。

操作数 D：占空比。D 取 0.0%～100.0%(单位为 0.1%，0000～03E8 hex)。

D 指定 PWM 输出的占空比，即输出为 ON 的时间百分比。

三、中断控制指令

欧姆龙 CP1E 型 PLC 的 CPU 单元通常根据以下顺序重复处理执行过程：检查处理、程序执行、I/O 刷新、外设服务。在程序执行期间，执行循环任务(梯形图程序)。但另一方面，通过中断功能的使用，可在指定条件下中断一循环并执行指定的程序。通过使用中断控制指令，

中断控制指令

可以执行不受循环时间限制的高速处理。当发生中断时，CP1E 型 PLC 将会执行下列处理。中断处理过程如图 4-55 所示。

（1）当发生中断时，循环任务中的梯形图程序执行中断。

（2）执行中断任务中的梯形图程序。

（3）当中断任务完成时，返回中断发生前正在执行的梯形图程序。

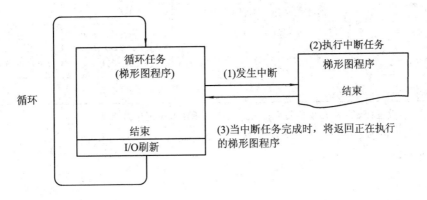

图 4-55　中断处理过程

根据中断原因，可将中断分为以下三类：

（1）CPU 单元内置输入状态的变更，即输入中断；

（2）通过内部定时器指定的中断间隔，即定时中断；

（3）高速计数器的 PV（当前值），即高速计数器中断。

CP1E 型 PLC 具有输入中断、定时器中断以及高速计数器中断功能。执行中断时，立即停止执行主程序，并产生一个断点，然后转去执行中断子程序，执行完中断子程序后，再返回主程序断点执行主程序。

中断的优先级如下：输入中断＞定时中断＞高速计数器中断。输入中断、定时中断、高速计数器中断的中断任务优先顺序不同。因此，如果当中断任务 A（如输入中断）执行时，发生中断任务 B（如定时中断），则将继续执行中断任务 A，直到中断任务 A 执行完成后再执行中断任务 B。

高速计数器中断是指高速计数器的计数当前值与比较值相等时产生中断，或者当前值落在一定范围内时产生中断，具体可参见高速计数器指令相关内容。

1. 输入中断控制指令（MSKS）

CP1E 型 PLC CPU 单元的所有型号都可使用中断输入功能。当 CPU 单元的内置输入置 ON 或置 OFF 时，可执行相应的中断任务。通过 CX-Programmer 软件将 PLC 设置的内置输入选项卡上 IN2～IN7 设定为中断输入，CIO0 端子台的端子 02～07 可用于中断输入。位 CIO0.02～CIO0.07 对应端子 02～07，在中断任务中写入程序，中断任务 2～7 对应中断输入 IN2～IN7。中断输入设定如表 4-15 所示。

表 4 - 15　中断输入设定

中断输入设定		对应位地址	定时中断任务编号
IN2	对 IN2~IN7 选择"中断" (Interrupt)	CIO 0.02	2
IN3		CIO 0.03	3
IN4		CIO 0.04	4
IN5		CIO 0.05	5
IN6		CIO 0.06	6
IN7		CIO 0.07	7

注：当 PLC 设置传送后，必须要重启电源，以使中断输入设定生效。

（1）输入中断控制指令（MSKS）的格式如下：

```
MSKS
    N
    C
```

MSKS 指令的梯形图符号如图 4 - 56 所示。

MSKS(690)	
N	N：中断编号
C	C：控制数据

图 4 - 56　MSKS 指令的梯形图符号

（2）功能：对 I/O 中断或定时中断设置中断处理。在 PLC 刚上电时，I/O 中断和定时中断都被屏蔽（禁止）。MSKS 指令可用于非屏蔽或屏蔽 I/O 中断，如图 4 - 57 所示。

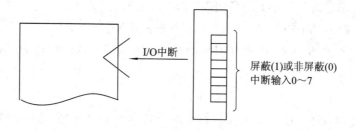

图 4 - 57　MSKS 指令的非屏蔽或屏蔽 I/O 中断

非屏蔽或屏蔽 I/O 中断指定 MSKS 指令的操作数（N 和 C），如表 4 - 16 所示。

表 4 - 16　MSKS 指令的操作数

端　　子	对应位地址	PLC 设置上的"内置输入" (Built-in Input)选项卡	中断任务编号	操作数 N 中断编号指定	操作数 C 指定检测 ON/OFF
CIO 0 端子台上 02	CIO 0.02	中断输入 IN2	2	112	
CIO 0 端子台上 03	CIO 0.03	中断输入 IN3	3	113	
CIO 0 端子台上 04	CIO 0.04	中断输入 IN4	4	114	＃0000： 检测 ON ＃0001： 检测 OFF
CIO 0 端子台上 05	CIO 0.05	中断输入 IN5	5	115	
CIO 0 端子台上 06	CIO 0.06	中断输入 IN6	6	116	
CIO 0 端子台上 07	CIO 0.07	中断输入 IN7	7	117	

MSKS(690)指令可用于设置定时中断的时间间隔,如图 4 - 58 所示。定时中断通过 CPU 单元的内部定时器,在固定的间隔时间操作执行中断任务。

图 4 - 58　设置定时中断的时间间隔

通过 MSKS 指令可指定定时中断间隔,设定为 1 ms 或以上。指定 MSKS 的 N 为 4 或 14。指定 MSKS 操作数(N 和 C)如表 4 - 17 所示。

表 4 - 17　MSKS 操作数

MSKS 操作数	
N	C
中断编号	定时中断间隔控制数据
定时中断(中断任务 1) 14:复位和重启 4:复位和重启	0 十位制:禁止中断(停止内部定时器) 10~9.999 十进制:允许中断(复位内部定时器 并以 1.0~999.9 ms 的中断间隔启动定时器)

MSKS 指令指定定时中断间隔的设定其具体应用如图 4 - 59 所示。

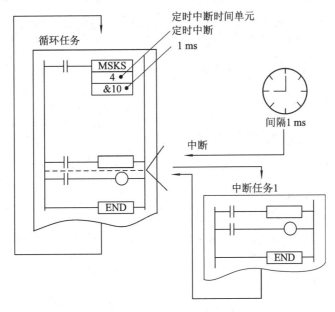

图 4 - 59　MSKS 指令定时中断功能示例

(3) 说明:

① 将定时中断间隔设定大于执行相应中断任务所需的时间。

② 如果缩短中断时间设定并增加定时中断任务的执行频率,需注意由于循环时间的

增加，将会影响循环任务的执行时间。

③ 如果发生定时中断时正在执行其他中断任务（如输入中断、高速计数器中断），则首先应完成其他中断任务的执行，然后再执行定时任务。即使在这种情况下，内部定时器的计时也是并列持续执行的，因此，不会发生定时中断任务的执行延迟。

④ 在定时中断启动时不变更定时中断间隔，在定时中断停止时可变更定时中断间隔的设定。

2. 清除中断指令（CLI）

（1）清除中断指令（CLI）的格式如下：

    CLI   N
              C

CLI 指令的梯形图符号如图 4-60 所示。

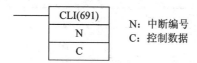

图 4-60　CLI 指令的梯形图符号

（2）功能：对 I/O 中断清除或保留已记录的中断输入，或对定时中断设定首次定时中断的时间，如图 4-61 所示。

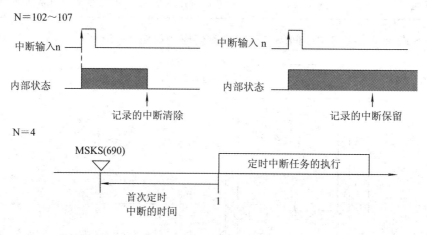

图 4-61　CLI 指令的功能

3. 禁止中断指令（DI）和允许中断指令（EI）

禁止中断指令（DI）表示所有的中断任务都禁止执行。允许中断指令（EI）表示允许执行所有由 DI（693）所禁止的中断任务。

（1）DI 和 EI 的梯形图符号如图 4-62 所示。

图 4-62　DI 和 EI 指令梯形图符号

（2）DI 和 EI 指令功能应用如图 4-63 所示。

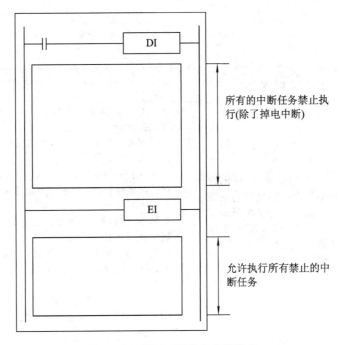

图 4-63 DI 和 EI 指令功能应用

（3）说明：

① 如果中断任务与被中断指令的操作数之一使用的 I/O 存储器地址重复，则当处理返回循环任务，存储的数据恢复时，数据可能被覆盖。

② 处理期间为防止某些指令执行中断，可在其指令前后插入 DI/EI 指令。通过在指令前插入 DI/EI 指令，以禁止中断执行；在指令后插入 DI/EI 指令，以允许中断再次执行。

③ 通常情况下，在发生中断时，即使循环任务中指令正在执行，循环任务执行也将被立即中断，并保存处理中的数据。直到中断任务完成后，再通过保存的数据继续执行中断处理发生前的循环任务。

技能训练考核评分标准

本项工作任务的评分标准如表 4-18 所示。

表 4-18 评 分 标 准

工作任务 2 自动售货机的 PLC 控制					
组别：			组员：		
项目	配分	考核要求	扣分标准	扣分记录	得分
电路设计	40 分	根据给定的控制电路图列出 PLC 输入/输出元件地址分配表，设计梯形图及 PLC 输入/输出接线图，根据梯形图列出指令表	（1）输入/输出地址遗漏或写错，每处扣 2 分； （2）梯形图表达不正确或画法不规范，每处扣 3 分； （3）接线图表达不正确或画法不规范，每处扣 3 分； （4）指令有错误，每条扣 2 分		

工作任务 2 自动售货机的 PLC 控制					
组别：			组员：		
项目	配分	考核要求	扣分标准	扣分记录	得分
安装与接线	30分	按照 PLC 输入/输出接线图在模拟配线板上正确安装元件，元件在配线板上布置要合理，安装要准确紧固。配线美观，下入线槽中要有端子标号	(1) 元件布置不整齐、不均匀、不合理，每处扣1分； (2) 元件安装不牢固、安装元件时漏装螺钉，每处扣1分； (3) 损坏元件，扣5分； (4) 电动机运行正常，如不按电路图接线，扣1分； (5) 布线不入线槽、不美观，主电路、控制电路每根扣0.5分； (6) 接点松动、露铜过长、反圈、压绝缘层，标记线号不清楚、遗漏或误标，每处扣0.5分； (7) 损伤导线绝缘或线芯，每根扣0.5分； (8) 不按 PLC 控制 I/O 接线图接线，每处扣2分		
程序输入与调试	20分	熟练操作，能正确地将所编写的程序下载到 PLC；按照被控设备的动作要求进行模拟调试，达到设计要求	(1) 不能熟练录入指令，扣2分； (2) 不会使用删除、插入、修改等命令，每项扣2分； (3) 一次调试不成功扣4分，二次调试不成功扣8分，三次调试不成功扣10分		
安全文明工作	10分	(1) 安全用电，无人为损坏仪器、元器件和设备； (2) 保持环境整洁，秩序井然，操作习惯良好； (3) 小组成员协作和谐，态度正确； (4) 不迟到、不早退、不旷课	(1) 发生安全事故，扣10分； (2) 人为损坏设备、元器件，扣10分； (3) 现场不整洁、工作不文明、团队不协作，扣5分； (4) 不遵守考勤制度，每次扣2～5分		
总分：					

⚡ 工程素质技能训练 👉

1. 控制要求

下面介绍自动生产线上不合格产品的分选。某生产线有 5 个工位，如图 4-64 所示。0 号工位是检查站，4 号工位是剔除站。检查结果合格为 0，不合格为 1(由 0.00 输入)。传送到的主动轮上装有信号传感器，产品每移动一个工位，传感器即发出一个脉冲(由 0.01 输入)。当产品被传送到剔除站时，检查结果控制机械手动作(由 1.00 输出)，剔除不合格产品。

图 4-64 自动生产线示意图

2. 训练内容

（1）写出 I/O 分配表；

（2）绘制 PLC 控制系统的硬件接线图；

（3）根据控制要求设计梯形图程序；

（4）输入程序并调试；

（5）安装、运行控制系统；

（6）汇总整理文档，保留工程文件。

思 考 练 习 题

4.1　按下启动按钮，某加热炉送料系统依次完成开炉门、推料、推料机返回和关炉门几个动作，SQ1～SQ4 分别是各动作结束的限位开关，请设计控制系统的梯形图程序。

4.2　设计简易四层升降机的自动控制系统。控制要求：

（1）只有在升降机停止时，才能呼叫升降机。

（2）只能接受一层呼叫信号，先按者优先，后按者无效。

（3）上升、下降或停止能自动判别。

4.3　利用 PLC 做一电机转速检测显示及控制装置，试编写梯形图和指令表。电机上装有一转速检测装置（每转输出 10 个脉冲）。电机转速由 PWM 指令输出控制。试设计一个程序，控制要求：

（1）检测电机转速，并在七段码显示器上显示。

（2）当检测值与给定值不同时改变 PWM 输出，使实际转速与给定值相等。

（3）加上 16 键输入电路，用于输入给定值。

4.4　某动力头按图 4 - 65(a)所示的步骤动作：快进→工进 1→工进 2→快退。输出 M0～M3 在各步的状态如图 4 - 65(b)所示。其中，表中的"1""0"分别表示接通和断开。试设计该动力头运动的梯形图程序，要求设置手动、连续、单周期、单步四种工作方式。

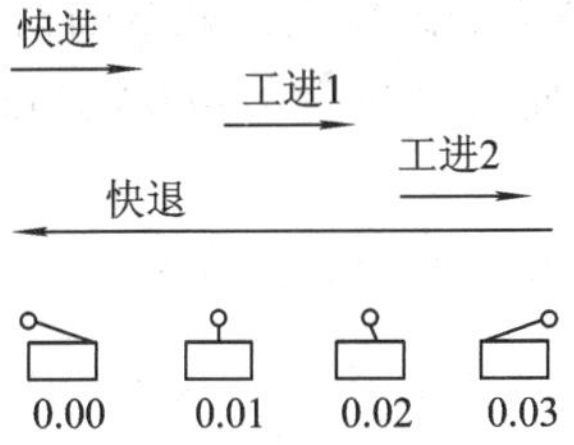

步	M0	M1	M2	M3
快进	0	0	0	0
工进1	1	1	0	0
工进2	0	1	0	0
快退	0	0	1	1

(a)　　　　　　　　　　(b)

图 4 - 65　题 4.4 图

4.5　电动机拖动的运输小车可以向 A、B、C 三个工作位运送物料，如图 4 - 66 所示，其动作过程如下：

（1）第一次，小车把物料送到 A 处并自动卸料 5 s 后返回，返回原位时料斗开关打开，装料 10 s 后料斗开关关闭并启动第二次送料。

（2）第二次，小车把物料送到 B 处并自动卸料 5 s 后返回，返回原位时料斗开关打开，装料 10 s 后，料斗开关关闭并启动第三次送料。

（3）第三次，小车把物料送到 C 处并自动卸料 5 s 后返回，返回原位时料斗开关打开，装料 10 s 后，料斗开关关闭并启动第四次送料（物料送到 A 处）。

此后重复上述送料过程。

试设计一个满足上述控制要求的梯形图程序，要求设置手动、连续、单周期三种工作方式，并画出 PLC 外部接线图。

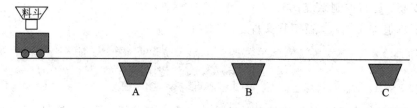

图 4 - 66　题 4.5 图

4.6　使用 PWM 控制指令，根据下述要求编写满足图示时序图的梯形图程序。当按钮 SB 为 ON 时，输出按照图 4 - 67 中所示开始进行 ON - OFF 动作（周期固定为 51.2 ms）。其中的 ON 时间 t 最初从 50% 开始，每经过 2 s 增加 10%，达到 90% 时再依次减少，再次达到 50% 时，重新递增（t：50%→60%→70%→80%→90%→80%→70%→60%→50%→…），按此动作循环往复。此外，当按钮 SB 变为 OFF 时，上述动作停止。

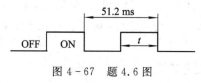

图 4 - 67　题 4.6 图

4.7　物品分选系统如图 4 - 68 所示，传送带由电动机拖动。电动机每转过一定角度 PH1 就发出一个脉冲（步脉冲），对应物品在传送带上会移动一定的距离。系统控制要求如下：

（1）传送带上的物品经过 A 处时，检测头 PH2 对应物品进行检测。若物品属于次品，在物品到达 B 处（B 处与 A 处相距 4 个步脉冲）时，电磁铁线圈接通并动作，将次品推入次品箱。次品经过光电开关 PH3 使之发出信号，记录次品个数并使电磁铁线圈断电。

（2）若物品属于正品，则继续前行，在物品到达 C 处时落入正品箱。正品经过光电开关 PH4 使之发出信号，记录正品个数。

（3）正品箱满 100 个物品时传送带自动停止 15 s，人工搬走正品箱后更换空箱，之后传送带又自动启动。

重复上述过程。

试设计一个满足上述控制要求的梯形图程序，做 I/O 分配，并画出 PLC 外部接线图。

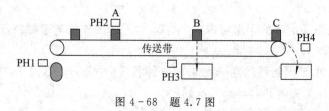

图 4 - 68　题 4.7 图

项目五　恒压供水的 PLC 控制系统设计、安装与调试

工作任务 1　PLC 的数值运算

教学导航

【能力目标】

(1) 会用单/双字加、减、乘、除指令；

(2) 能应用数据运算指令来编写程序；

(3) 能独立完成数值运算类程序的模拟调试任务。

【知识目标】

(1) 理解单/双字加、减、乘、除指令的含义、功能及用法；

(2) 熟悉递增/递减指令及逻辑运算指令的功能及用法；

(3) 掌握使用数据运算指令来编写数值运算程序。

任务引入

用 PLC 控制的恒压供水系统中，要对模拟量对象进行采集和数据处理。为了保证系统能够稳定工作，工业上常采用 PID 算法(比例、积分、微分)来控制。因此，为了实现恒压供水系统的过程控制及数据处理，需要应用十进制/二进制算术运算指令及逻辑运算指令等特殊功能指令。这些功能指令的出现，极大地拓宽了 PLC 的应用范围，增强了 PLC 编程的灵活性。

PLC 的数值运算

任务分析

在恒压供水系统中，首先要进行数据的采集、滤波及其他处理，因此涉及数据的加、减、乘、除运算。

控制要求：将拨码器 X 与 Y 输入的数据按照下面的公式进行运算，然后把结果在数码管中显示出来。

$$[(X+Y) \times X - Y]/Y$$

任务实施

根据控制要求，拨码器 X 与 Y 分别有 4 个端子，并且要用数码管进行数值显示，所以在本任务中，PLC 的输入信号有 10 个，输出信号有 14 个。下面对本任务进行具体设计。

1. I/O 分配

I/O 分配情况如表 5-1 所示。

表 5-1 I/O 分配表

输	入	输	出
X 拨码器 X1 端子	I0.00	数码管 1 字段 a	Q100.00
X 拨码器 X2 端子	I0.01	数码管 1 字段 b	Q100.01
X 拨码器 X3 端子	I0.02	数码管 1 字段 c	Q100.02
X 拨码器 X4 端子	I0.03	数码管 1 字段 d	Q100.03
运算操作按钮 SB0	I0.04	数码管 1 字段 e	Q100.04
清零按钮 SB1	I0.05	数码管 1 字段 f	Q100.05
Y 拨码器 Y1 端子	I1.00	数码管 1 字段 g	Q100.06
Y 拨码器 Y2 端子	I1.01	数码管 2 字段 a	Q101.00
Y 拨码器 Y3 端子	I1.02	数码管 2 字段 b	Q101.01
Y 拨码器 Y4 端子	I1.03	数码管 2 字段 c	Q101.02
		数码管 2 字段 d	Q101.03
		数码管 2 字段 e	Q101.04
		数码管 2 字段 f	Q101.05
		数码管 2 字段 g	Q101.06

2. PLC 硬件接线

PLC 硬件接线图如图 5-1 所示。

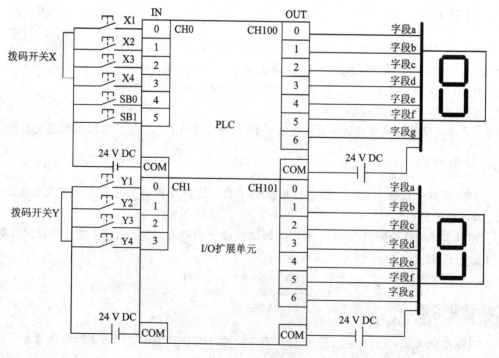

图 5-1 硬件接线图

3. 设计梯形图程序

根据控制要求，设计的梯形图程序如图 5-2 所示。

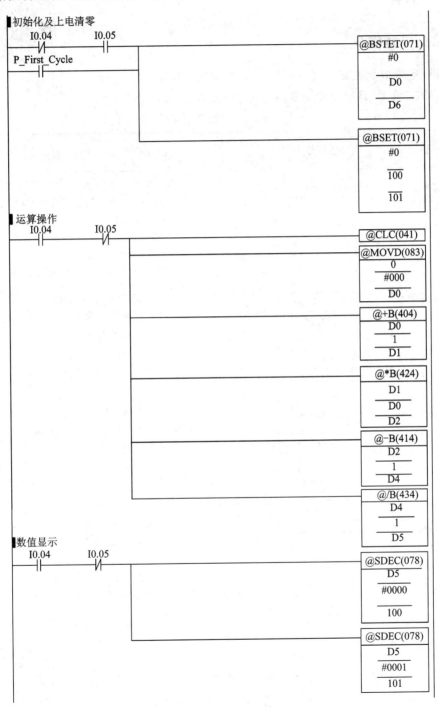

图 5-2　数值运算参考梯形图

4. 系统调试

（1）完成接线并检查，确认接线正确；

（2）输入程序并运行，监控程序运行状态，分析程序运行结果。

⚡ 知识链接

一、递增/递减指令

递增/递减指令主要实现数据的累加和递减，有微分和非微分两种形式。递增/递减指令非常简单，具体见表5-2。

递增/递减运算指令

表5-2 递增/递减类指令

名　称	梯形图符号	操作数的范围及含义	指令功能及执行指令对标志位的影响
二进制递增指令++(590)	——(@)++(590) CH	CH：源数据，取值范围为CIO，WR，HR，AR，DM	执行条件为ON时，通道CH（或CH+1，CH）中的二进制数据按二进制递增1。执行指令对标志位的影响： ① 通道内容为0000时，EQ为ON； ② 有进位时，CY为ON； ③ 结果最高位为1时，N为ON
二进制双字递增指令++L(591)	——(@)++L(591) CH		
二进制递减指令--(592)	——(@)--(592) CH		执行条件为ON时，通道CH（或CH+1，CH）中的二进制数据按二进制递减1。执行指令对标志位的影响： ① 通道内容为0000时，EQ为ON； ② 有借位时，CY为ON； ③ 结果最高位为1时，N为ON
二进制双字递减指令--L(593)	——(@)--L(593) CH		
十进制递增指令++B(594)	——(@)++B(594) CH	CH：源数据，取值范围为CIO，WR，HR，AR，DM	执行条件为ON时，通道CH（或CH+1，CH）中的BCD数按十进制递增1。执行指令对标志位的影响： ① CH数据不为BCD数时，ER为ON； ② 通道内容为0000时，EQ为ON； ③ 有进位时，CY为ON
十进制双字递增指令++BL(595)	——(@)++BL(595) CH		
十进制递减指令--B(596)	——(@)--B(596) CH		执行条件为ON时，通道CH（或CH+1，CH）中的BCD数按十进制递减1。执行指令对标志位的影响： ① CH数据不为BCD数时，ER为ON； ② 通道内容为0000时，EQ为ON； ③ 有借位时，CY为ON
十进制双字递减指令--BL(597)	——(@)--BL(597) CH		

二、逻辑运算指令

OMRON CP1E系列PLC中的逻辑运算指令主要是以字/双字为单位对数据进行"与""或""非""异或""同或"等逻辑运算。表5-3列出了COM(29)、ANDW(34)、ORW(35)、XORW(36)和XNRW(37)五种单字逻辑运算指令。双字逻辑运算指令有COML(614)、ANDL(610)、ORWL(611)、XORL(612)和XNRL(613)指令，与对应的单字逻辑运算指

逻辑运算指令

令功能相似，这里不再介绍。

表 5-3 逻辑运算指令

名　　称	梯形图符号	操作数的范围及含义	指令功能及执行指令对标志位的影响
求反指令 COM(29)	——[(@)COM(29)] [CH]	CH：源数据，取值范围为 CIO，WR，HR，AR，DM	执行条件为 ON 时，将通道中的数据按位求反，结果存放在原通道中。对标志位的影响： ① 通道内容为 0000 时，EQ 为 ON； ② 结果最高位为 1 时，N 为 ON
逻辑与运算指令 ANDW(34)	——[(@)ANDW(34)] [S1] [S2] [R]	S1：源通道 1 S1：源通道 1 取值范围为 CIO，WR，HR，AR，TC，DM，♯ R：结果通道 取值范围为 CIO，WR，HR，AR，DM	执行条件为 ON 时，将 S1、S2 中的数据按位进行逻辑与运算，并把结果存放在 R 通道中。对标志位的影响同求反指令
逻辑或运算指令 ORW(35)	——[(@)ORW(35)] [S1] [S2] [R]		执行条件为 ON 时，将 S1、S2 中的数据按位进行逻辑或运算，并把结果存放在 R 通道中。对标志位的影响同求反指令
逻辑异或运算指令 XORW(36)	——[(@)XORW(36)] [S1] [S2] [R]		执行条件为 ON 时，将 S1、S2 中的数据按位进行逻辑同或运算，并把结果存放在 R 通道中。对标志位的影响同求反指令
逻辑同或运算指令 XNRW(37)	——[(@)XNRW(37)] [S1] [S2] [R]		执行条件为 ON 时，将 S1、S2 中的数据按位进行逻辑异或运算，并把结果存放在 R 通道中。对标志位的影响同求反指令

例 5.1 图 5-3 是逻辑运算指令应用的例子，分析程序执行完之后 D2 中的内容。

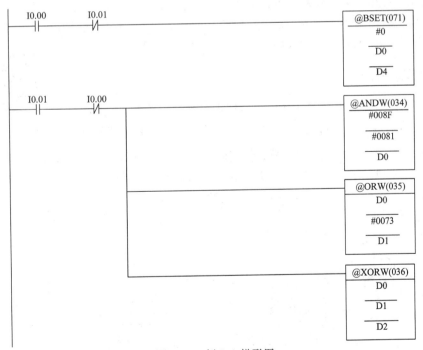

图 5-3 例 5.1 梯形图

功能分析：

当 0.00 为 ON、0.01 为 OFF 时，执行@BSET 指令，将所有存放结果的通道 D0～D4 都清零。当 0.00 为 OFF、0.01 为 ON 时，执行如下逻辑运算指令：执行@ANDW 指令，将常数 008F 与 0081 进行逻辑"与"运算，结果 0081 放在通道 D0 中；执行@ORW 指令，将通道 D0 的内容与常数 0073 进行逻辑"或"运算，结果 00F3 放在通道 D1 中；执行@XORW指令，将通道 D0 与 D1 两个通道的内容进行逻辑"异或"运算，结果 0072 放在通道 D2 中。程序执行逻辑运算的过程如图 5-4 所示。

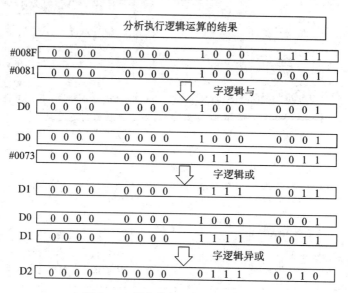

图 5-4　程序执行逻辑运算的过程

由例 5.1 可知，逻辑运算指令不仅可以完成逻辑运算，还可以用于通道清零；同时还能用逻辑指令将通道中的某些位屏蔽，保留其他位的状态，根据欲保留和欲屏蔽位的情况设定一个常数，用 ANDW 指令将通道数据与该常数相"与"即可。

三、数据运算指令

OMRON CP1E 系列 PLC 中的数据运算指令种类比较多，按进制分类可分为十进制数和二进制数的加、减、乘、除运算；按是否带符号分类

数据运算指令

可分为无符号数和带符号数的加、减、乘、除运算等。由于在进行加、减运算时进位位也要参与，所以这里也包括进位位的置 1 和置 0 指令，这两个指令在编程软件中属于特殊指令类。

1. 进位位置 1 指令(STC(40))和进位位置 0 指令(CLC(41))

(1) 指令格式：

STC(40)；无操作数

CLC(41)；无操作数

STC 和 CLC 指令的梯形图符号如图 5-5 所示。

图 5-5　STC 和 CLC 指令的梯形图符号

(2) STC 和 CLC 指令的功能：

STC：当执行条件为 ON 时，进位标志位 CY 被置 1；

CLC：当执行条件为 ON 时，进位标志位 CY 被置 0。

在做加、减法运算时，CY 要参与计算，所以在运算之前需要对 CY 进行清零操作。

2. 十进制运算指令

十进制运算指令是用单/双字 BCD 码表示的十进制数据进行加、减、乘、除运算。其中，加、减法运算与 CY 有关，乘、除法与 CY 无关。下面介绍单字运算指令（+B、+BC、−B、−BC、* B、/B），详见表 5-4，对应的双字运算指令（+BL、+BCL、−BL、−BCL、* BL、/BL）与单字指令功能相似，这里不再赘述。

表 5-4　十进制运算指令

名　称	梯形图符号	操作数的范围及含义	指令功能及执行指令对标志位的影响
无进位 BCD 加法指令（+B(404)）	(@)+B(404) Au Ad R	Au：被加数（BCD）； Ad：加数（BCD）； 取值范围为 CIO，WR, HR, AR, TC, DM, ♯； R：结果通道； 取值范围为 CIO, WR, HR, AR, DM	执行条件为 ON 时，将 Au 和 Ad 相加，结果存入 R 中。当结果大于 9999 时产生进位，CY 被置 1。对标志位的影响： ① Au 和 Ad 的内容不为 BCD 数时，ER 为 ON； ② 运算结果有进位时，CY 为 ON； ③ 结果通道的内容为 0 时，EQ 为 ON
有进位 BCD 加法指令（+BC(406)）	(@)+BC(406) Au Ad R		执行条件为 ON 时，将 Au、Ad 及 CY 位相加，结果存入 R 中。当结果大于 9999 时 CY 被置 1。对标志位的影响同无进位 BCD 加法指令
无进位 BCD 减法指令（−B(414)）	(@)−B(414) Mi Su R	Mi：被减数（BCD）； Su：减数（BCD）； 取值范围为 CIO, WR, HR, AR, TC, DM, ♯； R：结果通道； 取值范围为 CIO, WR, HR, AR, DM	执行条件为 ON 时，将 Mi 和 Su 相减，结果存入 R 中。若有借位，则 CY 置 1，此时 R 中的内容为结果的十进制补码。欲得到正确结果，应先清 CY，用 0 减去 R 的内容，并将结果存入 R。对标志位的影响： ① Mi 和 Su 的内容不为 BCD 数时，ER 为 ON； ② 运算结果有借位时，CY 为 ON； ③ 结果通道的内容为 0 时，EQ 为 ON
有进位 BCD 减法指令（−BC(416)）	(@)-BC(416) Mi Su R		执行条件为 ON 时，将 Mi 和 Su 相减，再减去 CY，结果存入 R 中。若有借位，则 CY 置 1，此时 R 中的内容为结果的十进制补码。欲得到正确结果，应先清 CY，用 0 减去 R 及 CY 的内容，并将结果存入 R。对标志位的影响同无进位 BCD 减法指令

名称	梯形图符号	操作数的范围及含义	指令功能及执行指令对标志位的影响
BCD乘法指令（＊B(424)）	——（@）*B(424)／Md／Mr／R	Md/Dd：被乘/除数（BCD）；Mr/Dr：乘/除数（BCD）；取值范围为CIO，WR，HR，AR，TC，DM，#；R：结果通道；取值范围为CIO，WR，HR，AR，DM	执行条件为ON时，将Md、Mr相乘，并把结果存入R+1、R通道中。对标志位的影响：① Md和Mr的内容不为BCD数时，ER为ON；② 结果通道的内容为0时，ER为ON
BCD除法指令（/B(434)）	——（@）/B(434)／Dd／Dr／R		执行条件为ON时，将Dd除以Dr，商存入R中，余数存入R+1中。对标志位的影响：① Dd和Dr的内容不为BCD数时，ER为ON；② 除数为0时，ER为ON；③ 结果通道的内容为0时，EQ为ON

在十进制运算指令中，由于两个最大的单字BCD数相乘，即 $9999 \times 9999 = 99980001$，运算结果不发生进位，所以乘除法运算都不涉及进位位CY。双字指令与单字指令一样，乘除法也不涉及CY。

3. 二进制运算指令

二进制运算指令就是用单/双字的二进制数据进行加、减、乘、除运算。其中，加、减法运算与CY有关，乘、除法与CY无关。下面介绍单字运算指令（＋、＋C、－、－C、＊U、＊、/U、/），详见表5-5。对应的双字运算指令（＋L、＋CL、－L、－CL、＊UL、＊L、/UL、/L）与单字指令功能相似，这里不再赘述。

表5-5 二进制运算指令

名称	梯形图符号	操作数的范围及含义	指令功能及执行指令对标志位的影响
带符号无进位BIN加法指令＋(400)	——（@）+(400)／Au／Ad／R	Au：被加数（带符号BIN）；Ad：加数（带符号BIN）；取值范围为CIO，WR，HR，AR，TC，DM，#；R：结果通道；取值范围为CIO，WR，HR，AR，DM	执行条件为ON时，将Au和Ad相加，结果存入R中。当结果大于FFFF时，CY被置1。对标志位的影响：① 运算结果有进位时，CY为ON；② 结果最高位为1时，N为ON；③ 结果通道的内容为0时，EQ为ON；④ 正数相加结果在8000～FFFF之间时，上溢标志OF为ON；⑤ 负数相加结果在0000～7FFF之间时，下溢标志UF为ON
带符号有进位BIN加法指令＋C(402)	——（@）+C(402)／Au／Ad／R		执行条件为ON时，将Au、Ad及CY位相加，结果存入R中。当结果大于FFFF时CY被置1。对标志位的影响同上

186

名称	梯形图符号	操作数的范围及含义	指令功能及执行指令对标志位的影响
带符号无进位 BIN 减法指令 −(410)	(@)−(410) Mi Su R	Mi：被减数（带符号 BIN）； Su：减数（带符号 BIN）； 取值范围为 CIO，WR，HR，AR，TC，DM，#； R：结果通道； 取值范围为 CIO，WR，HR，AR，DM	执行条件为 ON 时，将 Mi 和 Su 相减，结果存入 R 中。若有借位则 CY 置 1，此时 R 中的内容为结果的二进制补码。欲得到正确结果，应先清 CY，用 0 减去 R 的内容，并将结果存入 R。对标志位的影响： ① 运算结果有借位时，CY 为 ON； ② 结果最高位为 1 时，N 为 ON； ③ 结果通道的内容为 0 时，EQ 为 ON； ④ 正数减负数结果在 8000～FFFF 之间时，上溢标志 OF 为 ON； ⑤ 负数减正数结果在 0000～7FFF 之间时，下溢标志 UF 为 ON
带符号有进位 BIN 减法指令 −C(412)	(@)−C(412) Mi Su R		执行条件为 ON 时，将 Mi 和 Su 相减，再减去 CY，结果存入 R 中。若有借位则 CY 置 1，此时 R 中的内容为结果的二进制补码。欲得到正确结果，应先清 CY，用 0 减去 R 及 CY 的内容，并将结果存入 R。对标志位的影响同上
有符号 BIN 乘法指令 ＊(420)	(@)＊(420) Md Mr R	Md/Dd：被乘/除数（带符号 BIN）； Mr/Dr：乘/除数（带符号 BIN）； 取值范围为 CIO，WR，HR，AR，TC，DM，#； R：结果通道； 取值范围为 CIO，WR，HR，AR，DM	执行条件为 ON 时，将 Md，Mr 相乘，并把结果存入 R+1，R 通道中。对标志位的影响： ① 结果最高位为 1 时，N 为 ON； ② 结果通道的内容为 0 时，EQ 为 ON
有符号 BIN 除法指令 /(430)	(@)/(430) Dd Dr R		执行条件为 ON 时，将 Dd 除以 Dr，商存入 R 中，余数存入 R+1 中。对标志位的影响： ① 除数为 0 时，ER 为 ON； ② 结果之商最高位为 1 时，N 为 ON； ③ 结果之商的内容为 0 时，EQ 为 ON
无符号 BIN 乘法指令 ＊U(422)	(@)＊U(422) Md Mr R	Md/Dd：被乘/除数（BIN）； Mr/Dr：乘/除数（BIN）； 取值范围为 CIO，WR，HR，AR，TC，DM，#； R：结果通道； 取值范围为 CIO，WR，HR，AR，DM	功能及对标志位的影响与有符号 BIN 乘法相同
无符号 BIN 除法指令 /U(430)	(@)/U(432) Dd Dr R		功能及对标志位的影响与有符号 BIN 除法相同

同十进制运算相似，在二进制运算指令中，由于两个最大的单字二进制数相乘，即 FFFF×FFFF＝FFFE0001，运算结果不发生进位，所以乘、除法运算都不涉及进位位 CY。双字指令与单字一样，乘、除法也不涉及 CY。

四、数据运算指令应用示例

例5.2 图5-6所示梯形图程序是应用+B指令、定时器指令、MOV指令及CMP指令的例子,试分析程序功能。

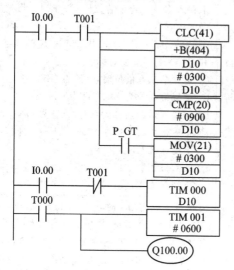

数据运算指令的应用(实训)

图5-6 +B指令应用举例

功能分析:

当I0.00及T001为ON(一个扫描周期)时:执行指令CLC将CY清零;执行指令+B将D10中的数据加上#0300,即定时器TIM000的设定值增加30 s;执行指令CMP将#0900与D10比较,若D10大于#0900,则执行指令MOV,再将#0300传送到D10中,即TIM000的设定值恢复为30 s。

由此可知:TIM000的设定值是变化的,TIM001的设定值是固定的,TIM001用来控制Q100.00为ON的时间,TIM000用来控制Q100.00为OFF的时间,Q100.00为ON的时间总是60 s,Q100.00为OFF的时间从30 s起依次增加30 s(不超过90 s)。该段程序对Q100.00实现了循环间歇OFF、ON的控制。程序执行的过程如图5-7所示。

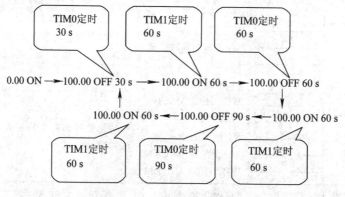

图5-7 程序执行的过程

在本例中,TIM000的设定值由D10来确定,可通过使用+B指令来改变D10的值,从而使TIM000的设定值也将发生改变。因此,+B指令可用来修改定时器的设定值。

思考：若要多次修改定时器的设定值，还可以使用哪些方案？

例 5.3 图 5-8 所示梯形图程序是应用减法指令（-BC）的例子，请分析该程序的功能。

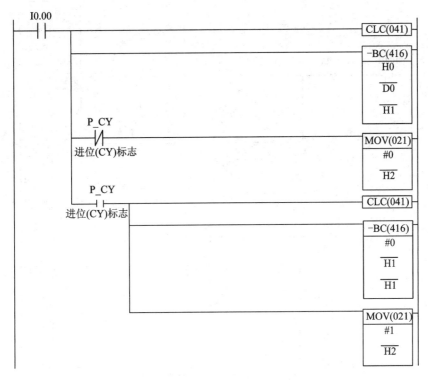

图 5-8 -BC 指令应用举例

功能分析：

当 0.00 为 ON 时：执行 CLC 指令，将 CY 清零；执行（-BC）指令，用 H0 中的数据减去 D0 的数据，再减去 CY 的内容，差存入结果通道 H1 中。若运算没有借位，CY 则被置 0，H2 即为 0；若运算有借位时，结果通道中的内容是差的十进制补码，因此须进行第二次减法运算，于是根据 CY 的状态（ON）执行第二次减法运算，结果存于 H1，同时把 H2 置 1。

例 5.4 图 5-9 所示梯形图程序是使用二进制运算指令完成（250×8-1000）/50 运算，请分析该程序的执行过程。

程序功能分析：

当 I0.00 为 ON、I0.01 为 OFF 时，执行@BSET 指令，将 D0~D4 清零。

当 I0.00 为 OFF、I0.01 为 ON 时，执行@MOV 指令，将#00FA（十进制的 250）传送到 H0 中；执行@ * 指令，将 H0 的内容与#0008 相乘，把结果的低位 07D0（十进制的 2000）存入 D0 中、结果的高位 0000 存入 D1 中；执行@CLC 指令将 CY 清零，以准备进行相减运算。执行一次@-C 指令，以 D0 的内容为被减数与#03E8（十进制数 1000）相减，结果#03E8 存入 D2 中；执行@/指令，将 D2 中的内容除以#0032（十进制的 50），把商#0014（十进制的 20）存入 D3 中，余数#0000 存入 D4 中。

此外，本例中的运算也可以用十进制运算指令来实现，思路与上面分析完全相同。

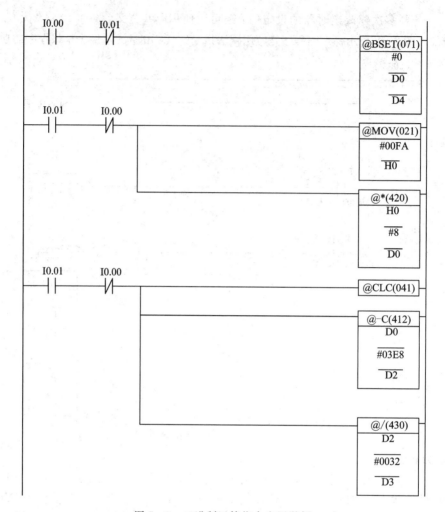

图 5 - 9　二进制运算指令应用举例

技能训练考核评分标准

本项工作任务的评分标准如表 5 - 6 所示。

表 5 - 6　评 分 标 准

工作任务 1　PLC 的数值运算					
组别：			组员：		
项目	配分	考核要求	扣分标准	扣分记录	得分
方案设计	40 分	根据任务要求，画出 PLC 输入/输出接线图，设计梯形图程序	（1）输入/输出地址遗漏或写错，每处扣 2 分； （2）梯形图表达不正确或画法不规范，每处扣 3 分； （3）接线图表达不正确或画法不规范，每处扣 3 分； （4）指令有错误，每条扣 2 分		

<table>
<tr><td colspan="6" align="center">工作任务 1　PLC 的数值运算</td></tr>
<tr><td colspan="3">组别：</td><td colspan="3">组员：</td></tr>
<tr><td>项目</td><td>配分</td><td>考核要求</td><td>扣分标准</td><td>扣分
记录</td><td>得分</td></tr>
<tr>
<td>安装
与
接线</td>
<td>30 分</td>
<td>　　按照 PLC 输入/输出接线图在模拟配线板上正确安装元件，元件在配线板上布置要合理，安装要准确紧固。配线美观，下入线槽中要有端子标号</td>
<td>(1) 元件布置不整齐、不均匀、不合理，每处扣 1 分；
(2) 元件安装不牢固、安装元件时漏装螺钉，每处扣 1 分；
(3) 损坏元件，扣 5 分；
(4) 数码管显示正常，如不按电路图接线，扣 1 分；
(5) 布线不入线槽、不美观，主电路、控制电路每根扣 0.5 分；
(6) 接点松动、露铜过长、反圈、压绝缘层，标记线号不清楚、遗漏或误标，每处扣 0.5 分；
(7) 损伤导线绝缘或线芯，每根扣 0.5 分；
(8) 不按 PLC 控制 I/O 接线图接线，每处扣 2 分</td>
<td></td>
<td></td>
</tr>
<tr>
<td>程序
输入
与
调试</td>
<td>20 分</td>
<td>　　熟练操作键盘，能正确地将所编写的程序下载到 PLC；按照被控设备的动作要求进行模拟调试，达到设计要求</td>
<td>(1) 不能熟练录入指令，扣 2 分；
(2) 不会使用删除、插入、修改等命令，每项扣 2 分；
(3) 一次调试不成功扣 4 分，二次调试不成功扣 8 分，三次调试不成功扣 10 分</td>
<td></td>
<td></td>
</tr>
<tr>
<td>安全
文明
工作</td>
<td>10 分</td>
<td>(1) 安全用电，无人为损坏仪器、元器件和设备；
(2) 保持环境整洁，秩序井然，操作习惯良好；
(3) 小组成员协作和谐，态度正确；
(4) 不迟到、不早退、不旷课</td>
<td>(1) 发生安全事故，扣 10 分；
(2) 人为损坏设备、元器件，扣 10 分；
(3) 现场不整洁、工作不文明、团队不协作，扣 5 分；
(4) 不遵守考勤制度，每次扣 2～5 分</td>
<td></td>
<td></td>
</tr>
<tr><td colspan="2" align="center">总分：</td><td colspan="4"></td></tr>
</table>

工程素质技能训练

1. 控制要求

作 $500 \times 20 + 300 - 15$ 的运算，并将结果送到 VW50 中存储。

2. 训练内容

(1) 分析控制要求，写出 I/O 分配表，并根据控制要求设计梯形图程序；

(2) 输入程序并调试；

(3) 汇总整理文档，保留工程文件。

工作任务 2　基于 PLC 的恒压供水系统

教学导航

【能力目标】

（1）会用子程序控制指令和 PIDAT 指令；

（2）能综合应用子程序指令及 PIDAT 指令编写应用程序；

（3）能独立完成恒压供水系统的模拟调试任务。

【知识目标】

（1）理解恒压供水系统的意义和控制原理；

（2）理解 PID 指令的原理及用法。

任务引入

恒压供水系统设计

城市供水状况与人们的日常生活息息相关，传统供水系统中采用固定频率满负荷运行的方式进行工作，此种方式对供水的管道内压力和水位变化不能做出及时、恰当的反应，尤其在晚上用水较少的情况下资源消耗比较严重，不能有效节能。而采用变频器调速的供水系统，可以根据用水量的大小控制泵的转速和数量，从而有效解决供水系统的不稳定现象。

由 PLC、变频器控制两台水泵的恒压供水系统如图 5-10 所示。只要储水池的水位低于高水位，就会通过电磁阀自动往水池注水，水池水满时电磁阀关闭。同时，水池的高/低水位信号可通过传感器直接传送给 PLC，当水池水位到达高/低限时，继电器触点闭合；否则，继电器触点断开。

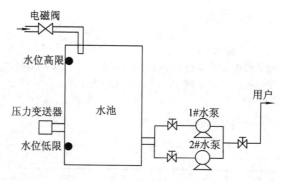

图 5-10　恒压供水系统示意图

具体控制要求如下：

（1）只有水池水满时，才能启动水泵进行抽水；水池缺水，则不允许水泵启动。

（2）系统有手动和自动两种控制方式。一般都采用自动控制方式，只有在应急或者检修时才选择手动控制方式。

（3）在选用自动控制方式时，按下启动按钮，先由变频器启动 1♯水泵，如果当工作频率已经达到 50 Hz，而压力仍不足时，将 1♯水泵切换成工频运行，再由变频器来启动 2♯水泵，这时供水系统处于"1 工频 1 变频"的运行状态。如果变频器的工作频率已经下降至频率下限，而压力仍偏高时，则 1♯ 水泵停机，供水系统处于 1 台水泵变频运行的状态。如果变频器工作频率已经达到 50 Hz，而压力仍不足时，延时后将 2♯ 水泵切换成工频运行，再由变频器去启动 1♯ 水泵。如此不断循环。

任务分析

分析上述控制要求可知，在恒压供水系统中，PLC 是核心控制器。要实现恒压供水必须采集管网的水压，通过压力变送器将压力信号转化为标准的 4～20 mA 电流信号，并接入 PLC 的模拟量输入端。PLC 将采集到的水压信号与设定值进行比较，按照 PLC 中已有的 PID 控制算法进行调节。PLC 调节后输出控制信号，根据控制信号来控制变频器，从而带动水泵运行。因此，在此系统中要用到模拟量输入/输出单元及 PID 算法进行调节，最终通过编写程序的方式来实现两台水泵的切换。

任务实施

根据控制要求，本任务中 PLC 的开关量输入信号有 6 个，模拟量输入信号有 1 个，开关量输出信号有 5 个，模拟量输出信号有 1 个。下面进行具体设计。

1. I/O 分配

I/O 分配情况如表 5 - 7 所示。

表 5 - 7　I/O 分配表

输　　入		输　　出	
手/自动开关 K0	I0.00	变频器运行 KM0	Q100.00
水位下限 SL	I0.01	1♯ 水泵变频 KM1	Q100.01
水位上限 HL	I0.02	1♯ 水泵工频 KM2	Q100.02
应急/检修按钮 SB0	I0.03	2♯ 水泵变频 KM3	Q100.03
检修完毕按钮 SB1	I0.04	2♯ 水泵工频 KM4	Q100.04
变频器故障	I0.05	PID 调节输出	210
压力检测信号	200		

2. PLC 硬件接线

PLC 硬件接线图如图 5 - 11 所示。

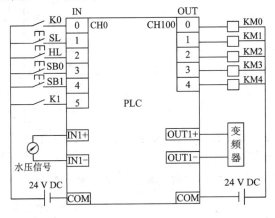

图 5 - 11　PLC 硬件接线图

3. 设计梯形图程序

根据控制要求,设计的梯形图程序如图 5-12 所示。

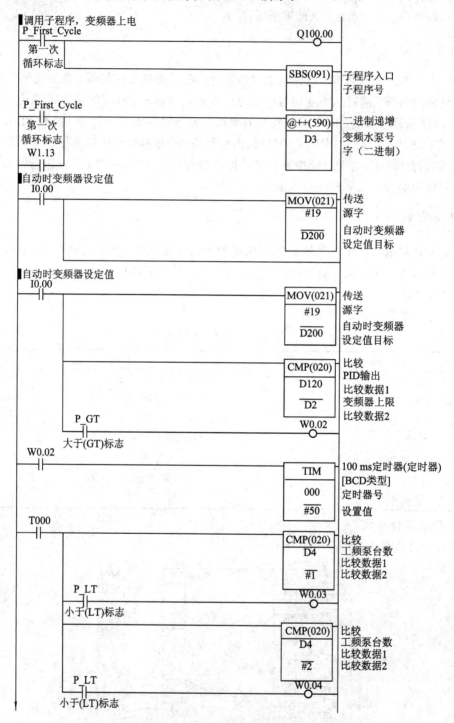

图 5-12　恒压供水控制参考梯形图(1)

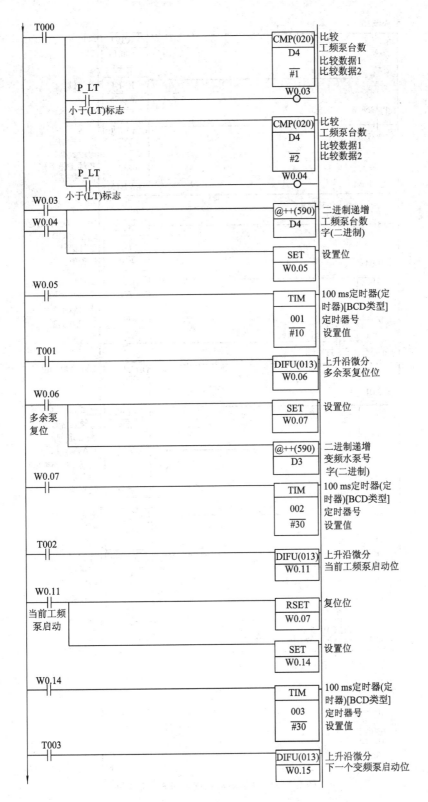

图 5-12　恒压供水控制参考梯形图（2）

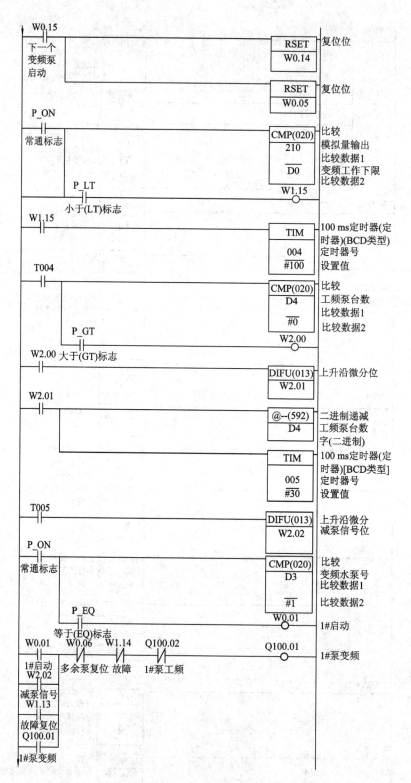

图 5-12　恒压供水控制参考梯形图(3)

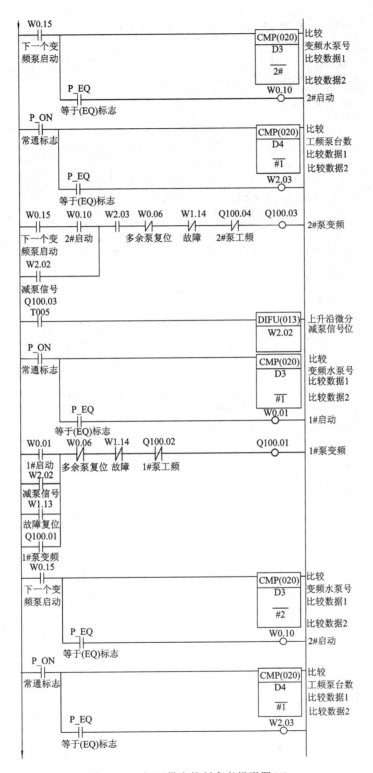

图 5-12　恒压供水控制参考梯形图(4)

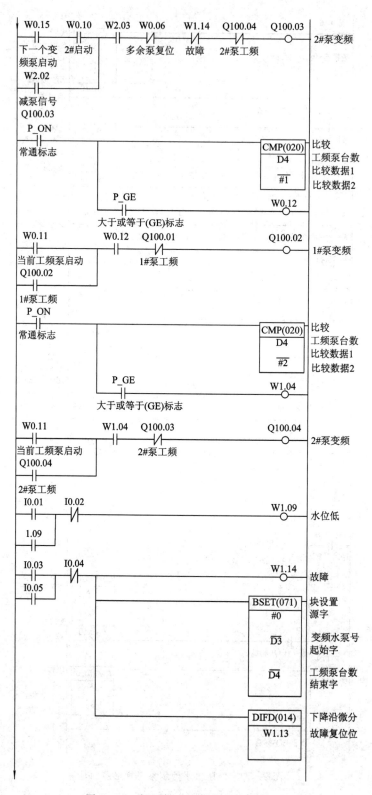

图 5-12　恒压供水控制参考梯形图(5)

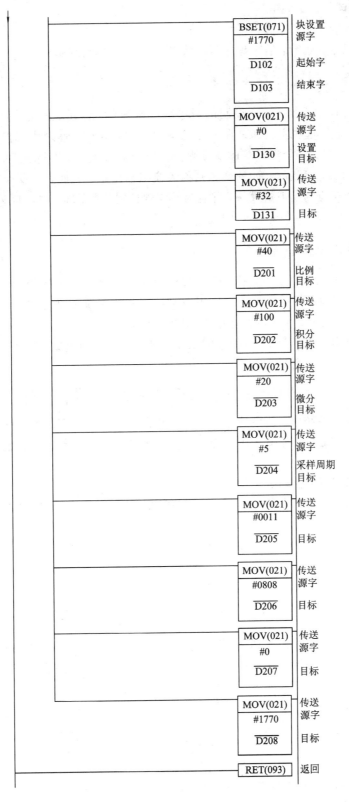

图 5-12　恒压供水控制参考梯形图(6)

4. 系统调试

（1）完成接线并检查，确认接线正确；

（2）输入程序并运行，监控程序运行状态，分析程序运行结果。

知识链接

在工业过程控制系统中，要控制的对象一般有液位、流量、压力、温度、转速、频率等，区别于开关量，这些变量都是在一定范围内连续变化的，称之为模拟量。如果是由检测装置或者变送装置传送到 PLC 的变量则称为模拟输入量；如果是由 PLC 输出去控制某些执行机构（变频器、调节阀等）的变量则称为模拟输出量。因此，在设计含有模拟量的系统时，必须选择对应的模拟量模块，并且为了实现控制的稳、准、快，工业上常常选择 PID 控制算法。

一、PID 控制算法

PID 控制算法

PID（比例—积分—微分）控制在生产过程中是一种最普遍采用的控制方法，PID 控制器简单易懂，在使用中不需精确的系统模型等先决条件，在冶金、机械、化工等行业中得到广泛应用。

PID 控制器由比例单元（P）、积分单元（I）和微分单元（D）组成。其输入 $e(t)$ 与输出 $u(t)$ 的关系为

$$u(t) = k_P \left(e(t) + \frac{1}{T_I} \int_0^t e(t) \mathrm{d}t + T_D * \frac{\mathrm{d}e(t)}{\mathrm{d}t} \right) \tag{5-1}$$

在计算机控制系统中，使用的是数字 PID 控制算法。数字 PID 控制算法通常又可分为位置式 PID 控制算法、增量式 PID 控制算法、速度式 PID 控制算法及其他一些改进的 PID 控制算法。

1. 位置式 PID 控制算法

由于计算机控制是一种采样控制，故需将模拟 PID 算法式（5-1）中的积分和微分项作如下近似变换：

$$\begin{cases} t \approx kT \quad (k = 0, 1, 2, \cdots) \\ \int e(t) \mathrm{d}t \approx T \sum_{j=0}^{k} e(jT) = T \sum_{j=0}^{k} e(j) \\ \frac{\mathrm{d}e(t)}{\mathrm{d}t} \approx \frac{e(kT) - e[(k-1)T]}{T} = \frac{e(k) - e(k-1)}{T} \end{cases} \tag{5-2}$$

显然，式中的采样周期 T 必须足够短，才能保证有足够的精度。为书写方便，将 $e(kT)$ 简化表示成 $e(k)$ 等，即省去 T。将式（5-2）代入式（5-1），可得离散的 PID 表达式为

$$\begin{aligned} u(k) &= K_P \left\{ e(k) + \frac{T}{T_I} \sum_{j=0}^{k} e(j) + \frac{T_D}{T} [e(k) - e(k-1)] \right\} \\ &= K_P e(k) + K_I \sum_{j=0}^{k} e(j) + K_D [e(k) - e(k-1)] \end{aligned} \tag{5-3}$$

式中：k——采样序号，$k = 0, 1, 2, \cdots$；

$u(k)$——第 k 次采样时刻的计算机输出值；

$e(k)$——第 k 次采样时刻输入的偏差值；

$e(k-1)$——第 $k-1$ 次采样时刻输入的偏差值;

K_I——积分系数,$K_I = K_P T/T_I$;

K_D——微分系数,$K_D = K_P T_D/T$。

由 Z 变换的性质,可得到数字 PID 控制器的 z 传递函数为

$$G(z) = \frac{U(z)}{E(z)} = K_P + \frac{K_I}{1-z^{-1}} + K_D(1-z^{-1})$$

$$= \frac{1}{1-z^{-1}}[K_P(1-z^{-1}) + K_I + K_D(1-z^{-1})^2] \tag{5-4}$$

数字 PID 控制器的结构如图 5-13 所示。由于计算机的输出值 $u(k)$ 和执行机构的位置是一一对应的,所以通常称式(5-3)为位置式 PID 控制算法。位置式 PID 控制系统图如图 5-14 所示。

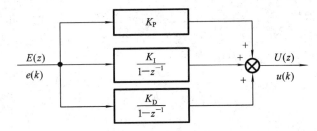

图 5-13 数字 PID 控制器的结构图

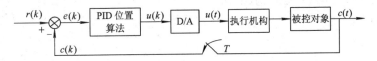

图 5-14 位置式 PID 控制系统图

位置式 PID 控制算法的缺点是计算时要对 $e(k)$ 进行累加,所以计算机运算工作量较大,而且由于计算机输出的 $u(k)$ 对应执行机构的实际位置,如果计算机出现故障,那么 $u(k)$ 的大幅度变化会引起执行机构的大幅度变化,这种情况往往是生产实践中所不允许的,在某些场合可能会造成重大的生产事故,因而产生了增量式 PID 控制算法。

2. 增量式 PID 控制算法

所谓增量式 PID,是指数字控制器的输出只是控制量的增量 $\Delta u(k)$。当执行机构需要控制量的增量时,可由式(5-3)导出提供增量的 PID 控制算式。根据递推原理可得

$$u(k-1) = K_P e(k-1) + K_I \sum_{j=0}^{k-1} e(j) + K_D[e(k-1) - e(k-2)] \tag{5-5}$$

用式(5-3)减去式(5-5),可得

$$\Delta u(k) = K_P[e(k) - e(k-1)] + K_I e(k) + K_D[e(k) - 2e(k-1) + e(k-2)]$$

$$= K_P \Delta e(k) + K_I e(k) + K_D[\Delta e(k) - \Delta e(k-1)] \tag{5-6}$$

式(5-6)称为增量式 PID 控制算法。增量式 PID 控制系统图如图 5-15 所示。

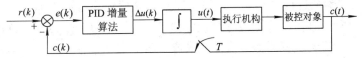

图 5-15 增量式 PID 控制系统图

可以看出，由于一般计算机控制系统采用恒定的采样周期 T，一旦确定了 K_P、K_I 和 K_D，只要使用前后三次测量值的偏差，即可由式(5-6)求出控制增量。

增量式控制虽然只是在算法上作了一点改进，却带来了不少优点：

(1) 由于计算机输出增量，所以误动作时影响较小，必要时可采用逻辑判断的方法去掉。

(2) 手动/自动切换时冲击小，便于实现无扰动切换。此外，当计算机发生故障时，由于输出通道或执行装置具有信号的锁存作用，故能仍然保持原值。

(3) 算式中不需要累加。控制增量 $\Delta u(k)$ 的确定仅与最近 k 次的采样值有关，所以较容易通过加权处理而获得比较好的控制效果。

但增量式控制也有其不足之处，如积分截断效应大、有静态误差、溢出的影响大等。因此，在选择时不可一概而论。

3. 速度式 PID 控制算法

速度式 PID 是指数字控制器的输出只是控制量的增量 $\Delta u(k)$ 的变化率，反映控制输出的快慢程度。当执行机构需要控制量的速度时，可由式(5-6)导出提供速度的 PID 控制算式。由于速度是单位时间增量的变化率，可得

$$v_k = \frac{\Delta u_k}{T} = \frac{k_P \Delta e_k}{T} + \frac{k_I e_k}{T} + \frac{k_D (\Delta e_k - \Delta e_{k-1})}{T} \tag{5-7}$$

二、过程类控制指令

1. 带自整定的 PIDAT 控制指令(191)

(1) 指令格式：

PIDAT(191)
  S
  C
  D

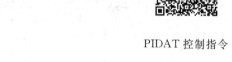

PIDAT 控制指令

S：测量输入通道；C：PID 参数首通道；D：操作量输出通道。

PIDAT 指令的梯形图符号及操作数取值区域如图 5-16 所示。

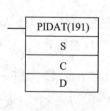

S：测量输入通道
CIO，WR，HR，AR，DM
C：PID参数首通道
CIO，WR，HR，AR，DM
D：操作量输出通道
CIO，WR，HR，AR，DM

(a) 梯形图符号   (b) 操作数取值区域

图 5-16　PIDAT 指令的梯形图符号及操作数取值区域

(2) PIDAT 指令功能：当执行条件为 ON 时，按采样周期间隔执行，将 S 通道的二进制数据按照 C 设定参数进行 PID 运算，把运算结果存放到输出通道 D 中。PIDAT 指令的功能如图 5-17 所示。其中，C 通道存放设定值 SV，C+1～C+4 分别存放比例带系数 P、积分时间常数 T_{IK}、微分时间常数 T_{DK} 以及采样时间 τ，C+5 与 C+6 主要是对操作变量进行设定，C+7 和 C+8 分别操作变量输出下限和上限，C+9 是自整定计算时的增益，

C+10 用来设定周期延迟，C+11～C+40 是 PIDAT 指令的工作区，用户不能使用。

PIDAT 指令修改标志位：P_CY，P_GT，P_LT。

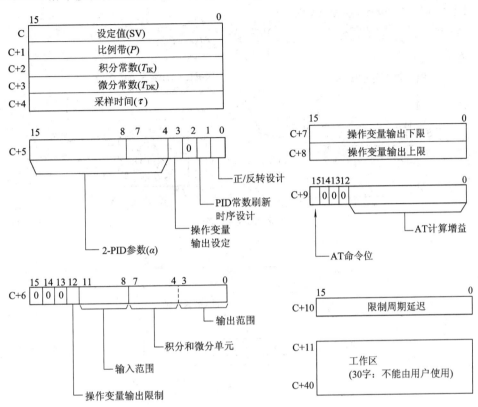

图 5-17　PIDAT 指令中 C～C+40 通道的功能

2. 标度指令 SCL(194)

（1）指令格式：

标度指令

　　SCL(194)

　　　　S

　　　　P1

　　　　R

S：源数据；P1：参数首通道；R：结果通道。

SCL 指令的梯形图符号及操作数取值区域如图 5-18 所示。

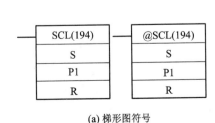

S：源数据		
CIO，WR，HR，AR，DM		
P1：参数首通道		
CIO，WR，HR，AR，DM		
R：结果通道		
CIO，WR，HR，AR，DM		

(a) 梯形图符号　　　　　　(b) 操作数取值区域

图 5-18　SCL 指令的梯形图符号及操作数取值区域

（2）SCL 指令功能：当执行条件为 ON 时，根据指定的线性关系，将无符号的二进制数按照控制数据设定的一次函数转换为对应的无符号 BCD 码，并将结果输出到指定通道。SCL 指令功能如图 5-19 所示。转换公式：

$$D=Bd-\frac{Bd-Ad}{Bs-As}\times(Bs-Cs)$$

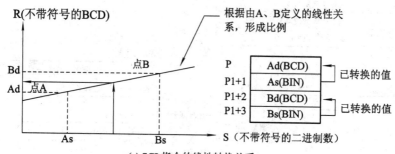

(a) SCL指令的线性转换关系

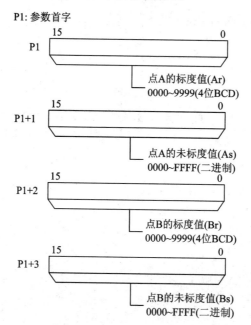

(b) SCL指令中的P1~P1+3通道设置参数的含义

图 5-19　SCL 指令功能

3. 标度指令 SCL2(486)

（1）指令格式：

SCL2(486)
　　S
　　P1
　　R

S：源数据；P1：参数首通道；R：结果通道。

SCL2 指令的梯形图符号及操作数取值区域如图 5-20 所示。

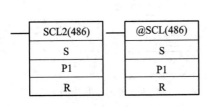

S：源数据
CIO，WR，HR，AR，DM
P1：参数首通道
CIO，WR，HR，AR，DM
R：结果通道
CIO，WR，HR，AR，DM

(a) 梯形图符号   (b) 操作数取值区域

图 5 - 20   SCL2 指令的梯形图符号及操作数取值区域

（2）SCL2 指令功能：当执行条件为 ON 时，根据指定的线性关系，将带符号的二进制数按照控制数据设定的一次函数转换为对应的带符号 BCD 码，并将结果输出到指定通道。SCL2 指令功能如图 5 - 21 所示。转换公式：

$$偏移量 = \frac{Ad \times Bs - As \times Bd}{Ad - Bd}$$

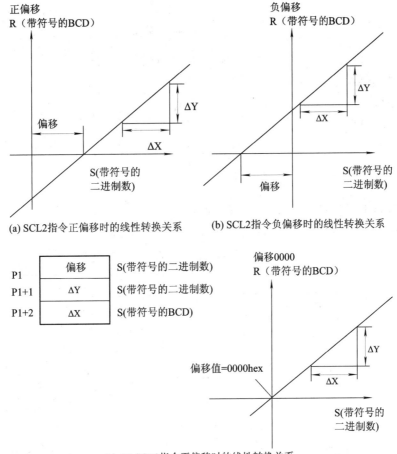

(a) SCL2指令正偏移时的线性转换关系   (b) SCL2指令负偏移时的线性转换关系

(c) P1 SCL2指令无偏移时的线性转换关系

图 5 - 21   SCL2 指令功能

其中，参数 P 的设置如图 5 - 22 所示。注：P1～P1＋2 必须在同一区中。

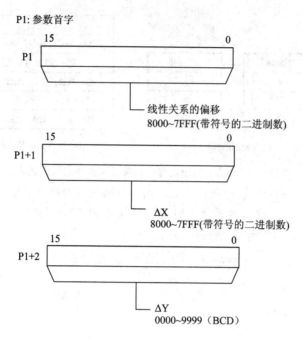

P1: 参数首字

线性关系的偏移
8000~7FFF(带符号的二进制数)

ΔX
8000~7FFF(带符号的二进制数)

ΔY
0000~9999（BCD）

图 5 - 22　参数 P 的设置

4. 标度指令 SCL3(487)

（1）指令格式：

SCL3(487)

    S

    P1

    R

S：源数据；P1：参数首通道；R：结果通道。

SCL3 指令的梯形图符号及操作数取值区域如图 5 - 23 所示。

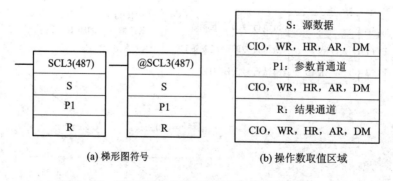

S：源数据
CIO，WR，HR，AR，DM
P1：参数首通道
CIO，WR，HR，AR，DM
R：结果通道
CIO，WR，HR，AR，DM

(a) 梯形图符号　　　　　　(b) 操作数取值区域

图 5 - 23　SCL3 指令的梯形图符号及操作数取值区域

（2）SCL3 指令功能：当执行条件为 ON 时，根据指定的线性函数，将带符号的 BCD 码按照设定参数（斜率和偏移量）所确定的一次函数转换为对应的带符号二进制数，并将结果输出到指定通道。SCL3 指令功能如图 5 - 24 所示。转换公式：

$$偏移量 = \frac{Ad \times Bs - As \times Bd}{Bs - As}$$

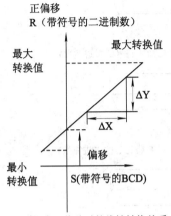

(a) SCL3指令正偏移时的线性转换关系

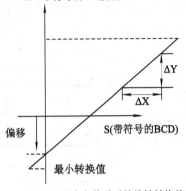

(b) SCL3指令负偏移时的线性转换关系

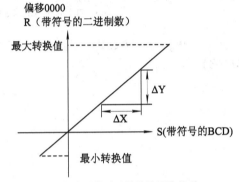

(c) SCL3指令无偏移时的线性转换关系

图 5-24 SCL3 指令功能

其中，参数 P 的设置如图 5-25 所示。注：P1～P1+4 必须在同一区中。

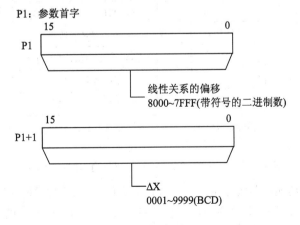

图 5-25 参数 P 的设置(1)

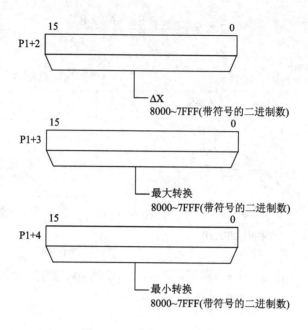

ΔX
8000~7FFF(带符号的二进制数)

最大转换
8000~7FFF(带符号的二进制数)

最小转换
8000~7FFF(带符号的二进制数)

图 5-25　参数 P 的设置(2)

5. 平均值指令 AVG(195)

(1) 指令格式：

AVG(195)
    S
    N
    R

平均值指令

S：源数据；N：循环数通道；R：结果首通道。

AVG 指令的梯形图符号及操作数取值区域如图 5-26 所示。

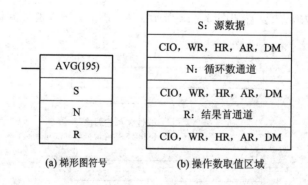

(a) 梯形图符号　　　　　(b) 操作数取值区域

图 5-26　AVG 指令的梯形图符号及操作数取值区域

(2) AVG 指令功能：当执行条件为 ON 时，开始 N-1 次循环，将 S 的数据写入 R。每执行一次 AVG 指令，它就将 S 的先前值依次存入 R+2~R+N+1 的连续通道中，最后求取平均值。AVG 指令功能如图 5-27 所示。

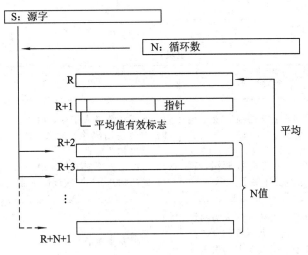

图 5-27   AVG 指令功能

技能训练考核评分标准

本项工作任务的评分标准如表 5-8 所示。

表 5-8   评 分 标 准

工作任务 2 基于 PLC 的恒压供水系统					
组别：			组员：		
项目	配分	考核要求	扣分标准	扣分记录	得分
方案设计	40 分	根据任务要求，画出 PLC 输入/输出接线图，设计梯形图程序	(1) 输入/输出地址遗漏或写错，每处扣 2 分； (2) 梯形图表达不正确或画法不规范，每处扣 3 分； (3) 接线图表达不正确或画法不规范，每处扣 3 分 (4) 指令有错误，每条扣 2 分		
安装与接线	30 分	按照 PLC 输入/输出接线图在模拟配线板上正确安装元件，元件在配线板上布置要合理，安装要准确紧固。配线美观，下入线槽中要有端子标号	(1) 元件布置不整齐、不均匀、不合理，每处扣 1 分； (2) 元件安装不牢固、安装元件时漏装螺钉，每处扣 1 分； (3) 损坏元件，扣 5 分； (4) 变频器与电机运行正常，如不按电路图接线，扣 1 分； (5) 布线不入线槽、不美观，主电路、控制电路每根扣 0.5 分； (6) 接点松动、露铜过长、反圈、压绝缘层，标记线号不清楚、遗漏或误标，每处扣 0.5 分； (7) 损伤导线绝缘或线芯，每根扣 0.5 分； (8) 不按 PLC 控制 I/O 接线图接线，每处扣 2 分		

		工作任务 2　基于 PLC 的恒压供水系统			
组别：			组员：		
项目	配分	考 核 要 求	扣 分 标 准	扣分记录	得分
程序输入与调试	20 分	熟练操作键盘，能正确地将所编写的程序下载到 PLC；按照被控设备的动作要求进行模拟调试，直至达到设计要求	(1) 不能熟练录入指令，扣 2 分； (2) 不会使用删除、插入、修改等命令，每项扣 2 分； (3) 一次调试不成功扣 4 分，二次调试不成功扣 8 分，三次调试不成功扣 10 分		
安全文明工作	10 分	(1) 安全用电，无人为损坏仪器、元器件和设备； (2) 保持环境整洁，秩序井然，操作习惯良好； (3) 小组成员协作和谐，态度正确； (4) 不迟到、不早退、不旷课	(1) 发生安全事故，扣 10 分； (2) 人为损坏设备、元器件，扣 10 分； (3) 现场不整洁、工作不文明、团队不协作，扣 5 分； (4) 不遵守考勤制度，每次扣 2～5 分		
总分：					

⚡ 工程素质技能训练 ☞

1. 控制要求

用 PLC 实现单容水箱液位控制系统，具体要求如下：

水箱液位控制系统结构图和方框图如图 5-28 所示。被控量为上水箱（也可采用中水箱或下水箱）的液位高度，要求上水箱的液位稳定在给定值。将压力传感器 LT 检测到的上水箱液位信号作为反馈信号，调节器根据反馈信号与给定值的偏差控制电动调节阀的开度，以达到控制上水箱液位的目的。

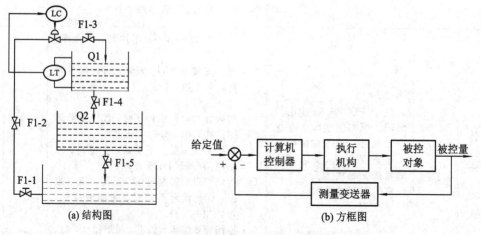

图 5-28　水箱液位控制系统结构图和方框图

2. 训练内容

（1）分析任务，确定控制方案；

（2）写出 I/O 分配表，并根据控制要求设计梯形图程序；

（3）输入程序并调试；

（4）汇总整理文档，保留工程文件。

思 考 练 习 题

5.1　完成下列问题。

（1）指令 BIN 的操作数 S 为 W10（内容为 0318），R 为 H10。执行一次该指令，请写出结果通道中的内容。

（2）指令 BCD 的操作数 S 为 W10（内容为 03E8），R 为 H10。执行一次该指令，请写出结果通道中的内容。

5.2　编写程序进行如下运算：$(D10+D11)\times D12$，将结果放在 D13、D14 中，设 D10～D12 内的数均为 BCD 码，并做溢出判断。

5.3　编写程序进行如下运算：$(D10-D11)/D12$，将结果放在 D13、D14 中，设 D10～D12 内的数均为十六进制数，并做溢出判断。

5.4　按下列要求编写程序：

（1）H1 的内容为 ♯3108，H0 的内容为 ♯1076。用 +BC 指令完成（3108+1076）的运算，结果放在 D0 中，进位放在 D1 中。

（2）H1 的内容为 ♯3108，H0 的内容为 ♯1076。用 −BC 指令完成（3108−1076）的运算，结果放在 D0 中，借位放在 D1 中。

5.5　用二进制指令编程，完成 $[(250\times 8+200)-1000]/5$ 的运算，结果放在 D 数据区中。

5.6　用逻辑运算指令编程实现下列功能，结果放在 D 数据区中。

（1）将 W10 通道中的内容全部清零；

（2）将 W10 通道中是 1 的位变为 0，是 0 的位变为 1。

5.7　在 PID 控制算法中，P、I、D 分别有什么作用？

5.8　用子程序控制指令设计系统程序。控制要求：

某系统中，当温度传感器发出信号时，A、B 两台电动机按下面的规律运行一次：A 电机运行 5 min 后，B 电机启动并运行 3 min 后停转；A 电动机在运行 10 min 后自动停转。

5.9　设计一个 PID 控制的恒压供水系统。控制要求：

（1）两台水泵，一台运行，一台备用，自动运行时泵运行累计 100 h 轮换一次，手动方式控制时不切换。

（2）两台水泵分别由电机 M1 和 M2 拖动，电机同步转速为 3000 r/min，由 KM1、KM2 控制。

（3）切换后启动或者停电后启动须延时 5 s 报警，运行异常可自动切换到备用泵，并报警。

（4）PLC 采用 PID 控制算法来调节，水压在 0～10 kPa 时可调节。

项目六　PLC 的通信及网络设计、安装与调试

工作任务 1　串行 PLC 链接通信

教学导航

【能力目标】

(1) 会使用 RS – 422A/485 选件板(CP1W-CIF11)制作网络连接头；

(2) 会设置串行 PLC 链接通信的参数；

(3) 能编写 2 台及以上 CP1E-NA 型 PLC 的通信程序。

【知识目标】

(1) 了解通信基础知识及 CP1E-NA 型 PLC 的通信方式和支持的通信协议；

(2) 理解串行 PLC 链接通信时 PLC 链接字的数据分配及传送；

(3) 理解 CP1E-NA 型 PLC 的链接字数据交换过程及编程应用。

任务引入

有 3 台 CP1E-NA 型 PLC 通过 RS – 485 通信组成一个使用串行
PLC 链接通信的单主站通信网络。一台 PLC(A)作为通信主站，另外　　　两台 PLC 的通信
两台 PLC(B、C)作为从站，站地址分别为 0 号、1 号。要求 3 台 PLC 之间可以进行相应的
数据交换(不超过 10CH)。

任务分析

3 台 CP1E-NA 型 PLC 要进行通信，须做好两件事：一个是物理连接，另一个是通信
协议。物理连接一般用网络连接器，通信协议主要是设置好通信参数。CP1E-NA 在这里是
用串行 PLC 链接通信，要学习 PLC 链接字的数据分配及传送过程。

任务实施

一、控制要求

当一台 CP1E-NA 型 PLC (A)和另两台 PLC (B、C)相距 200 m　　两台 PLC 的通信实训
时，控制要求如下：

(1) PLC (A)的启动输入点 0.00 有输入时，在 PLC(A)的输出点 100.00 立即为 ON，
延时 2 s 后 PLC (B)的输出点 100.01 为 ON，再延时 2 s 后 PLC(C)的输出点 100.02 为

ON；当 PLC(A) 的停止输入点 0.01 有输入时，三个 PLC 的输出点同时为 OFF。

（2）PLC（B）的启动输入点 0.00 有输入时，PLC（B）的输出点 100.01 立即为 ON，延时 2 s 后 PLC（C）的输出点 100.02 为 ON；当 PLC（B）的停止输入点 0.01 有输入时，PLC（B）的 100.01 点和 PLC（C）的 100.02 点立即同时为 OFF。

（3）PLC（C）的启动输入点 0.00 有输入时，PLC（C）的输出点 100.02 立即为 ON，当 PLC（C）的停止输入点 0.01 有输入时，PLC（C）的 100.02 点立即为 OFF。

（4）通过 PLC（C）可以设置 PLC（A）、PLC（B）的定时时间。当 PLC（C）的 0.02 闭合时，PLC（A）、PLC（B）的定时时间为 10 s；当 PLC（C）的 0.03 闭合时，PLC（A）、PLC（B）的定时时间为 5 s。

二、通信线路的连接

RS-485 通信线路连接如图 6-1 所示，在 CP1W-CIF11 板上找一组正负端子对接即可。例如，主站 RDA-接从站 RDA-，RDB+接 RDB+，从站和从站之间也是这样连接。CP1W-CIF11 均安装在 PLC 的选件板槽位 2 上，即串口 2-模式。

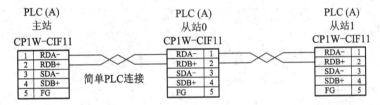

图 6-1　主站、从站 RS-485 通信线路连接

三、CP1W-CIF11 开关的设定

在 CP1W-CIF11 选件板的反面有 6 位的 DIP 开关，其含义见表 6-1。

表 6-1　CP1W-CIF11 选件板 DIP 开关的含义

开关位			设　定
1	ON	ON（两端）	终端电阻选择
	OFF	OFF	
2	ON	2 线连接	2 线或 4 线选择
	OFF	4 线连接	
3	ON	2 线连接	2 线或 4 线选择
	OFF	4 线连接	
4	—	—	不使用
5	ON	启用 RS 控制	用于接收数据（RD）的 RS 控制选择
	OFF	禁用 RS 控制（始终接收数据）	
6	ON	启用 RS 控制	用于发送数据（SD）的 RS 控制选择
	OFF	禁用 RS 控制（始终发送数据）	

当采用 RS-485 通信方式时，DIP 开关的设置如下：

主站：1=ON；2、3=ON；5=ON；6=ON。

从站 0：1=OFF；2、3=ON；5=ON；6=ON。

从站 1：1＝ON；2、3＝ON；5＝ON；6＝ON。

四、PLC 系统的设定

1. 主站侧的设定

主站侧的设定如图 6－2 所示。其具体设定方法如下：

（1）根据 CP1W-CIF11 的安装位置，将"串行选项端口-模式"设定为"PC Link（主站）"。

（2）将"PC 链接模式"设定为"全部"。

（3）设定"链接字"为"10（缺省）"。

（4）设定"NT/PC 链接最大"为"1"（即链接从站分别为♯0、♯1）。

2. 从站侧的设定

从站侧的设定如图 6－3 所示。其设定方法如下：

（1）根据 CP1W-CIF11 的安装位置，将"串行选项端口-模式"设定为"PC Link（从站）"。

（2）设定从站 0"PC 链接单元号"为"0"，设定从站 1"PC 链接单元号"为"1"。

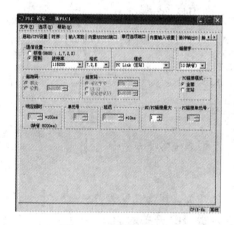 

图 6－2　主站侧的设定　　　　　　　　图 6－3　从站 0 的设定

五、程序的编写

PLC（主站）、PLC（从站 0）和 PLC（从站 1）的梯形图分别如图 6－4、图 6－5、图 6－6所示。

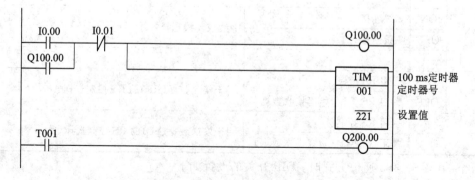

图 6－4　PLC（主站）的梯形图

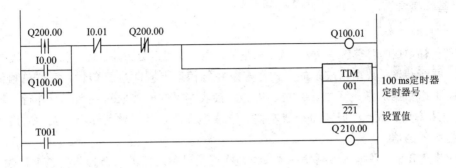

图 6 - 5　PLC(从站 0)的梯形图

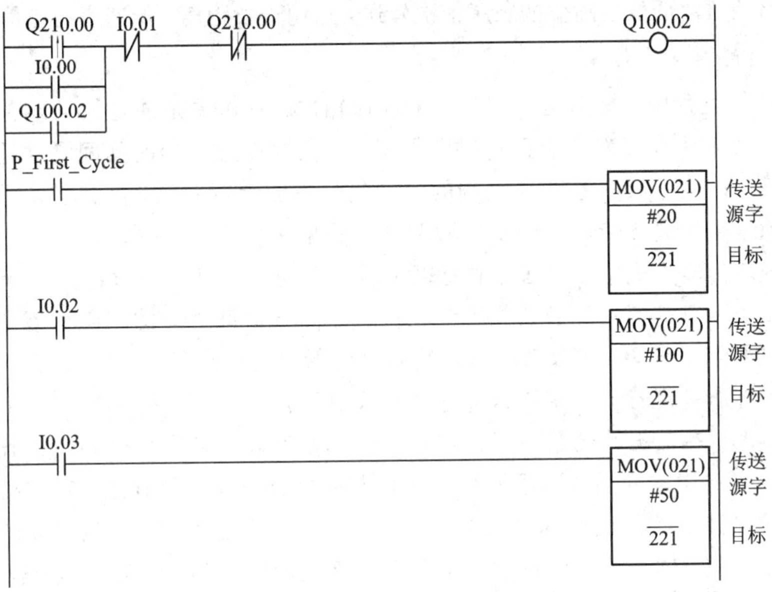

图 6 - 6　PLC(从站 1)的梯形图

在图 6 - 4 中，PLC 主站通过 200.00 控制 PLC 从站 0，PLC 从站 0 通过 210.00 控制 PLC 从站 1，PLC 从站 1 通过 221 控制 PLC 主站和 PLC 从站 0 的延时时间。

六、运行、调试程序

(1) 下载程序，在线监控程序的运行。

(2) 针对程序的运行情况，调试程序直至符合控制要求。

知识链接

一、通信基本知识

数据通信就是将数据信息通过适当的传送线路从一台机器传送到另一台机器。这里的机器可以是计算机、PLC 或具有数据通信功能的其他数字设备。

数据通信系统的任务是把地理位置不同的计算机和 PLC 及其他数字设备连接起来，高效率地完成数据传送、信息交换和通信处理三项任务。数据通信系统一般由传送设备、传送控制设备和传送协议及通信软件等组成。

1. 基本概念

1）并行传输与串行传输

按照传输数据的时空顺序分类，数据通信的传输方式可以分为并行传输和串行传输两种。

（1）并行传输：数据以成组的方式在多条并行信道上同时进行传输，每位单独使用一条线路，一组数据通常是 8 位、16 位、32 位，接收端可同时接收这些数据。并行传输方式具有传输速率快的优点，但是路线成本高，维修不方便，容易受到外界干扰，适用于短距离、高速率的通信。

（2）串行传输：数据按照顺序一位一位地在通信设备之间的一条通信信道上传输。在计算机中一般用 8 位二进制代码表示一个字符，在采用串行通信方式时，待传送的每个字符的二进制代码将按照由低位到高位的顺序依次发送，适用于长距离、低速率的通信。

2）异步传输和同步传输

在串行传输过程中，数据是一位一位依次传输的，发送端是通过发送时钟确定数据位的起始和结束，而接收端为了能正确识别数据，则需要以适当的时间间隔在适当的时刻对数据流进行采样。由于发送端与接收端的时钟信号不能绝对一致，因此必须采取一定的同步手段。目前常采用异步传输和同步传输两种方法来解决同步问题。

（1）在异步传输方式中，数据传输是以字符为单位，即每个字符作为一个独立的整体进行发送，每个字符都要附加起始位和终止位，字符与字符之间的间隔可以是任意的。异步传输方式的特点是简单、易实现，但传输效率较低，成本较高。

（2）同步传输是将若干个字符组合起来一起进行传输。这些组合起来的字符被称为数据帧（简称为帧）。在数据帧的第一部分包含一组同步字符，它是一个独特的比特组合，类似于异步传输方式中的起始位，用于通知接收方一个数据帧已经到达，它同时还能确保接收方的采样速度和比特的到达速度保持一致，使收发双方进入同步。数据帧的最后一部分是一个帧结束标记。同步传输的特点是可获得较高的传输速率，但实现起来较复杂。

3）传输速率

传输速率是指单位时间内传输的信息量，它是衡量系统传输性能的主要指标，常用波特率（Baud Rate）来表示。波特率是指每秒传输二进制数据的位数，单位是 b/s。

2. 通信协议

为了实现两设备之间的通信，通信双方必须对通信的方式和方法进行约定，否则双方将无法接收和发送数据。接口的标准可以从两个方面进行理解：一是硬件方面（物理连接），即规定了硬件接线的数目、信号电平的表示及通信接头的形状等；二是软件方面（协议），即双方如何理解收或发数据的含义，如何要求对方传出数据等，一般把它称为通信协议。

3. 串行通信接口标准

串行通信的接口与连线电缆是直观可见的，它们的相互兼容是通信得以保证的第一要求，因此串行通信的实现方法发展迅速，形式繁多，这里主要介绍 RS-232C 串行接口标准和 RS-422/RS-485 接口标准。

1）RS-232C

RS-232C 是 1962 年由美国电子工业协会 EIA 公布的串行通信接口。RS 是英文"Recommended Standard（推荐标准）"的缩写，232 是标识号，C 表示修改的次数。它规定了终端设备(DTE)和通信设备(DCE)之间的信息交换的方式和功能，当今几乎每台计算机和终端设备都配备了 RS-232C 接口。RS-232C 组网接线示意图如图 6-7 所示。

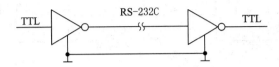

图 6-7　RS-232C 组网接线示意图

RS-232C 的电气接口单端、双极性电源供电电路有许多不足之处，主要有以下几点：

(1) 数据传输速率低，最高为 20 kb/s。

(2) 传输距离短，最远为 15 m。

(3) 通信设备共用一根信号地线，接口使用不平衡收/发器，通信容易受到干扰。

2) RS-422/RS-485

为了解决 RS-232C 的这些问题，EIA 在 1977 年推出 RS-449 标准，在提高传输速率、增加传输距离、改进电器特性等方面做出了很多努力。目前工业环境中广泛使用的 RS-422/RS-485 就是在此标准下派生出来的。

(1) RS-422。RS-422 采用全双工方式通信，两对平衡差分信号线分别用于发送和接收。最大传输速率为 10 Mb/s，最大传输距离为 1200 m，且一台驱动器可以连接 10 台接收器。其中，一个为主设备，其余为从设备，从设备之间不能通信，故 RS-422 支持点对多的双向通信，它广泛应用于计算机与终端或外设之间的远距离通信。

(2) RS-485。RS-485 只有一对平衡差分信号线，用于发送和接收数据，使用 RS-485 通信接口和连接线路可以组成串行通信网络，实现分布式控制系统。网络中最多可以由 32 个子站(PLC)组成。为提高网络的抗干扰能力，在网络的两端要并联两个电阻，阻值一般为 120 Ω。RS-485 的通信距离可以达到 1200 m。在 RS-485 通信网络中，每个设备都有一个编号用以区分，这个编号称为地址。地址必须是唯一的，否则会引起通信混乱。

(3) RS-422 和 RS-485 的区别：前者能实现点对多的通信，而后者能实现点对多及多对点双向通信。另外，现场使用的 RS-422 接口多数都是通过全双工方式通信，而大多数 RS-485 接口通过半双工通信。RS-485 组网接线示意图如图 6-8 所示。

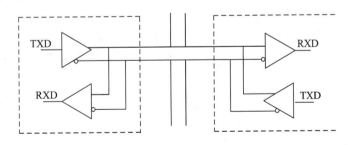

图 6-8　RS-485 组网接线示意图

4. 通信方式

1) 单工通信方式

单工通信方式是指信号在任何时间内只能沿信道的一个方向传输，不允许改变方向，如图6-9所示。其中，甲站只能作为发送端，乙站只能作为接收端。

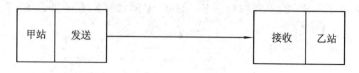

图6-9 单工通信方式

2）半双工通信方式

半双工通信方式是指信号在信道中可以双向传输，但两个方向只能交替进行，而不能同时进行，如图6-10所示。

图6-10 半双工通信方式

3）全双工通信方式

全双工通信方式允许通信的双方在任何一个时刻，均可同时在两个方向传输数据信号，如图6-11所示。

图6-11 全双工通信方式

5．通信参数

对于串行通信方式，在通信时双方必须约定好线路上通信数据的格式，否则接收方无法接收数据。同时，为提高传输数据的准确性，还应该设定检验位，当传输的数据出错时，检验位可以指示出错误。

通信格式设置的主要参数有以下几个。

（1）波特率：由于是以位为单位进行传输数据的，所以必须规定每位传输的时间，一般用每秒传输多少位来表示，常用的有 1200 b/s、2400 b/s、4800 b/s、9600 b/s、19 200 b/s。

（2）起始位个数：开始传输数据的位称为起始位，在通信之前双方必须确定起始位的个数，以便协调一致。起始位数一般为1。

（3）数据位数：一次传输数据的位数。当每次传输数据时，为提高数据传输的效率，一次不仅仅传输1位，而是传输多位，一般为 8 位，正好 1 个字节（1 B）。常见的还有 7 位，用于传输 ASCII 码。

（4）检验位：为了提高传输的可靠性，一般要设定检验位，以指示在传输过程中是否出错，一般单独占用 1 位。常用的检验方式有偶检验和奇检验。当然也可以不用检验位。

① 偶检验：规定传输的数据和检验位中"1"（二进制）的个数必须是偶数，当个数不是偶数时，则说明数据传输出错。

② 奇检验：规定传输的数据和检验位中"1"（二进制）的个数必须是奇数，当个数不是奇数时，则说明数据传输出错。

（5）停止位：当一次数据位传输完毕后，必须发出传输完成的信号，即停止位。停止位一般有 1 位、1.5 位和 2 位的形式。

（6）站号：在通信网络中，为了标示不同的站，必须给每个站一个唯一的标识符，称为站号。站号也可以称为地址。同一个网络中所有站的站号不能相同，否则会出现通信混乱的现象。

二、欧姆龙 PLC 的串行 PLC 链接通信

串行 PLC 链接通信允许数据在 CP1E-NA 型 CPU 单元、CP1L/CP1H CPU 单元或 CJ1M CPU 单元之间进行交换而无须使用特殊编程。串行通信模式设为串行 PLC 链接，共可链接 9 台 PLC，包括 1 台主站和 8 台从站。每 1 单元共享最大 10 字的数据（PT 不包括在串行 PLC 链接中）。

3 台 PLC 的通信

1. 串行 PLC 链接通信方式的种类

串行 PLC 链接通信方式有 1∶N 和 1∶1 链接通信两种。

（1）1∶N 链接通信：1 台 PLC 作为主站，可以连接多台 PLC 作为从站设备，适用于 CP1E、CP1L、CP1H 或 CJ1M 等 CPU 单元，从站最大为 8 个节点，如图 6 − 12 所示。

（2）1∶1 链接通信：1 台 PLC 作为主站，连接 1 台 PLC 作为从站设备，适用于 CP1E、CP1L、CP1H 或 CJ1M 等 CPU 单元，如图 6 − 13 所示。

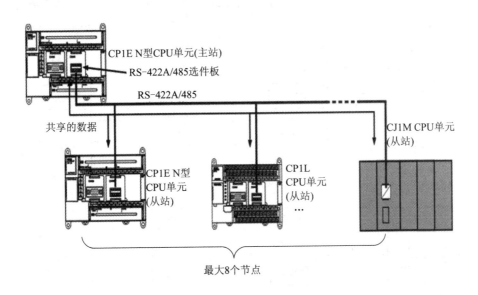

图 6 − 12　1∶N 链接通信

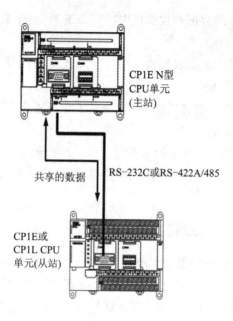

CP1E N型
CPU单元
(主站)

共享的数据   RS-232C或RS-422A/485

CP1E或
CP1L CPU
单元(从站)

图 6-13 1∶1 链接通信

2. 数据的更新方式

串行 PLC 链接通信设置时要求通信波特率相同,格式一致,地址不同。对于CP1E-NA型 PLC,串行 PLC 链接字为 CIO 200~CIO 289,每台 CPU 单元最多分配 10 个字。作为数据的更新方式,有全站链接方式和主站链接方式两种。

三台 PLC 通信实训

(1)全站链接方式:主站和从站都可反映串行 PLC 链接中所有节点的数据,对于网络中不存在的从站地址,其分配的数据区在所有节点中都为未定义,如图 6-14 所示。

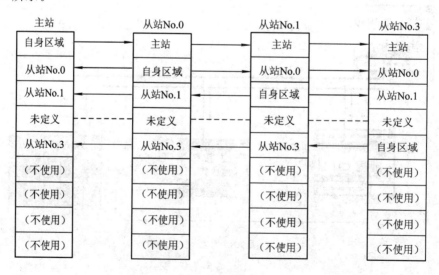

主站	从站No.0	从站No.1	从站No.3
自身区域	主站	主站	主站
从站No.0	自身区域	从站No.0	从站No.0
从站No.1	从站No.1	自身区域	从站No.1
未定义	未定义	未定义	未定义
从站No.3	从站No.3	从站No.3	自身区域
(不使用)	(不使用)	(不使用)	(不使用)
(不使用)	(不使用)	(不使用)	(不使用)
(不使用)	(不使用)	(不使用)	(不使用)
(不使用)	(不使用)	(不使用)	(不使用)

图 6-14 全站链接方式

全站链接方式链接字分配如表 6-2 所示。

表 6 - 2　全站链接方式链接字分配表

链接字	1 字	2 字	3 字	…	10 字
主站	CIO 200	CIO 200～201	CIO 200～202		CIO 200～209
主站 No.0	CIO 201	CIO 202～203	CIO 203～205		CIO 210～219
主站 No.1	CIO 202	CIO 204～205	CIO 206～208		CIO 220～229
主站 No.2	CIO 203	CIO 206～207	CIO 209～211		CIO 230～239
主站 No.3	CIO 204	CIO 208～209	CIO 212～214	…	CIO 240～249
主站 No.4	CIO 205	CIO 210～211	CIO 215～217		CIO 250～259
主站 No.5	CIO 206	CIO 212～213	CIO 218～220		CIO 260～269
主站 No.6	CIO 207	CIO 214～215	CIO 221～223		CIO 270～279
主站 No.7	CIO 208	CIO 216～217	CIO 224～226		CIO 280～289
不使用	CIO 209～289	CIO 218～289	CIO 227～289		—

在实际应用中，建议直接使用 10 链接字，因其地址固定。例如，$2n0～2n9$、$n-1$ 即为从站站号。10 链接字示例（最大字数）如图 6 - 15 所示。

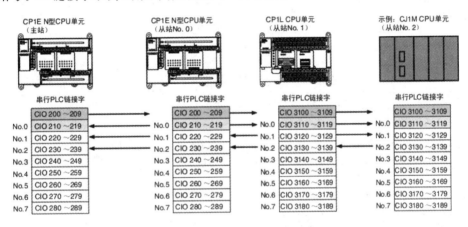

图 6 - 15　全站链接方式通信示例

（2）主站链接方式：串行 PLC 链接中仅主站可反映所有从站的数据，且从站也仅反映主站的数据，如图 6 - 16 所示。

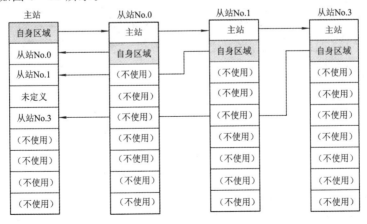

图 6 - 16　主站链接方式

由于各从站中分配用于自身数据的地址都相同，因而可通过通用的梯形图程序进行数据访问。

主站链接方式链接字分配如表 6-3 所示。

表 6-3　主站链接方式链接字分配表

链接字	1 字	2 字	3 字	…	10 字
主站	CIO 200	CIO 200～201	CIO 200～202		CIO 200～209
从站 No.0	CIO 200	CIO 202～203	CIO 203～205		CIO 210～219
从站 No.1	CIO 201	CIO 202～203	CIO 203～205		CIO 210～219
从站 No.2	CIO 201	CIO 202～203	CIO 203～205		CIO 210～219
从站 No.3	CIO 201	CIO 202～203	CIO 203～205	…	CIO 210～219
从站 No.4	CIO 201	CIO 202～203	CIO 203～205		CIO 210～219
从站 No.5	CIO 201	CIO 202～203	CIO 203～205		CIO 210～219
从站 No.6	CIO 201	CIO 202～203	CIO 203～205		CIO 210～219
从站 No.7	CIO 201	CIO 202～203	CIO 203～205		CIO 210～219
不使用	CIO 202～289	CIO 204～289	CIO 206～289		—

在实际应用中，建议直接使用 10 链接字，因其地址固定。例如，$2n0～2n9$、$n-1$ 即为从站站号。10 链接字示例（最大字数）如图 6-17 所示。

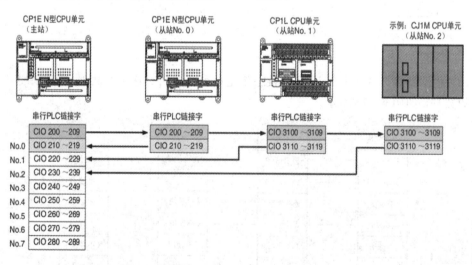

图 6-17　主站链接方式通信示例

本项工作任务的评分标准如表 6-4 所示。

表 6-4　评 分 标 准

		工作任务 1　串行 PLC 链接通信				
组别：			组员：			
项目	配分	考 核 要 求	扣 分 标 准	扣分记录	得分	
电路设计	40分	根据给定的控制电路图，列出 PLC 输入/输出元件地址分配表，设计梯形图及 PLC 输入/输出接线图，根据梯形图列出指令表	(1) 输入/输出地址遗漏或写错，每处扣2分； (2) 梯形图表达不正确或画法不规范，每处扣3分； (3) 接线图表达不正确或画法不规范，每处扣3分； (4) 指令有错误，每条扣2分			
安装与接线	30分	按照 PLC 输入/输出接线图在模拟配线板上正确安装元件，元件在配线板上布置要合理，安装要准确紧固。配线美观，下入线槽中要有端子标号	(1) 元件布置不整齐、不均匀、不合理，每处扣1分 (2) 元件安装不牢固、安装元件时漏装螺钉，每处扣1分； (3) 损坏元件，扣5分； (4) 通信运行正常，如不按电路图接线，扣1分； (5) 布线不入线槽、不美观，主电路、控制电路每根扣0.5分； (6) 接点松动、露铜过长、反圈、压绝缘层，标记号不清楚、遗漏或误标，每处扣0.5分； (7) 损伤导线绝缘或线芯，每根扣0.5分； (8) 不按 PLC 控制 I/O 接线图接线，每处扣2分			
程序输入与调试	20分	熟练操作键盘，能正确地将所编写的程序下载到 PLC；按照被控设备的动作要求进行模拟调试，达到设计要求	(1) 不能熟练录入指令，扣2分； (2) 不会使用删除、插入、修改等命令，每项扣2分； (3) 一次调试不成功扣4分，二次调试不成功扣8分，三次调试不成功扣10分			
安全文明工作	10分	(1) 安全用电，无人为损坏仪器、元器件和设备； (2) 保持环境整洁，秩序井然，操作习惯良好； (3) 小组成员协作和谐，态度正确； (4) 不迟到、不早退、不旷课	(1) 发生安全事故，扣10分； (2) 人为损坏设备、元器件，扣10分； (3) 现场不整洁、工作不文明、团队不协作，扣5分； (4) 不遵守考勤制度，每次扣2~5分			
总分：						

1. 控制要求

使用主站链接方式通信，实现 3 台 PLC 数据通信。当一台 CP1E-NA 型 PLC（A）和另两台 PLC（B、C）相距通信时，控制要求如下：

（1）PLC（A）的启动输入点 0.00 有输入时，在 PLC（A）的输出点 100.00 立即为 ON，延时 2 s 后 PLC（B）的输出点 100.00 为 ON，再延时 2 s 后 PLC（C）的输出点 100.00 为 ON；当 PLC（A）的停止输入点 0.01 有输入时，三个 PLC 的输出点同时为 OFF。

（2）PLC（B）的启动输入点 0.00 有输入时，在 PLC（B）的输出点 100.01 立即为 ON，延时 2 s 后 PLC（C）的输出点 100.01 为 ON，再延时 2 s 后 PLC（A）的输出点 100.01 为 ON；当 PLC（B）的停止输入点 0.01 有输入时，三个 PLC 的输出点同时为 OFF。

（3）PLC（C）的启动输入点 0.00 有输入时，在 PLC（C）的输出点 100.02 立即为 ON，延时 2 s 后 PLC（A）的输出点 100.02 为 ON，再延时 2 s 后 PLC（B）的输出点 100.02 为 ON；当 PLC（C）的停止输入点 0.01 有输入时，三个 PLC 的输出点同时为 OFF。

2. 训练内容

（1）PLC 通信线路连接；

（2）CP1W-CIF11 开关和 PLC 系统的设定；

（3）根据控制要求设计梯形图程序；

（4）输入程序并调试；

（5）安装、运行控制系统；

（6）汇总整理文档，保留工程文件。

工作任务 2　基于端子控制的 PLC 和变频器的应用

教学导航

【能力目标】

（1）会进行 PLC 和变频器间端子用直接连接的方式控制变频器运行；

（2）能用 PLC 控制变频器进行逻辑切换。

【知识目标】

（1）理解 PLC 输出端与外部设备的接线方式；

（2）掌握 PLC 控制系统的设计方法；

（3）掌握欧姆龙 3G3MX2 变频器多段速度参数的设置。

任务引入

在锅炉及许多其他的工业设备中，常常需要对水位或其他液位进行控制。采用变频调速系统控制水位可达到节能的效果。

所谓水位控制，顾名思义就是将水位限制在一定范围内的控制。

外部端子控制
变频器运行

通常在储水器中设定一个上限水位 L_H 和一个下限水位 L_L，当水位低于下限水位 L_L 时，启动水泵，向储水器内供水；当水位达到上限水位 L_H 时，关闭水泵，停止供水。

因此，水泵每次启动后的任务便是向储水器内提供一定容积（下限水位与上限水位之间）的水，如图 6-18 所示。

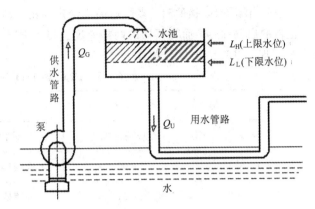

图 6-18　水位控制示意图

任务分析

在提供相同容积水的前提下，只需通过变频调速适当降低水泵的转速即可达到节能的目的，且水泵转速越低，节能效果就越好。但在用水高峰期，必须考虑是否来得及供水的问题。

在来不及供水的情况下，应该考虑进行提速控制。为此，在水池中设置了两挡下限水位 L_{L1}（由 3 号棒控制）和 L_{L2}（由 2 号棒控制）。

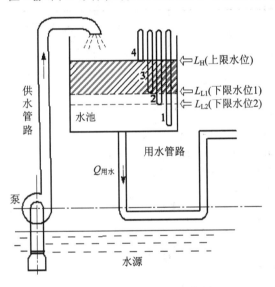

图 6-19　水位监测示意图

水位监测的方法很多，目前，比较价廉且可靠的是电极棒方式，这种方法是利用水的导电性能来取得信号的：当两根电极棒都在水中时，它们之间是"接通"的；当两根电极棒中只有一根在水中时，它们之间便是"断开"的。其中，1 号电极棒用作公共接点，2、3、4 号电极棒分别用于控制不同的水位，如图 6-19 所示。水位信号通过处理后直接送给 PLC 的输入端，而 PLC 的输出端可直接连接变频器的数字输入端，由 PLC 根据水位情况自动选择变频器的多挡速度。

在正常情况下，水泵以较低的转速 n_L 运行，水位被控制在 3 号电极棒 L_{L1} 和 4 号电极棒 L_H 之间。如果在用水高峰期，水泵低速 n_L 运行时的供水量不足以补充用水量，则水位将会越过 3 号电极棒 L_{L1} 后继续下降。当水位低于 2 号电极棒 L_{L2} 时，水泵的转速提高至 n_H，并增大供水量，阻止水位的继续下降；当水位上升至 3 号电极棒 L_{L1} 以上时，经适当延时后又可将转速恢复至低速 n_L 运行；当水位达到上限水位 L_H 时，将会关闭水泵，停止供水。

任务实施

一、I/O 图分配

本任务中采用的变频器是 3G3MX2 型，PLC 采用 CP1E-NA 型。可直接利用 PLC 的

24 V DC 作为金属棒的信号，即 1～4 号电极棒直接接到 PLC 的输入端。变频器采用直接选择端子二进制组合的方式实现 2 挡速度控制水泵，当端子 S2 接通时，多段速频率给定为第一段速；当端子 S3 接通时，多段速频率给定为第二段速。此外，变频器需要一个端子 S1 作为正转的启动命令，而变频器的两挡速度选择由 PLC 的输出端直接控制，延时功能也由 PLC 来实现。PLC 的 I/O 分配如表 6-5 所列。

表 6-5　PLC 的 I/O 分配

输　入		输　出	
输入设备	PLC 输入端	输出设备	PLC 输出端
启动按钮 SB1	I0.00	变频器 S1 端子	Q100.00
停止按钮 SB2	I0.01	变频器 S2 端子	Q100.01
电极棒 2	I0.02	变频器 S3 端子	Q100.02
电极棒 3	I0.03		
电极棒 4	I0.04		

二、PLC 硬件接线图

PLC 与变频器硬件接线图如图 6-20 所示。

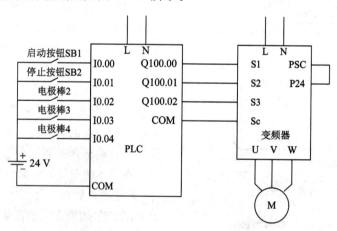

图 6-20　PLC 与变频器硬件接线图

三、设计梯形图程序

由于变频器采用数字量端子(S2、S3)二进制组合的方式实现两段速控制的频率给定，要让变频器运行，还必须加上一个正转的启动命令，所以当 PLC 的 100.00 和 100.01 接通时，水泵按照低速(20 Hz)运行；当 PLC 的 100.00 和 100.02 接通时，水泵按照高速(40 Hz)运行。PLC 梯形图程序如图 6-21 所示。

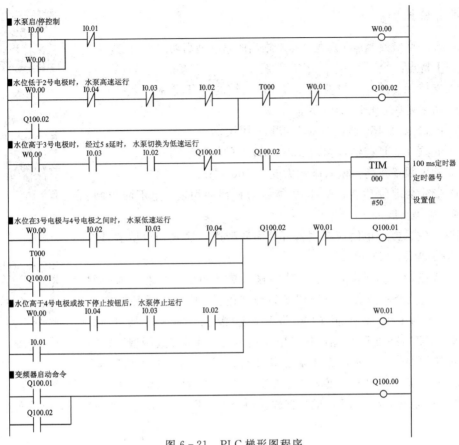

图 6-21 PLC 梯形图程序

四、运行并调试程序

运行调试程序前必须先设置变频器参数。变频器实现两段速度控制的方法有多种,这里采用数字量端子二进制组合方式进行频率给定,频率的选择由数字输入端口 S2 和 S3 组合实现。注意:不管是低速运行还是高速运行,正转命令 S1 必须接通。

根据控制要求设置 2 段固定频率控制参数,如表 6-6 所列。

表 6-6 2 段固定频率控制参数

参数 No.	初始数据	设置值	说　　明
A002	02	01	由外部端子控制变频器运行
A021	0.00	20.00	低速 n_L 设置为 20 Hz
A022	0.00	40.00	高速 n_H 设置为 40 Hz
C001	00	00	由 S1 端子输入变频器正转命令
C002	01	02	由 S2 端子输入变频器第一段速度
C003	18	03	由 S3 端子输入变频器第二段速度

n_H 的大小究竟以多大为宜,必须由反复多次的实践来确定。确定的原则是在能够阻止水位继续下降的前提下,$n_H(f_H)$ 应越小越好。

认识变频器

3G3MX2 型变频器是欧姆龙公司新推出的紧凑型高功能小型变频器，其具有以下特点：

(1) 支持无传感器矢量控制和带速度反馈的 V/F 控制；

(2) 功率范围：0.1～15 kW；

(3) 内置 RS-485 通信口和 Modbus 协议；

变频器的基本
运行原理

(4) 低频 0.5 Hz 运行时提供 200% 以上的转矩输出；

(5) 输出频率在高频模式下最大支持 1000 Hz；

(6) 带简易定位功能、AVR 功能、V/F 特性切换、上下限限制、16 段多段速等功能。

变频器输入接口电路控制逻辑可分为漏型逻辑输入和源型逻辑输入，其电路如图6-22 所示。

变频器的结构

输入控制逻辑的切换方法：多功能输入端子的出厂状态设为漏型逻辑输入。若要将输入控制逻辑切换为源型逻辑，则应拆下控制电路端子块的 P24-PSC 端子间的短路片，连接至 PSC-SC 端子间。3G3MX2 型变频器与 PLC 输出接口电路连接时，通常接成漏型逻辑输入，原理如图 6-23 所示，变频器自带直流 24 V 输出，P24 为正极，SC<L> 为负极，当 P24 与数字量输入端子 S1～S7 的公共端 PSC<PLC> 短接时，电流从端子 S1～S7 流出，经过 PLC 继电器输出触点，回到 SC<L> 的电源负极，构成回路。

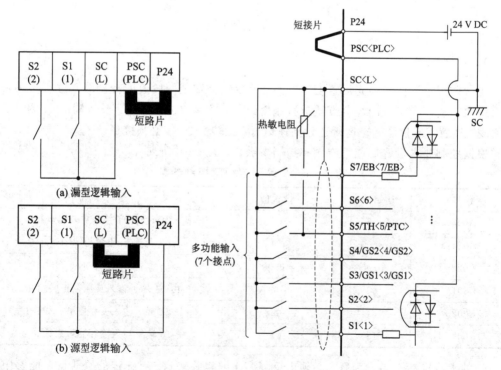

图 6-22　变频器输入接口电路　　图 6-23　3G3MX2 型变频器数字量输入端口工作原理

本项工作任务的评分标准如表6-7所示。

表6-7 评 分 标 准

工作任务2 基于端子控制的PLC和变频器的应用					
组别：			组员：		
项目	配分	考 核 要 求	扣 分 标 准	扣分记录	得分
电路设计	40分	根据给定的控制电路图，列出PLC输入/输出元件地址分配表，设计梯形图及PLC输入/输出接线图，根据梯形图列出指令表	(1) 输入/输出地址遗漏或写错，每处扣2分； (2) 梯形图表达不正确或画法不规范，每处扣3分； (3) 接线图表达不正确或画法不规范，每处扣3分； (4) 指令有错误，每条扣2分		
安装与接线	30分	按照PLC输入/输出接线图在模拟配线板上正确安装元件，元件在配线板上布置要合理，安装要准确紧固。配线美观，下入线槽中要有端子标号	(1) 元件布置不整齐、不均匀、不合理，每处扣1分； (2) 元件安装不牢固、安装元件时漏装螺钉，每处扣1分； (3) 损坏元件，扣5分； (4) 电动机运行正常，如不按电路图接线，扣1分； (5) 布线不入线槽、不美观，主电路、控制电路每根扣0.5分； (6) 接点松动、露铜过长、反圈、压绝缘层，标记线号不清楚、遗漏或误标，每处扣0.5分； (7) 损伤导线绝缘或线芯，每根扣0.5分； (8) 不按PLC控制I/O接线图接线，每处扣2分		
程序输入与调试	20分	熟练操作键盘，能正确地将所编写的程序下载到PLC；按照被控设备的动作要求进行模拟调试，达到设计要求	(1) 不能熟练录入指令，扣2分； (2) 不会使用删除、插入、修改等命令，每项扣2分； (3) 一次调试不成功扣4分，二次调试不成功扣8分，三次调试不成功扣10分		
安全文明工作	10分	(1) 安全用电，无人为损坏仪器、元器件和设备； (2) 保持环境整洁，秩序井然，操作习惯良好； (3) 小组成员协作和谐，态度正确； (4) 不迟到、不早退、不旷课	(1) 发生安全事故，扣10分； (2) 人为损坏设备、元器件，扣10分； (3) 现场不整洁、工作不文明、团队不协作，扣5分； (4) 不遵守考勤制度，每次扣2～5分		
	总分：				

1. 控制要求

用 PLC 实现电动机自动多速循环运行,如图 6 - 24 所示。按下电动机运行按钮,电动机启动并运行在高速 50 Hz频率所对应的 1400 r/min 的转速上;延时 10 s 后电动机降速,运行在中速 40 Hz 频率所对应的 1120 r/min 的转速上;再延时 10 s 后电动机继续降速,运行在低速 20 Hz频率所对应的 560 r/min 的转速上;然后延时 10 s 电动机升速,又运行在高速 50 Hz 频率所对应的 1400 r/min的转速上;如此循环运行。按下停车按钮,电动机停止运行。

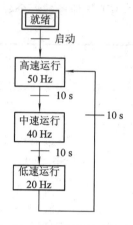

图 6 - 24   电动机循环运行示意图

2. 训练内容

(1) 写出 I/O 分配表;
(2) 根据控制要求设计梯形图程序;
(3) 输入程序并调试;
(4) 安装、运行控制系统;
(5) 汇总整理文档,保留工程文件。

工作任务 3   PLC 与变频器的通信

⭐ **教学导航** 👆

【能力目标】

(1) 能通过 PLC 设计梯形图实现 Modbus 通信协议与变频器通信;
(2) 会将串行通信选项件板 CP1W-CIF11 配置为 RS - 485 通信方式,并能正确连接变频器。

【知识目标】

(1) 理解 Modbus 协议;
(2) 掌握 Modbus 协议与变频器通信程序的编写;
(3) 理解变频器参数的设置。

⭐ **任务引入** 👆

欧姆龙 CP1E-NA 型 PLC 和欧姆龙 3G3MX2 型变频器采用 Modbus 通信协议,控制一台电动机实现多段速运行控制。系统设置启动/停止开关和频率给定按钮,先通过预设频率给定按钮实现频率给定,接通启动/停止开关后,电动机将按照预先设定的频率运行,在电动机运行过程中,按下其他的频率给定按钮后,电动机立即按照新的频率运行,任意时刻只要启

PLC 与变频器的通信

动/停止开关断开，电动机即停止运行。PLC 和变频器 Modbus 通信连接示意图如图 6 -
25 所示。

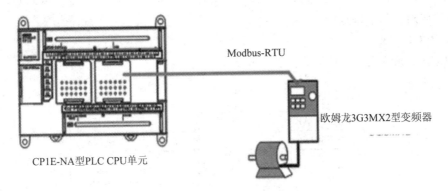

Modbus-RTU

欧姆龙3G3MX2型变频器

CP1E-NA型PLC CPU单元

图 6 - 25　PLC 与变频器的 Modbus 通信连接示意图

任务分析

传统的 PLC 与变频器之间的接口大多采用的是依靠 PLC 的数字量输出来控制变频器的启停，依靠 PLC 的模拟量输出来控制变频器的速度给定，这样做存在以下五个问题。

(1) 控制系统在设计时需用很多硬件，致使造价昂贵。

(2) 现场的布线较多，容易引起噪声和干扰。

(3) PLC 和变频器之间传输的信息受硬件的限制，交换的信息量很少。

(4) 在变频器的启停控制中，由于继电器、接触器等硬件的动作时间有延时，从而影响了控制精度。

(5) 通常变频器的故障状态是由一个接点输出，PLC 虽然能得到变频器的故障状态，但不能准确地判断出是何种故障。

如果 PLC 通过与变频器进行通信来进行信息交换，那么就可以有效地解决上述问题，因为通信方式具有使用的硬件较少、传送的信息量较大、速度较快等特点。另外，通过网络可以连续地对多台变频器进行监视和控制，实现多台变频器之间的联动控制和同步控制，还可以实时地调整变频器里的参数。若使用欧姆龙 CP1E-NA 型 PLC 和 3G3MX2 型变频器之间的 Modbus 通信协议，用户便可以通过程序调用的方式来实现 PLC 和变频器之间的通信，而且可使编程的工作量变小。通信网络由 PLC 和变频器内置的 RS - 485 通信口和双绞线组成，一台 CP1E-NA 型 PLC 最多可以和 31 台变频器进行通信，这是一种费用低、使用方便的通信方式。

任务实施

1. 控制要求

使用 CP1E-NA 型 PLC 通过 Modbus 协议控制 3G3MX2 型变频器实现多段速控制，开关 SA1 接 PLC 输入端 0.00 控制系统的启动与停止，按钮 SB1、SB2、SB3 分别表示三段速度，分别对应 PLC 输入端 0.01、0.02、0.03。当按下相应按钮后，对应变频器的频率分别

PLC 与变频器的多段速控制

为10 Hz、20 Hz、30 Hz，先进行速度设定，当按下按钮 SB1 时，设定变频器频率为10 Hz，按下开关 SA1 时，变频器按照 10 Hz 运行。同理，分别按下按钮 SB2、SB3 时，变频器按照 20 Hz、30 Hz 运行。变频器在运行过程中，若按下频率设定按钮，则变频器频率立即改变，且按照对应的频率运行。

2. PLC、变频器的接线

PLC、变频器之间的接线如图 6 - 26 所示。

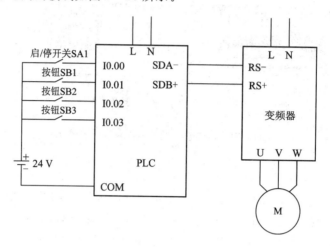

图 6 - 26　PLC、变频器之间的接线

3. 变频器的参数设置

将变频器终端电阻切换开关拨到"ON"的位置，变频器将按照表 6 - 8 所列参数进行设置。

表 6 - 8　变频器通信参数表

参数 No.	设定值	参 数 含 义
b84	03	初始化选择为异常监控，清除＋数据初始化
b180	01	初始化模式选择为实行
b37	00	参数显示选择：全显示
A001	03	频率参考选择 Modbus 通信
A002	03	运行命令选择 Modbus 通信
C071	05	通信传输速率为 9600 kb/s
C072	1.	通信站号选择 1
C074	01	通信奇偶校验选择偶校验
C075	1	通信停止位选择 1 位停止
C077	0.00	通信错误超时时间为 0.00 s
C078	0.	通信等待时间为 0 ms

4. PLC 与变频器通信梯形图

参照以上所学知识进行 CP1E-NA 型 PLC 通信参数的设置，并编写梯形图，如图 6 - 27 所示。

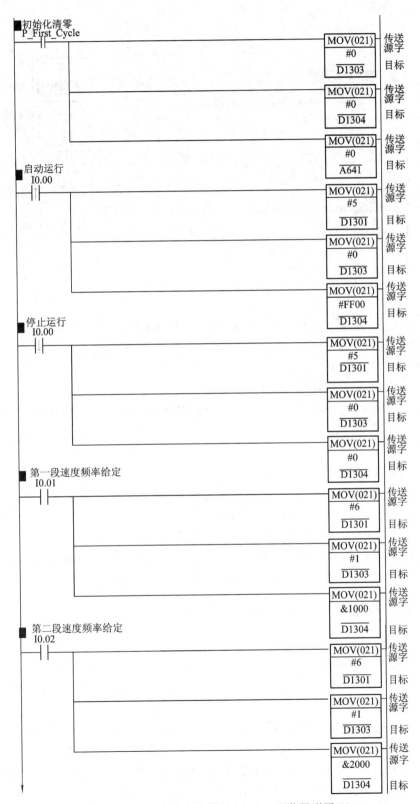

图 6-27　PLC 与变频器进行 Modbus 通信梯形图(1)

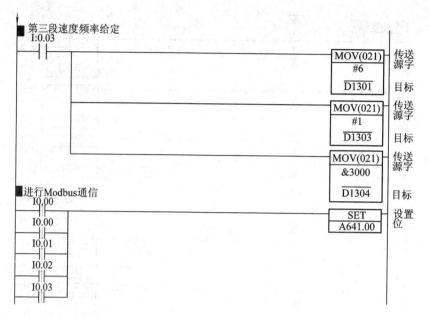

图 6-27 PLC 与变频器进行 Modbus 通信梯形图(2)

5. 运行并调试程序

（1）按接线图连接电路。

（2）向 PLC 下载程序并运行调试。

（3）在 3G3MX2 型变频器上设置参数，分析程序运行结果是否达到任务要求。

 **知识链接**

Modbus 协议是应用于电子控制器上的一种通用语言，它定义了一个控制器能认识使用的消息结构，描述了控制器请求访问和回应其他设备的过程以及怎样侦测错误并记录，制定了消息域格式和内容的公共格式。通过此协议，控制器相互之间、控制器经由网络（例如以太网）和其他设备之间就可以进行通信，它已经成为一个通用的工业标准，不同厂商遵循同一个协议生产的控制设备可以方便地连成一个网络，进行集中监控。本项目通过 PLC 和变频器之间的 Modbus-RTU 网络来介绍简单的网络控制。

一、Modbus-RTU 通信

1. Modbus-RTU 通信方式

Modbus 是 OSI 模型第 7 层上的应用层报文传输协议，在不同类型总线或网络的设备之间提供客户机/服务器通信。远程终端 RTU（Remote Terminal Unit）负责对现场信号、工业设备的监测和控制。RTU 将测得的状态或信号转换成可在通信媒体上发送的数据格式，它还将从中央计算机发来的数据转换成命令，实现对现场设备的控制。

Modbus 协议把通信参与者分为一个主站（Master）和若干个从站（Slave），每个从站分配一个唯一的地址。数据和信息的通信遵从主/从模式，采用命令/应答的通信方式，通信时主站发出请求，从站应答请求并传送回数据或状态信息。

Modbus 协议定义了一个与基础通信层无关的简单协议数据单元（PDU）。总线上的

Modbus 协议映射在应用数据单元(ADU)上并引入一些附加域,如地址域和差错校验,ADU 的地址域中只含有从站地址,差错校验根据使用的传输模式(RTU 或 ASCII)采用不同的计算方法,串行链路上的 Modbus 帧如图 6-28 所示。

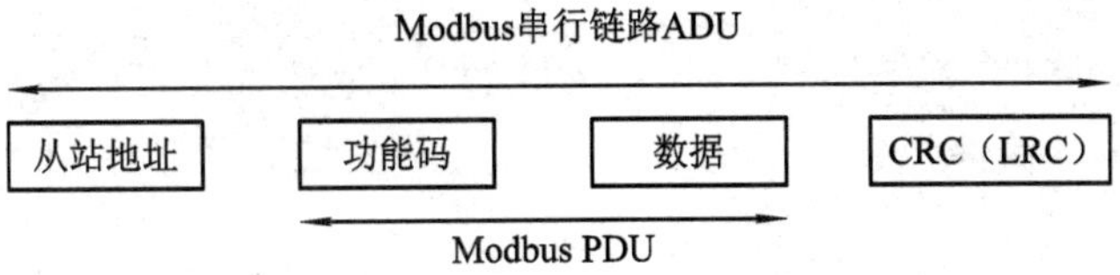

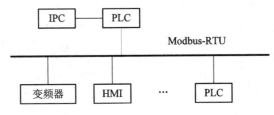

图 6-28　串行链路上的 Modbus 帧

2. Modbus-RTU 网络结构

Modbus 协议可以方便地在各种网络体系结构内进行通信,具有 Modbus 通信接口的工控机(IPC)、PLC、触摸屏(HMI)、控制面板、变频器、运动控制单元、I/O 等设备都能使用 Modbus 协议来启动远程操作,其常用的网络结构如图 6-29 所示。

图 6-29　Modbus-RTU 网络结构

3. 用于变频器的组网技术

以 1 台 PLC(欧姆龙 CP1E-NA 型)和 2 台(最多可达 31 台)变频器(欧姆龙 3G3MX2 型)的组网为例,介绍基于 Modbus-RTU 的变频器组网技术。

(1) IPC、PLC 和变频器的硬件连接:IPC 通过 RS-232 或 USB 接口与 PLC 连接,PLC 通过 RS-422A/485 选件板与变频器相连。

(2) 通信格式:通信传输速率为 9600 b/s;数据长度为 8 位;数据校验为偶校验;停止位为 1 位;通信协议为 Modbus(RTU 模式)。

(3) Modbus-RTU 主站:PLC 作为 Modbus-RTU 的主站,通过操作软件开关来发送 Modbus-RTU 命令,以达到控制变频器等 Modbus 从站设备的目的。主站 PLC 按指定编号发送控制信号,从站设备得到主站 PLC 的指令后,实施动作驱动,并把现场参数信号反馈给主站 PLC。PLC 通信设置有 CP1W-CIF11 DIP 开关、串口网关参数设置、通信数据及格式等。

(4) Modbus-RTU 从站:作为 Modbus-RTU 从站的变频器,通信设置有终端电阻、通信参数和通信数据。

二、CP1E-NA 型 PLC 和 3G3MX2 型变频器的通信

CP1E-NA 型 PLC 的 CPU 单元上有串口 1、串口 2 两个串行端口,其中串口 1 为内置的 RS-232C 接口,串口 2 可选用 CP1W-CIF01 端口插件配置为 RS-232C 接口,或选用 CP1W-CIF11 端口插件配置为 RS-422/485 接口。PLC 的 CPU 单元上配置的 RS-422/485 接口与 3G3MX2 变频器上的 RS-422/485 接口相连,采用国际标准的 Modbus 协议进

行主从通信。通过编写 PLC 程序，使变频器作为 Modbus 协议从站接收来自 CP1E-NA 型 PLC 主站的通信指令，实现启停、频率给定、监控等功能。

CP1E-NA 型 PLC 与 3G3MX2 系列变频器的通信需要做如下工作。

1. 硬件连接

确认 CP1E-NA 型 PLC 已安装好 RS－422A/485 通信选件板。现选 CP1W-CIF11 端口插件配置为 RS－485 接口，并安装到通信端口 2 上。

变频器的控制方式

（1）如图 6－30 所示为 CP1E-NA 型 PLC 与 1 台变频器的连接。使用双绞屏蔽电缆连接端口插件和变频器，电缆的一端接在端口插件的 SDA－、SDB＋端子，另一端接变频器控制电路端子块的 RS－、RS＋ 端子上，其余线不用。

（2）如图 6－31 所示为 PLC 与多台变频器的连接。为使 RS－485 通信保持稳定，可将变频器终端电阻切换开关拨到"ON"的位置。

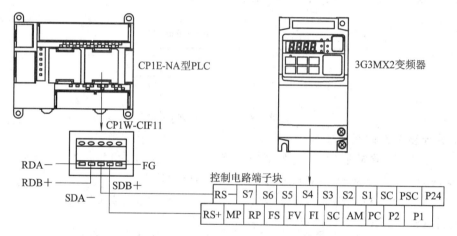

图 6－30　CP1E-NA 型 PLC 与 1 台 3G3MX2 型变频器的连接

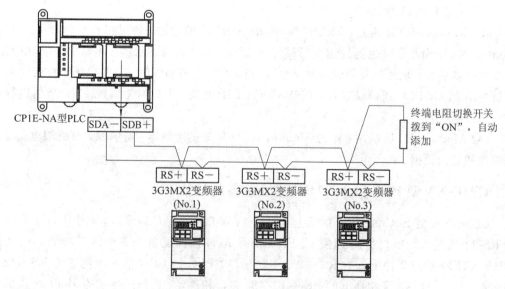

图 6－31　CP1E-NA 型 PLC 与多台 3G3MX2 型变频器的连接

2. 端口插件参数的设定

CP1W-CIF11 型端口插件参数的设定如表 6－9 所列。

表 6－9　CP1W-CIF11 型端口插件设定开关

开关	含	义	说　明
SW1	ON	有	有无终端电阻的选择
	OFF	无	
SW2	ON	2 线(RS－485)	SW2 和 SW3 的设置方式相同
	OFF	4 线(RS－422)	
SW3	ON	2 线(RS－485)	
	OFF	4 线(RS－422)	
SW4	—	—	空置
SW5	ON	RD：有 RS 控制	选择 RD 有无 RS 控制
	OFF	RD：无 RS 控制	
SW6	ON	SD：有 RS 控制	1：N 情况下，四线式时，SW6 为 ON；两线式时，SW6 为 ON
	OFF	SD：无 RS 控制	

3. PLC 的设定

(1) 通信设置：以 PLC 通过串行选项端口与变频器连接为例，使用编程软件 CX-Programmer 将串行选项端口模式设置为"Modbus-RTU 简易主站"，通信波特率为 9600，数据格式为"8，1，E"，如图 6－32 所示。

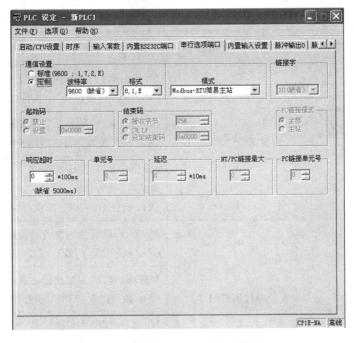

图 6－32　PLC 串行选项端口的设置

(2) 参数区的设置：须设置 Modbus-RTU 简易主站的参数区，详见表 6－10 所列。

表 6 - 10　Modbus-RTU 简易主站的参数区

CP1E-NA 型 CPU 单元 DM 分配字		位		内　　容
内置 RS - 232C 端口	串行选件 端口			
D1200	D1300	00～07	命令	从站地址（00 ～ F7 hex）
		08～15		保留（总为 00 hex）
D1201	D1301	00～07		功能代码
		08～15		保留（总为 00 hex）
D1202	D1302	00～15		通信数据字节数（0000～005E hex）
D1203～D1249	D1303～D1349	00～15		通信数据（最大 94 字节）
D1250	D1350	00～07	响应	从站地址（01～F7 hex）
		08～15		保留（总为 00 hex）
D1251	D1351	00～07		功能代码
		08～15		保留
D1252	D1352	00～07		错误代码
		08～15		保留（总为 00 hex）
D1253	D1353	00～15		响应字节数（0000～03EA hex）
D1254～D1299	D1354～D1399	00～15		响应数据（最大 92 字节）

Modbus-RTU 简易主站串口通信特殊辅助继电器说明见表 6 - 11 所列。

表 6 - 11　Modbus-RTU 简易主站串口通信特殊辅助继电器说明

辅助区字	辅助区位	端　　口	内　　容
A640	02	内置 RS - 232C 端口	Modbus-RTU 主站执行错误标志 ON：执行错误；OFF：执行正常或执行中
	01		Modbus-RTU 主站执行正常标志 ON：执行正常；OFF：执行错误或执行中
	00		Modbus-RTU 主站执行位 置 ON：执行开始 ON：执行中；OFF：非执行中或执行结束
A641	02	串行选件端口	Modbus-RTU 主站执行错误标志 ON：执行错误；OFF：执行正常或执行中
	01		Modbus-RTU 主站执行正常标志 ON：执行正常；OFF：执行错误或执行中
	00		Modbus-RTU 主站执行位 置 ON：执行开始；ON：执行中 OFF：非执行中或执行结束

串行选项端口在 D1300～D1349 中保存要发送给变频器的 Modbus-RTU 命令。使用 PLC 编程软件 CX-P 与 PLC 建立在线连接后，当串行选项端口的通信使能位 A641.00 由0→1时，Modbus-RTU 命令自动发出。变频器返回的响应保存在 D1350～D1399 中。

变频器的制动方式

4. 变频器的设定

（1）端电阻切换开关的设定：将变频器终端电阻切换开关拨到"ON"的位置，目的是使 RS-485 通信保持稳定，如图 6-33 所示。

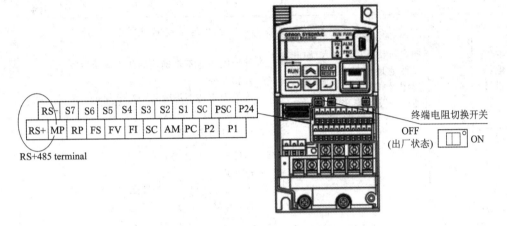

图 6-33　变频器 RS-485 通信设置

（2）变频器参数的设置：变频器 Modbus 通信（Modbus-RTU）的相关参数如表 6-12 所列。

表 6-12　变频器 Modbus 通信（Modbus-RTU）相关参数一览表

参数 No.	功能名称	数据	初始设定值
A001	第 1 频率指令的选择	03：Modbus 通信（Modbus-RTU）	02
A002	第 1 运行指令的选择	03：Modbus 通信（Modbus-RTU）	02
C071	通信传送速度选择	03：2400 b/s　　04：4800 b/s 05：9600 b/s　　06：19.2 kb/s 07：38.4 kb/s　　08：57.6 kb/s 09：76.8 kb/s　　10：115.2 kb/s	05
C072	通信站号的选择	1.～247.	1.
C074	通信奇偶校验的选择	00：无奇偶校验　　01：偶数（even）校验 02：奇数（odd）校验	00
C075	通信停止位的选择	1：1 位　　2：2 位	1
C076	通信异常时的选择	00：提示异常输出＋自由滑行停止 01：减速停止后提示异常 02：忽略　03：自由滑行　04：减速停止	02
C077	通信异常时超时	0.00：超时无效 0.01～99.99	0.00
C078	通信等待时间	0.～1000.	0.

本项工作任务的评分标准如表 6-13 所示。

表 6-13 评 分 标 准

<table>
<tr><td colspan="7" align="center">工作任务 3 PLC 与变频器的通信</td></tr>
<tr><td colspan="2">组别：</td><td colspan="5">组员：</td></tr>
<tr><td>项目</td><td>配分</td><td>考 核 要 求</td><td>扣 分 标 准</td><td>扣分
记录</td><td>得分</td></tr>
<tr>
<td>电路
设计</td>
<td>40 分</td>
<td>根据给定的控制电路图，列出 PLC 输入/输出元件地址分配表，设计梯形图及 PLC 输入/输出接线图，根据梯形图列出指令表</td>
<td>(1) 输入/输出地址遗漏或写错，每处扣 2 分；
(2) 梯形图表达不正确或画法不规范，每处扣 3 分；
(3) 接线图表达不正确或画法不规范，每处扣 3 分；
(4) 指令有错误，每条扣 2 分</td>
<td></td>
<td></td>
</tr>
<tr>
<td>安装
与
接线</td>
<td>30 分</td>
<td>按照 PLC 输入/输出接线图在模拟配线板上正确安装元件，元件在配线板上布置要合理，安装要准确紧固。配线美观，下入线槽中要有端子标号</td>
<td>(1) 元件布置不整齐、不均匀、不合理，每处扣 1 分；
(2) 元件安装不牢固、安装元件时漏装螺钉，每处扣 1 分；
(3) 损坏元件，扣 5 分；
(4) 电动机运行正常，如不按电路图接线，扣 1 分；
(5) 布线不入线槽、不美观，主电路、控制电路每根扣 0.5 分；
(6) 接点松动、露铜过长、反圈、压绝缘层，标记线号不清楚、遗漏或误标，每处扣 0.5 分；
(7) 损伤导线绝缘或线芯，每根扣 0.5 分；
(8) 不按 PLC 控制 I/O 接线图接线，每处扣 2 分</td>
<td></td>
<td></td>
</tr>
<tr>
<td>程序
输入
与
调试</td>
<td>20 分</td>
<td>熟练操作键盘，能正确地将所编写的程序下载到 PLC；按照被控设备的动作要求进行模拟调试，达到设计要求</td>
<td>(1) 不能熟练录入指令，扣 2 分；
(2) 不会使用删除、插入、修改等命令，每项扣 2 分；
(3) 一次调试不成功扣 4 分，二次调试不成功扣 8 分，三次调试不成功扣 10 分</td>
<td></td>
<td></td>
</tr>
<tr>
<td>安全
文明
工作</td>
<td>10 分</td>
<td>(1) 安全用电，无人为损坏仪器、元器件和设备；
(2) 保持环境整洁，秩序井然，操作习惯良好；
(3) 小组成员协作和谐，态度正确；
(4) 不迟到、不早退、不旷课</td>
<td>(1) 发生安全事故，扣 10 分；
(2) 人为损坏设备、元器件，扣 10 分；
(3) 现场不整洁、工作不文明、团队不协作，扣 5 分；
(4) 不遵守考勤制度，每次扣 2~5 分</td>
<td></td>
<td></td>
</tr>
<tr><td colspan="2">总分：</td><td colspan="4"></td></tr>
</table>

1. 控制要求

用 1 台 PLC 利用 Modbus 通信分别控制两台变频器，实现启动、停止、方向控制、速度选择、故障恢复等功能。

2. 训练内容

(1) 安装与接线。参照图 6 - 26 的电路安装图连接 PLC、变频器和电动机。

(2) 设计程序并调试。

(3) 设置变频器参数。

(4) 通电试验。

工作任务 4　基于 PLC、触摸屏、变频器的综合应用

⚡ **教学导航** 👆

【能力目标】

(1) 会对触摸屏变量进行定义及参数设置，并能制作画面；

(2) 会进行 PLC 与触摸屏连接的训练；

(3) 能够编写 PLC 与触摸屏、变频器的综合应用梯形图。

【知识目标】

(1) 了解触摸屏的原理与应用；

(2) 掌握 NV-Designer 软件的使用；

(3) 掌握设定触摸屏变量与 PLC 寄存器对应关系的方法。

⚡ **任务引入** 👆

触摸屏是一种用触摸方式进行人机交互的人机界面，它通过手指触摸的方式进行人机交互、检测和接收信息，在工业生产及人们的生活中得到了广泛的应用。作为智能的多媒体输入/输出设备，它取代了传统控制台的许多功能，代替了传统的键盘、操作按钮等输入设备以及数码管、指示灯等输出设备，使用功能丰富的软元件替代实际元件，省去了大量的硬件接线，从而提高了系统的自动化程度。

触摸屏通过 PLC
控制电机正反转

我们可以使用触摸屏对电动机实现监控，触摸屏把设备动作信息送入控制器 PLC 中，经过 PLC 运算处理控制变频器按照控制要求动作，同时将设备状态送给触摸屏进行实时监控。

基于 PLC、触摸屏、变频器的电机控制要求如下：

(1) 使用触摸屏通过 PLC 的外部端子控制变频器高速、低速按照规定时间自动运行。

触摸屏通过 PLC
控制电机正反转实训

（2）通过触摸屏画面指示变频器的运行状态，显示是高速运行还是低速运行，系统结构如图6-34所示。

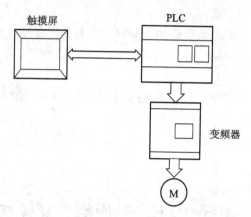

图6-34　触摸屏通过PLC控制变频器结构图

任务分析

欧姆龙NV-3Q触摸屏通过RS-422A/485选件板与CP1E-NA型PLC连接，控制PLC的启动与停止运行，并监控PLC的输出状态。CP1E-NA型PLC通过外部端子控制欧姆龙3G3MX2变频器，实现变频器的高速和低速运行，其关键是设定好触摸屏变量与PLC寄存器的对应关系及其相关联梯形图的编写。

触摸屏通过PLC控制变频器

在触摸屏工程制作过程中，可使用两个界面，其中一个是主界面，另外一个是控制界面，其具体功能如下：

界面一——主界面。制作文本"基于触摸屏的变频调速系统"，制作画面切换元件（"进入系统"）并有相关文字说明，进入"变频器运行控制"界面，如图6-35所示。

界面二——控制界面。在"变频器两段速度自动控制"界面上先制作两个按钮元件，在按钮上标示相应的文字说明——启动、停止，这两个按钮元件用于控制变频器的启动、停止；再制作一个按钮元件——返回，用于返回主界面；最后制作两个频率速度运行指示灯——高速（40 Hz）、低速（10 Hz），分别显示变频器的高速、低速运行。如图6-36所示。

图6-35　触摸屏主界面

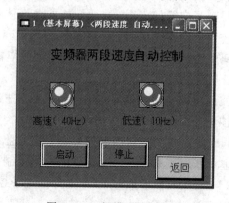

图6-36　触摸屏控制界面

⚡ 任务实施 🖑

控制要求：在触摸屏上，按下"启动"按钮，变频器驱动电机按照 10 Hz 频率低速运行10 s，接着变频器驱动电机自动调至为 40 Hz 频率高速运行 8 s，系统停止运行；任何时间按下"停止"按钮，系统将停止运行。

触摸屏通过 PLC
控制变频器实训

1. 制作触摸屏画面

根据上述任务的控制要求创建两个工作界面：其中基本屏幕 0 为"主界面"，基本屏幕 1 为"变频器运行控制"界面。触摸屏画面结构如图 6-37 所示。

在基本屏幕 0 中，使用文本工具制作文本"基于触摸屏的变频调速系统"，从部件库中插入一个功能开关，在标签项上标注为"进入系统"。功能开关设置过程如下：双击功能开关进入标签窗口，将在 OFF 状态时显示的字符串输入框中，输入"进入系统"，将状态切换到 ON，点击"复制 OFF 的内容"，将 ON 状态时显示的字符串设置为"进入系统"，用于指示按钮的功能，功能开关部件标签制作如图 6-38 所示。

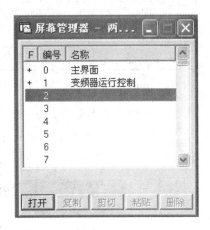

图 6-37　触摸屏画面结构

在基本屏幕 1 中，使用文本工具制作文本"变频器两端速度自动控制"，从部件库中选择插入两个按钮，在标签项中分别标注为"启动""停止"；从图库中选择插入两个指示灯，使用文本工具在下方分别标注"高速(40 Hz)""低速(10 Hz)"；从图库中插入功能按钮，标签项输入"返回"，设置过程参照功能按钮。

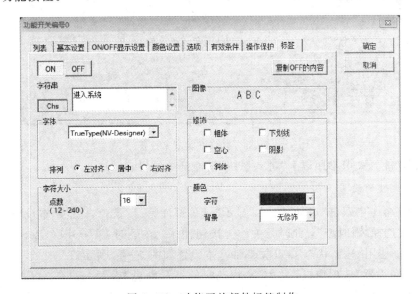

图 6-38　功能开关部件标签制作

屏幕画面布局可参照图 6-36 所示。

2. 屏幕部件与寄存器的对应关系

规划系统中用到的屏幕部件与寄存器的对应关系如表 6-14 所示。

表 6-14 屏幕部件与寄存器的对应关系

部件类型	部件名称	操作模式	操作对象及寄存器
功能开关	进入系统	切换屏幕	屏幕编号 1
功能开关	返回	切换屏幕	屏幕编号 0
开关	启动按钮	瞬时性	W0.00
开关	停止按钮	瞬时性	W0.01
指示灯	高速指示灯	ON/OFF 位	100.01
指示灯	低速指示灯	ON/OFF 位	100.02

3. 参数的设置

1）功能开关参数的设置

在基本屏幕 1 中双击"进入系统"功能开关，在"基本设置"选项窗口中，操作模式选择"切换屏幕"，屏幕编号设置为"1"，如图 6-39 所示。

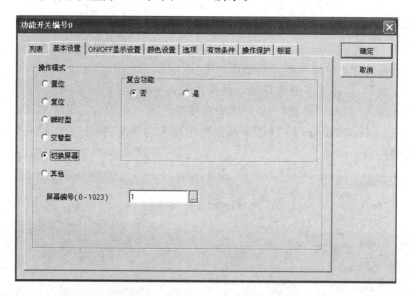

图 6-39 功能开关基本设置

"返回"功能开关可参照以上"进入系统"功能开关的设置。

2）开关参数的设置

在基本屏幕 1 中双击"启动"按钮，显示"开关部件编号"窗口，在"基本设置"选项窗口中，操作模式选择"瞬时型"，此时开关作为按钮使用，按下时 ON/OFF 显示控制选择"指定输出地址"，使用"地址状态"。开关部件基本设置如图 6-40 所示。

打开"颜色设置"选项窗口，将"ON 状态时的显示颜色"设置为绿色，"OFF 状态时的显示颜色"设置为红色，用于指示按钮动作。开关部件颜色设置如图 6-41 所示。

"停止"按钮可参照以上"启动"按钮的设置。

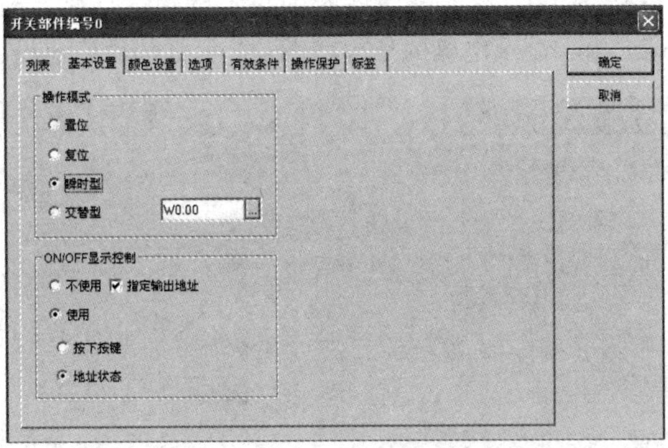

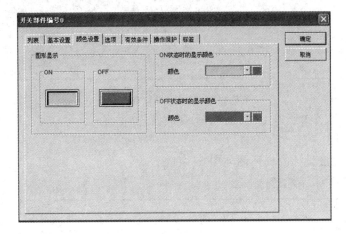

图 6-40　开关部件基本设置

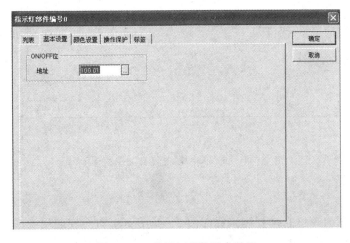

图 6-41　开关部件颜色设置

3）指示灯参数的设置

　　在基本屏幕 1 中双击"高速"指示灯，显示指示灯部件编号窗口，在"基本设置"选项窗口中，将 ON/OFF 位地址设置为"100.01"。指示灯部件基本设置如图 6-42 所示。

图 6-42　指示灯部件基本设置

打开"颜色设置"选项窗口，将"ON 状态时的显示颜色"设置为绿色，"OFF 状态时的显示颜色"设置为红色，用于显示电机的运行状态，指示灯部件颜色设置如图 6-43 所示。

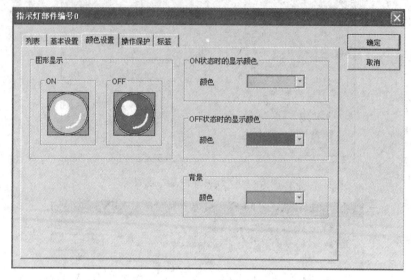

图 6-43　指示灯部件颜色设置

"低速"指示灯可参照以上"高速"指示灯的设置。

4. 设计梯形图

变频器两段速度设计的梯形图如图 6-44 所示。

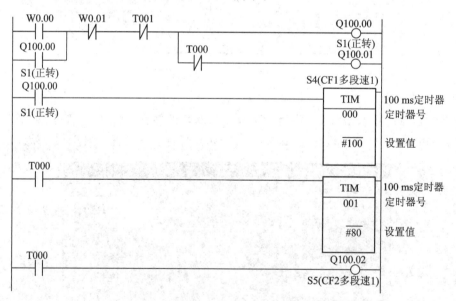

图 6-44　变频器两段速度自动控制梯形图

5. 系统调试

系统调试的步骤如下：

（1）变频器两段速度自动控制接线如图 6-45 所示，按图安装接线。

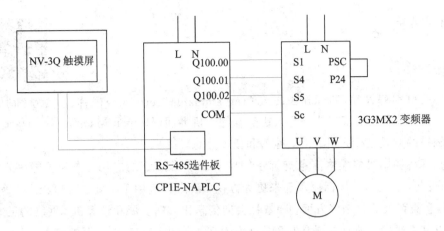

图 6-45　变频器两段速度自动控制接线图

（2）下载程序到 PLC，变频器两段速度自动控制 I/O 分配如表 6-15 所示。

表 6-15　PLC 控制 I/O 分配

输入（触摸屏软元件）		输　出	
启动按钮	W0.00	变频器正转	Q100.00
停止按钮	W0.01	低速运行	Q100.01
		高速运行	Q100.02

（3）设置变频器参数。变频器采用多段速度控制模式，使用多功能数字输入端子的不同组合实现两段速度控制，在开始功能设置之前，应先将变频器参数进行复位。具体参数设置如表 6-16 所示。

表 6-16　变频器两段速度控制参数设置

参数 No.	设定值	参数含义
b84	03	初始化选择为异常，监控清除"＋"数据初始化
b180	01	初始化模式选择为执行
b37	00	参数显示选择为全显示
A001	02	第 1 频率指令由操作器给定
A002	01	第 1 运行指令由控制电路端子台给定
A021	10	多段速指令 1 速频率设置为 10 Hz
A022	40	多段速指令 2 速频率设置为 40 Hz
C004	02	多功能输入 4 功能选择为 CF1（多段速 1）
C005	03	多功能输入 5 功能选择为 CF2（多段速 2）
C006	04	多功能输入 6 功能选择为 CF3（多段速 3）
C007	05	多功能输入 7 功能选择为 CF4（多段速 4）

（4）触摸屏与 PLC 通信调试，将计算机上制作好的画面传送给触摸屏，并将触摸屏与 PLC 连接好，通过操作触摸屏上的触摸键观察触摸屏上的指示与 PLC 输出的指示变化是否符合要求。

知识链接

一、触摸屏简介

触摸式可编程终端(Touch Screen Programmable Terminal)俗称 触摸屏的认知
触摸屏,是一种利用触摸方式进行人机交互的人机界面(Human Machine Interface)。它通过手指触摸的方式进行人机交互、检测和接收信息。

触摸屏在触摸式多媒体信息查询系统中有着非常广泛的应用。作为智能多媒体的输入/输出设备,比键盘、鼠标使用起来更为方便,已广泛应用于工业、医疗、通信等领域的控制、信息查询及其他诸多方面。随着社会向信息化方向发展和计算机、网络的迅速普及,触摸屏以其卓越的人机交互操作功能在人们生活中也得到越来越广泛的应用。

二、触摸屏的工作原理

触摸屏的基本原理为:用户用手指或其他物体触摸安装在显示器上的触摸屏时,被触摸位置的坐标被触摸屏控制器检测到,并通过通信接口(例如 RS-232C 或 RS-485 串行口)将触摸信息传送到 PLC,从而得到输入的信息。

触摸屏系统一般包括触摸检测装置和触摸屏控制器两个部分。触摸检测装置安装在显示器的显示表面,用于检测用户的触摸位置,再将该处的信息传送给触摸屏的控制器。触摸屏控制器的主要作用是接收来自触摸点检测装置的触摸信息,并将它转换成触点坐标,判断出触摸的意义后传送给 PLC。它同时能接收 PLC 发来的命令并加以执行,例如动态地显示开关量和模拟量。

三、触摸屏的分类

按照触摸屏的工作原理和传输信息的介质不同,触摸屏可分为四类,它们分别是电阻式触摸屏、电容感应式触摸屏、红外线式触摸屏和表面声波式触摸屏。

1. 电阻式触摸屏

电阻式触摸屏利用压力进行控制。这种触摸屏的结构如图 6-46 所示,在强化玻璃表

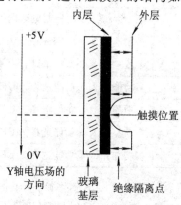

图 6-46 电阻式触摸屏结构

面涂上两层透明氧化金属导电层，两涂层之间用细小的透明隔离点隔开，以便使两层涂层互相绝缘。当手指触压屏幕时，两层涂层会出现一个接触点，触摸屏控制器同时检测此时的电压及电流值，便可计算出触摸点的坐标位置。

五线电阻触摸屏有极好的灵敏度和透光度，较长的使用寿命，不怕灰尘、油污和光电干扰，适用于各类公共场所，缺点是怕压力损伤或刮伤，较适用于工业控制现场。

2. 电容感应式触摸屏

电容感应式触摸屏利用人体的电流感应原理进行工作。当手指触摸时，便可通过手指从接触点处流走一个很小的电流。该电流分别从触摸屏四角上的电极中流出并在接触点处汇总，通过计算便可算出触点到屏幕四角的距离，从而得出触摸点的位置。

电容感应式触摸屏的优点是能够适应大多数环境，但由于人体成为线路的一部分，漂移现象比较严重，因而需要经常校准。当外界有较强的电场和磁场时，会使触摸屏失灵，所以此类触摸屏不宜在环境条件较差的工业现场和干扰严重的地方使用，可使用于环境条件较好的公共信息查询场合。

3. 红外线式触摸屏

红外线式触摸屏利用 X、Y 方向上密布的红外线矩阵来检测并定位用户的触摸。当用户在触摸屏幕时，手指会挡住经过该位置的横、竖两条红外线，因而可以判断出触摸点在屏幕上的位置。

红外线式触摸屏不受电流、电压和静电的干扰，能在比较恶劣的环境条件下工作，适用于无红外线和强光干扰的各类公共场所、办公室，但是由于其分辨率不高、寿命短，所以不适用于控制要求非常精密的工业控制现场。

4. 表面声波式触摸屏

表面声波式触摸屏的触摸部分是强化玻璃板，安装在显示器屏幕的前面。在使用时，屏幕表面布满声波，当手指触及屏幕时，控制器便根据手指吸收或阻挡声波能量的相应数据计算出手指的位置。

表面声波式触摸屏由于采用纯玻璃材质，透光性较好，且使用寿命较长，抗划伤性好，因此适用于各类公共场所。其缺点是怕长时间的灰尘积累和油污的浸染，所以干净的场所和环境对其非常重要，否则，需要定期进行清洁维护服务。

四、触摸屏在工业现场中的主要功能

可编程终端最早的应用场所主要是工业现场，作为智能的多媒体输入/输出设备，它取代了传统控制台的许多功能，随着检测技术的发展，使用触摸技术代替了传统的键盘和操作按钮。触摸屏在工业现场主要可以实现以下功能：

1. 显示及监视功能

触摸屏可以用来显示各种信息，例如工业控制系统或设备的工作状态。触摸屏可以通过灯、实物图形等方式来显示各开关量的状态；也可以通过液位计、折线图或趋势图等方式来显示温度、压力、流量等过程量的状态；还可通过仪表图形、数字等方式来显示电流、电压等现场参数的数据。图形和其他指示功能可以将实时数据或现场状况以及各种控制信息显示出来，使其表现得更加形象、逼真，使操作者更容易理解和判断现场情况。

2. 参数设定的功能

使用触摸屏的数字输入功能，输入控制系统所需要的参数，例如 PID 的各种参数等。

3. 控制功能

利用按钮等功能元素，可通过 PLC 对开关量进行控制，并可在多个控制面板之间进行切换。触摸屏可以运行用户设计的各种控制界面，并且可以使用界面上的各种触摸开关作为上位机的输入。控制界面的个数以及界面的布置是根据用户需要进行设计的。触摸屏越来越多地代替了控制面板开关。

4. 实时报警功能

当现场和设备出现问题、故障，或者控制系统发生错误时，可在触摸屏上显示出来，并可发出报警声，从而提示操作者，还能给出多种处理方案，以便操作者进行选择，作出适当处理。也可按预定方案，通报给执行机构，进行适当处理。

五、常见的欧姆龙触摸屏

1. NV 系列触摸屏

NV 系列触摸屏是一款具有"3V"特点的小型触摸屏。"3V"即 Visibility（可视性）——画面美观，显示内容一目了然；Value（价值）——易于设计，简单灵活的编程；Variation（可变性）——触摸屏可以提供优越的 PLC 兼容性、简易的操作以及较高的性价比。NV 系列触摸屏是欧姆龙目前主推的小型触摸屏。

1）NV 系列触摸屏的种类

NV 系列触摸屏根据有效显示区域的大小不同，分为 NV-3W、NV-3Q、NV-4W 三大类。图 6-47 所示为 NV-3 系列触摸屏。其中，NV-3Q 系列触摸屏有单色和彩色两种，3.6 英寸彩色 QVGA 型触摸屏的分辨率为 320×240，最大支持 1 GB 的 SD 卡，可提供更大的存储容量、更丰富的画面制作和更清晰的画面显示功能，所以适用范围较广。

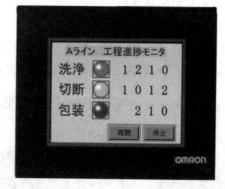

(a) NV-3W(3.1英寸，紧缩卧式型号，单色STN)　　(b) NV-3Q(3.6英寸QVGA屏幕，单色STN或彩色TFT)

图 6-47　NV-3 系列触摸屏

2）1：NV 系列触摸屏的性能特点

（1）1：N 的连接：NV 系列触摸屏可通过自带的 RS-422A/485 串口接入 PLC 控制系统，可与控制器实现 1：N 的连接，如图 6-48 所示。

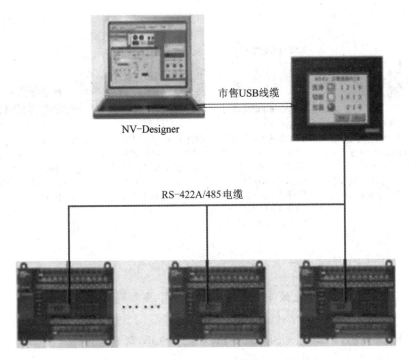

市售USB线缆

NV-Designer

RS-422A/485电缆

. . . . . .

图 6 - 48　NV 触摸屏与 PLC 实现 1∶N 连接

（2）SPMA 功能：可以实现单端多路访问功能（SPMA）。

在系统中，上位计算机可通过一个通信端口，经过 NV 系列触摸屏与远程 PLC 建立通信，实现监控，适用于较远距离的通信场合，可节省布线，提高维修效率，连接如图 6 - 49 所示。

NV-Designer & CX-Programmer

梯形图可以直接传送到PLC中
CX-Programmer也可直接对PLC进行监控

通过编程线缆连接至NV-Designer　　　　　　　上位机连接线缆

图 6 - 49　NV 触摸屏 SPMA 功能

2. NS 系列触摸屏

1）产品规格

NS 系列触摸屏根据有效显示区域的大小不同，分为 NS5、NS8、NS10、NS12 四大类，如图 6 - 50 所示。

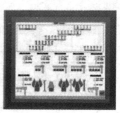

(a) NS5

(b) NS8

(c) NS10

(d) NS12

■STN5.7英寸彩色型
NS5-SQ00/00B-V1
(无Ethernet接口)
NS5-SQ01/01B-V1
(有Ethernet接口)

■TFT 8英寸彩色型
NS8-TV00/00B-V1
NS8-TV10/10B-V1
(无Ethernet接口)
NS8-TV01/01B-V1
NS8-TV11/11B-V1
(有Ethernet接口)

■TFT 10.4英寸彩色型
NS10-TV00/00B-V1
(无Ethernet接口)
NS10-TV01/01B-V1
(有Ethernet接口)

■TFT 12.1英寸彩色型
NS12-TS00/00B-V1
(无Ethernet接口)
NS12-TS01/01B-V1
(有Ethernet接口)

图 6-50   NS 系列触摸屏

2）主要功能特点

NS 系列触摸屏是欧姆龙公司的一款高性能可编程终端（Programmable Terminal，PT），它除了具有高色彩分辨率（32768 色）、大容量图像数据（60 MB）、快速的绘画速度（200 MHz RISC CPU）、兼容 USB 口的打印机（EPSON 和 Canon）外，还具有更大的画面制作、网络互联、数据备份及多媒体功能。

使用 NS 系列触摸屏制作工程画面可实现以下多种功能：

（1）标准零件图案。CX-Designer 软件中自带 1000 多个标准零件图案，不仅提供位灯、位按钮，还提供较复杂的零件图，如传动开关和 7 段显示器。在 CX-Designer 软件中根据需要选择就可以方便地创建监控对象、优化屏幕。

（2）智能对象库（Smart Active Parts）。CX-Designer 软件中自带智能对象库（Smart Active Parts），其中包含了针对监控欧姆龙产品的图库。用户根据需要监控产品选择相应的对象，这样可帮助用户节省大量的开发时间。另外，用户也可注册自己的图库，在多个特定的项目中进行登记对象的选用。

（3）密码保护。对画面数据中的操作对象，软件提供操作保护密码，对操作安全进行保护，用户最多可设定 5 个不同的密码，并选择使用不分等级的密码，或具有等级权限的密码（5 级密码权限最高）。

（4）支持多语言。NS 系列触摸屏一幅画面最多可支持 16 种语言的显示，用户仅用一个按钮就可以选择画面的显示语言，它支持常用 41 个国家的语言的显示。NS 的系统菜单支持英文、中文、德文等六种语言。

（5）宏功能。宏功能是利用宏指令编程来实现控制功能的一种方式。使用"＋、－、＊、/"来实现简易的计算，使用"＞、＜、＝＝、＞＝、＜＝、＜＞"可以进行逻辑比较，使用"&&、AND、||、OR"做简易的逻辑运算，使用高级指令还可以完成更复杂的控制功能。宏功能的使用，可以简化 PLC 中复杂的数学运算和逻辑运算程序，减少 PLC 的程序容量。

（6）仿真功能。触摸屏的画面无须再传入 PT 中调试。CX-Designer 软件中的仿真调试功能，提供给用户一个虚拟的调试平台。仿真功能显示了虚拟的 NS 操作屏幕，用户可在其上调试各种对象的控制功能；还显示了虚拟的 PLC 内存，用户可以通过修改 PLC 参数来查看对象动作情况。真正实现了交互式的调试功能。

(7) 丰富的功能对象。CX-Designer 软件提供了 25 个功能对象可供用户使用。除了满足用户对逻辑量、数字量、模拟量等变量的监控外，还可使用折线图、趋势图、数据配方等功能，并可实现多组数据的对比监控、调用。另外，使用"框"和"表格"还可优化数据监控的组态画面。

(8) 网络功能。NS 系列触摸屏可通过各种网络无缝地与现场控制器、其他现场总线设备建立通信连接。一个触摸屏能通过串行口、Ethernet 或者 Controller Link 网络连接到多个 PLC。NS 系列触摸屏提供 2 个串行接口（9 针 D 型），能让用户同时连接到 PLC 和条码阅读器。

(9) 梯形图程序监控功能。梯形图程序监控功能主要用来在 NS 触摸屏上显示、控制与之通信的 PLC 程序，更容易地发现并排除故障。用户可以控制执行梯形图程序（I/O 位状态监控、地址/指令搜索、多 I/O 位监控等），亦可显示程序的 I/O 注释。

六、触摸屏软件 NV-Designer 的使用

欧姆龙 NS 系列触摸屏的组态软件为 CX-Designer，NV 系列触摸屏的组态软件为 NV-Designer。

下面以欧姆龙 NV-3Q 触摸屏的组态软件 NV-Designer 为例来说明触摸屏软件的使用。

NV 触摸屏工程制作

1. 创建新工程

在安装了 NV-Designer 软件的电脑中双击图标 即可启动 NV 系列触摸屏的组态软件 NV-Designer，弹出如图 6-51 所示的窗口，选择"创建新工程"。

2. 选择机型

选择机型的具体设置为：在"NV 机型"下拉选项中选择"NV3Q"，"NV 类型"下拉选项中选择"彩色"，文件名默认为"NewProject"，如图 6-52 所示。

图 6-51　触摸屏创建新工程

图 6-52　触摸屏选择机型

3. 通信参数的设置

由于是使用欧姆龙 CP1E-NA 型 PLC 与触摸屏进行通信连接，因此在通信时，应在其对应的通信参数"PLC 机型"下拉选项中选择"Omron SYSMAC-CS/CJ/CP Series"。点击"下一步"，设置系统内存，可使用系统默认设置，如图 6-53 所示。

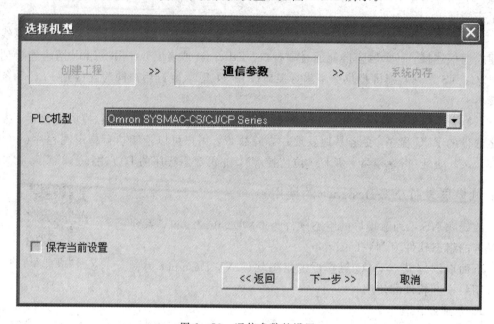

图 6-53　通信参数的设置

4. 触摸屏工程制作

新建工程设置完成后，进入触摸屏工程编程界面，如图 6-54 所示。图中，左侧为屏幕管理窗口，中间为当前编辑的基本窗口，右侧为部件库。

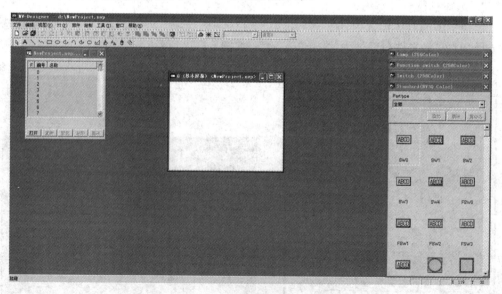

图 6-54　触摸屏工程编程界面

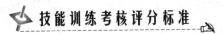

技能训练考核评分标准

本项工作任务的评分标准如表 6 - 17 所示。

表 6 - 17 评 分 标 准

工作任务 4 基于 PLC、触摸屏、变频器的综合应用					
组别：			组员：		
项目	配分	考核要求	扣分标准	扣分记录	得分
电路设计	40 分	根据给定的控制电路图，列出 PLC 输入/输出元件地址分配表，设计梯形图及 PLC 输入/输出接线图，根据梯形图列出指令表	(1) 输入/输出地址遗漏或写错，每处扣 2 分； (2) 梯形图表达不正确或画法不规范，每处扣 3 分； (3) 接线图表达不正确或画法不规范，每处扣 3 分； (4) 指令有错误，每条扣 2 分		
安装与接线	30 分	按照 PLC 输入/输出接线图在模拟配线板上正确安装元件，元件在配线板上布置要合理，安装要准确紧固。配线美观，下入线槽中要有端子标号	(1) 元件布置不整齐、不均匀、不合理，每处扣 1 分； (2) 元件安装不牢固、安装元件时漏装螺钉，每处扣 1 分； (3) 损坏元件，扣 5 分； (4) 电动机运行正常，如不按电路图接线，扣 1 分； (5) 布线不入线槽、不美观，主电路、控制电路每根扣 0.5 分； (6) 接点松动、露铜过长、反圈、压绝缘层，标记线号不清楚、遗漏或误标，每处扣 0.5 分； (7) 损伤导线绝缘或线芯，每根扣 0.5 分； (8) 不按 PLC 控制 I/O 接线图接线，每处扣 2 分		
程序输入与调试	20 分	熟练操作键盘，能正确地将所编写的程序下载到 PLC；按照被控设备的动作要求进行模拟调试，达到设计要求	(1) 不能熟练录入指令，扣 2 分； (2) 不会使用删除、插入、修改等命令，每项扣 2 分； (3) 一次调试不成功扣 4 分，二次调试不成功扣 8 分，三次调试不成功扣 10 分		
安全文明工作	10 分	(1) 安全用电，无人为损坏仪器、元器件和设备； (2) 保持环境整洁，秩序井然，操作习惯良好； (3) 小组成员协作和谐，态度正确； (4) 不迟到、不早退、不旷课	(1) 发生安全事故，扣 10 分； (2) 人为损坏设备、元器件，扣 10 分； (3) 现场不整洁、工作不文明、团队不协作，扣 5 分； (4) 不遵守考勤制度，每次扣 2～5 分		
总分：					

1. 控制要求

在触摸屏上，按下"启动"按钮，变频器驱动电机按照 10 Hz 频率低速运行 10 s，接着变频器驱动电机自动调至为 25 Hz 中速运行 8 s，接着变频器驱动电机自动调至为 40 Hz 高速运行 10 s，系统停止；任何时间按下"停止"按钮，系统停止运行。

2. 训练内容

(1) 写出 I/O 分配表；

(2) 绘出 PLC 控制系统硬件接线图；

(3) 根据控制要求，设计梯形图程序；

(4) 输入程序并调试；

(5) 安装、运行控制系统；

(6) 汇总整理文档，保留工程文件。

思 考 练 习 题

6.1 简述串行通信接口标准 RS-232C、RS-422 和 RS-485 在原理和性能上的区别。

6.2 异步通信中为什么需要有起始位和停止位？

6.3 PLC 网络中常用的通信方式有哪几种？

6.4 欧姆龙 PLC 的串行 PLC 连接通信方式有哪几种？比较它们的异同点。

6.5 主站、从站 RS-485 通信线路如何连接？DIP 开关如何设定？

6.6 利用 PLC 通过 Modbus-RTU 通信实现变频器的多段速度控制，要求变频器输出频率如图 6-55 所示。

(1) 选择 PLC，并画出 PLC 与变频器的硬件接线图。

(2) 进行 PLC 设定、接口设定和变频器设定。

(3) 编写通信程序。

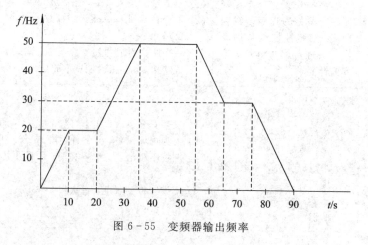

图 6-55 变频器输出频率

6.7 采用 RS-485 连接完成 3 台 PLC 的联网通信，使用 1 台 CP1E-NA 型 PLC 作为主站，2 台 CP1E-NA 型 PLC 作为从站。当主站发出"启动"信号时，从站 0 的 100.00 输出周期为 1 s 的方波脉冲信号，接通 0.5 s，断开 0.5 s；从站 1 的 100.01 输出周期为 2 s 的方波，接通 1 s，断开 1 s；将从站的输出状态在主站的输出端子 100.00、100.01 上反映出来；当主站发出"停止"信号时，从站停止输出。

6.8 使用 PLC、变频器、触摸屏完成电机正、反转控制要求：在触摸屏上，按下"正转"按钮，变频器驱动电机按照 10 Hz 频率正转运行；接着按下"停止"按钮，变频器停止运行；在触摸屏上，按下"反转"按钮，变频器驱动电机按照 30 Hz 反转运行；接着按下"停止"按钮，变频器停止运行。

参 考 文 献

[1] 陶权，韦瑞录. PLC 控制系统设计、安装与调试[M]. 2 版. 北京：北京理工大学出版社，2011.

[2] 王冬青. 欧姆龙 CP1 系列 PLC 原理与应用[M]. 北京：电子工业出版社，2011.

[3] 宋建伟. 可编程序控制器简明教程[M]. 天津：天津大学出版社，2008.

[4] 霍罡，樊晓兵. 欧姆龙 CP1H 系列 PLC 应用基础与编程实践[M]. 北京：机械工业出版社，2008.

[5] 陶权，吴尚庆. 变频器应用技术[M]. 广州：华南理工大学出版社，2007.

[6] 薛迎成. PLC 与触摸屏控制技术[M]. 北京：中国电力出版社，2008.

[7] 杨公源，黄琦兰. 可编程序控制器应用与实践[M]. 北京：清华大学出版社，2007.

[8] 罗红福. PROFIBUS-DP 现场总线工程应用实例解析[M]. 北京：中国电力出版社，2008.

[9] 邹益仁. 现场总线控制系统的设计和开发[M]. 北京：国防工业出版社，2003.

[10] 徐国林. PLC 应用技术[M]. 北京：机械工业出版社，2007.

[11] OMRON. CP1E CPU Unit Hardware User's Manual. 2010.

[12] OMRON. CP1E CPU 单元指令参考手册. 2010.

[13] OMRON. WS02-CXPC-V9 CX-Programmer 9 Operation Manual. 2009.

[14] OMRON. 3G3MX2 多功能小型变频器用户手册. 2010.

[15] http://www.fa.omron.com.cn.